高职高专国家示范性院校机电类专业课改教材

PLC应用技术项目教程

(西门子 S7-200)

(第二版)

主　编　姜新桥

副主编　祁美华　刘力涛　刘　卫　侯　姗

西安电子科技大学出版社

内 容 简 介

本书是根据高职院校示范性建设项目的需要编写的，按照项目导向、任务驱动的模式，重点介绍了西门子 S7-200 系列 PLC 的工作原理和应用技术。全书包括 PLC 入门、基本逻辑指令及其应用、顺序控制指令及其应用、功能指令及其应用、PLC 的综合应用等五个项目，并在附录中提供了常用电气设备图形符号及文字符号、S7-200 系列 PLC 部分特殊存储器(SM)标志位、S7-200 系列 PLC 错误代码、S7-200 系列 PLC 指令集，供读者使用时查阅。

本书可作为高等职业技术院校和各类职业学校的机电、电气、电子类专业的教材，也可供相关工程技术人员参考使用。

本书配有电子教案和相关电子资源，读者可扫封面二维码获取。

图书在版编目(CIP)数据

PLC 应用技术项目教程：西门子 S7-200/姜新桥主编. —2 版.
—西安：西安电子科技大学出版社，2017.10(2022.8 重印)
ISBN 978-7-5606-4464-6

Ⅰ. ① P… Ⅱ. ① 姜… Ⅲ. ① PLC 技术—教材 Ⅳ. ① TM571.61

中国版本图书馆 CIP 数据核字(2017)第 243828 号

策　　划　秦志峰
责任编辑　秦志峰
出版发行　西安电子科技大学出版社(西安市太白南路 2 号)
电　　话　(029)88202421　88201467　　邮　　编　710071
网　　址　www.xduph.com　　电子邮箱　xdupfxb001@163.com
经　　销　新华书店
印刷单位　西安日报社印务中心
版　　次　2017 年 10 月第 2 版　　2022 年 8 月第 6 次印刷
开　　本　787 毫米×1092 毫米　1/16　印　张　15.5
字　　数　368 千字
印　　数　14 001～14 500 册
定　　价　37.00 元
ISBN 978-7-5606-4464-6/TM
XDUP　4756002 -6

前　　言

根据国家对高等职业教育发展的要求，为落实“十二五”期间高技能人才的培养需要，实现加快培养一大批结构合理、素质优良的技术技能型、复合技能型和知识技能型高技能人才的培养目标，结合高职院校的教学要求和办学特色，编写了本教材。

本教材的内容及其实施过程有以下特点：

(1) 本教材以行动为导向，以工学结合人才培养模式改革与实践为基础，运用工作任务要素梳理工作过程知识，明确学习内容，按照典型性、对知识和能力的覆盖性、可行性原则，遵循“从完成简单工作任务到完成复杂工作任务”的能力形成规律，设计出15项学习性工作任务。通过实施这15项学习性工作任务，使学生在职业情境中“学中做、做中学”。

(2) 本教材打破了传统教材按章节划分的方法，将相关知识分为15项学习性工作任务，将学生应知应会的知识融入这些任务中。每项任务基本上又由任务目标、任务分析、相关知识、任务实施、能力测试、研讨与练习、思考与习题组成。在基础知识安排上，也打破了传统的知识体系，任务中涉及什么知识就重点讲解这些知识，和任务无关或关系较小的内容让学生自学。通过完成任务可使学生学有所用、学以致用，这与传统的理论灌输有着本质的区别。

(3) 将知识点与技能点紧密结合，注重培养学生实际动手能力和解决实际问题的能力，突出了高等职业教育的应用特色，强调以能力为本位，并有明确具体的训练成果展示。

(4) 本教材的实施应在专业教室中进行，专业教室要配备相关设备(如实验台、常用电工工具和仪表、多媒体设备等)。在专业教室中，学生能够分组学习并实施相关任务。本课程的评价也应根据平时的能力测试、成果展示及最终综合测试来进行。

本教材由武汉职业技术学院姜新桥教授制订编写大纲并担任主编，晋中职业技术学院刘力涛编写了项目二，晋中职业技术学院祁美华编写了项目五中的任务二和任务三，晋中职业技术学院侯姗编写了项目一，长沙民政职业技术学院刘卫编写了项目三，其他内容均由姜新桥老师编写。另外，在编写过程中编者参考了大量的相关文献资料，因此对书后参考文献中所列的作者深表谢意。

由于作者水平有限，书中难免存在不足之处，恳请读者批评指正。

编　者

2017年8月

目　录

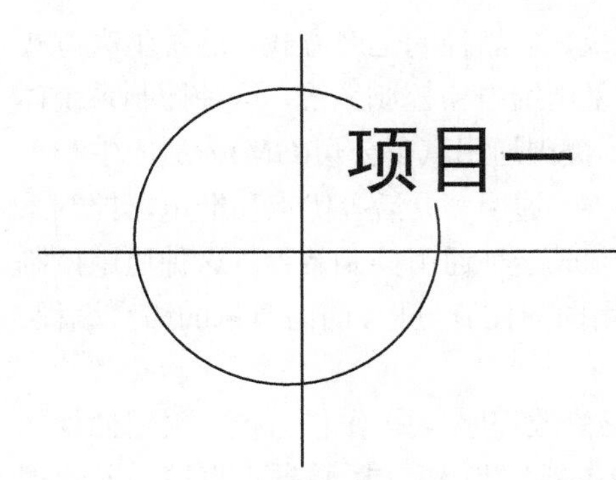

项目一 PLC 入门

PLC 是 Programmable Logic Controller 的缩写，简称为可编程控制器。PLC 是一种数字运算操作的电子系统，专为工业环境下应用而设计。它采用了可编程的存储器，用于其内部存储程序。PLC 可执行逻辑运算、顺序控制、定时、计数与算术操作等面向用户的指令，并通过数字或模拟式输入/输出控制各种类型的机械或生产过程。可编程控制器及其有关外部设备，都按易于与工业控制系统连成一个整体，易于扩充其功能的原则设计。总之，可编程控制器是一台计算机，它是专为工业环境应用而设计制造的计算机，具有丰富的输入/输出接口，并且具有较强的驱动能力。但可编程控制器产品并不针对某一具体工业应用，在实际应用时，其硬件需根据实际需要进行选用配置，其软件需根据控制要求进行设计编制。

任务一　可编程控制器的构成及工作原理

一、任务目标

1.1　重点与难点

1.2　课件

(1) 熟悉 PLC 的产生与发展。
(2) 熟悉 PLC 的特点与主要功能。
(3) 熟悉 PLC 的分类与主要产品。
(4) 熟悉 PLC 的基本结构与工作原理。

二、任务分析

本任务从 PLC 的产生与发展入手，分析 PLC 的原理、结构、分类以及主要产品，为完成后续各项任务打下基础。

三、相关知识

(一) PLC 的产生与发展

1. PLC 的产生

可编程控制器的起源可以追溯到 20 世纪 60 年代。20 世纪 60 年代末，由于市场的需要，工业生产开始从大批量、少品种的生产方式转变为小批量、多品种的生产方式。这种生产方式在汽车生产中得到了充分体现，而当时汽车组装生产线采用继电器控制系统，这种控制系统体积大，耗电多，特别是改变生产程序很困难。1968年，美国通用汽车公司(GM)为适应生产工艺不断更新的需要，提出一种设想：把计算机的功能完善、通用、灵活等优点和继电器控制系统的简单易懂、操作方便、价格便宜等优点结合起来，制成一种通用控制装置。这种通用控制装置把计算机的编程方法和程序输入方式加以简化，采用面向控制过程、面向对象的语言编程，可以使不熟悉计算机的人也能方便地使用。

通用公司提出十项招标指标：① 编程方便，可现场修改程序；② 维修方便，采用插件式结构；③ 可靠性高于继电器控制装置；④ 体积小于继电器控制盘；⑤ 数据可直接送入管理计算机；⑥ 成本可与继电器控制盘竞争；⑦ 输入可为市电；⑧ 输出可为市电，容量要求在2 A以上，可直接驱动接触器等；⑨ 扩展时原系统改变最小；⑩ 用户存储器大于4 KB。这十项指标实际上就是现在可编程控制器的最基本功能。

美国数字设备公司(DEC)根据这一设想，于1969年研制成功了第一台可编程控制器，并在汽车自动装配线上试用成功。该设备以计算机作为核心设备，其控制功能是通过存储在计算机中的程序来实现的，这就是人们常说的存储程序控制。由于当时主要用于顺序控制，只能进行逻辑运算，故称为可编程逻辑控制器(Programmable Logic Controller，PLC)。

进入20世纪80年代，随着微电子技术和计算机技术的迅猛发展，也使得可编程控制器逐步形成了具有特色的多种系列产品。系统中不仅使用了大量的开关量，也使用了模拟量，其功能已经远远超出逻辑控制、顺序控制的应用范围，故称为可编程控制器(Programmable Controller，PC)。但由于PC容易和个人计算机(Personal Computer)混淆，所以人们还沿用PLC作为可编程控制器的英文缩写名字。

2．PLC的发展

20世纪70年代初出现了微处理器，人们很快将其引入可编程控制器，使PLC增加了运算、数据传送及处理等功能，完成了真正具有计算机特征的工业控制装置。

20世纪70年代中末期，可编程控制器进入实用化发展阶段，计算机技术已全面引入到可编程控制器中，使其功能发生了飞跃。更高的运算速度、超小型体积、更可靠的工业抗干扰设计、模拟量运算、PID功能及极高的性价比奠定了它在现代工业中的地位。

20世纪80年代初，可编程控制器在先进的工业国家中已获得广泛应用。世界上生产可编程控制器的国家日益增多，产量日益上升。这标志着可编程控制器已步入成熟阶段。

20世纪80年代至90年代中期是PLC发展最快的时期。在这期间，PLC的年增长率一直保持在30%～40%；同时，PLC在处理模拟量、数字运算、人机接口和网络等方面得到大幅度提升，并逐渐进入过程控制领域，在某些应用上取代了在过程控制领域处于统治地位的DCS系统。

20世纪末，可编程控制器的发展更加适应现代工业的需要。这个时期发展了大型机和超小型机，诞生了各种各样的特殊功能单元，生产了各种人机界面单元、通信单元，使应用可编程控制器的工业控制设备的配套更加容易。

近年来PLC发展迅速。PLC集电控、电仪、电传“三电”为一体，其具有性价比高、可靠性高的特点，已成为自动化工程的核心设备。现今PLC已成为具备计算机功能的一种通用工业控制装置，其使用量较高，并成为现在工业自动化的三大技术支柱(PLC、机器人、CAD/CAM)之一。

(二) PLC 的特点与主要功能

1．PLC 的特点

为适应工业环境的使用，与一般控制装置相比，PLC 机具有以下特点：

(1) 可靠性高，抗干扰能力强。工业生产对控制设备的可靠性要求是平均故障间隔时间长、故障修复时间(平均修复时间)短。

可编程控制器是专为工业控制而设计的，在硬件与软件两个方面采用了屏蔽、滤波、隔离、诊断和自动恢复等措施。这些措施大大地提高了 PLC 的可靠性和抗干扰能力，其平均无故障时间可达 5 万小时以上。

(2) 通用性强，控制程序可变，使用方便。PLC 品种齐全的各种硬件装置，可以组成能满足各种要求的控制系统，用户不必自己再设计和制作硬件装置。用户在硬件确定以后，在生产工艺流程改变或生产设备更新的情况下，不必改变 PLC 的硬件设备，只需改编程序就可以满足要求。因此，PLC 除应用于单机控制外，在工厂自动化中也被大量采用。

(3) 功能强，适应面广。现代 PLC 不仅有逻辑运算、计时、计数、顺序控制等功能，还具有数字和模拟量的输入/输出、功率驱动、通信、人机对话、自检、记录显示等功能，因此 PLC 既可以控制一台生产机械、一条生产线，又可以控制一个生产过程。

(4) 编程简单，容易掌握。目前，大多数 PLC 仍采用继电控制形式的“梯形图”编程方式。这种方式既继承了传统控制线路清晰直观的特点，又考虑到大多数工厂企业电气技术人员的读图习惯及编程水平，所以非常容易被接受和掌握。梯形图语言中编程元件的符号和表达方式与继电器控制电路原理图非常接近，同时还提供了功能图、语句表等编程语言。

(5) 减少了控制系统的设计及施工的工作量。由于 PLC 采用了软件来取代继电器控制系统中大量的中间继电器、时间继电器、计数器等器件，因此控制柜的设计、安装、接线等工作量大为减少。同时，PLC 的用户程序可以在实验室模拟调试，更减少了现场的调试工作量。而且 PLC 的低故障率及强大的监视功能、模块化结构等特点，使维修也变得极为方便。

【例】 用三个开关 A、B、C 来控制电器 D。控制要求：合上开关 A 或 B 且合上开关 C，则电器 D 通电运行。

解： 实现上述要求，其接线图及程序如图 1-1 所示。

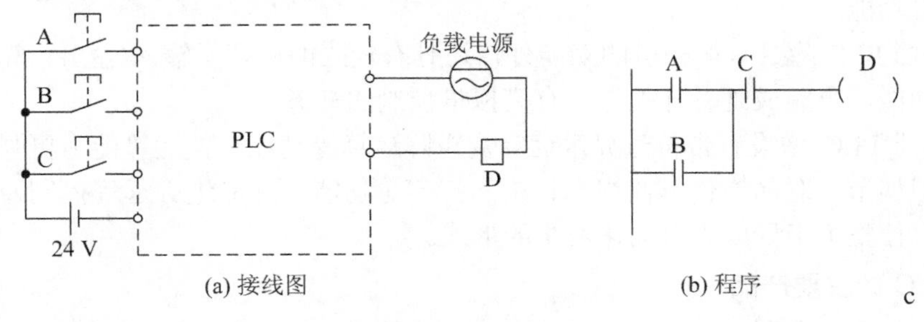

图 1-1　接线图及程序

若控制要求改变，如必须同时合上开关 A、B、C，则电器 D 才能通电运行。其外部接线不用改变，只需要将程序中 A、B、C 常开触点的逻辑关系修改为串联方式即可。

(6) 体积小、重量轻、功耗低、维护方便。由于采用半导体集成电路，与传统控制系统相比较，其体积小、重量轻、功耗低。

2．PLC 的主要功能

随着 PLC 技术的发展，PLC 的功能已经从最初的单机、逻辑控制，发展成为能够联网的、功能丰富的控制与管理。

(1) 逻辑控制。这是 PLC 最初能完成的功能，能实现多种逻辑组合的控制任务。

(2) 运动控制。PLC 配上相应的运动控制模块能够实现机械加工中的计算机数控技术。

(3) 模拟量控制。在连续型生产过程中，常要对某些模拟量(如电压、电流、温度、压力等)进行控制，这些量的大小是连续变化的。PLC 进行模拟量控制，要配置有模拟量与数字量相互转换的 A/D、D/A 单元。

(三) PLC 的分类与主要产品

1．PLC 的分类

(1) 按结构形式分类，PLC 可分为整体式和模块式两种。

① 整体式结构的可编程控制器把电源、CPU、存储器、I/O 系统都集成在一个单元内，该单元叫做基本单元，一个基本单元就是一台完整的 PLC。当 PLC 的控制点数不能满足需要时，可再接扩展单元。整体式结构 PLC 的特点是非常紧凑，体积小，质量轻，价格低，I/O 点数固定，使用不灵活。西门子公司的 S7-200 PLC 属于这种结构。

② 模块式结构的可编程控制器把 PLC 系统的各个组成部分按功能分成若干个模块，如 CPU 模块、输入模块、输出模块、电源模块等，把这些模板插入机架底板上，组装在一个机架内。这种结构配置灵活，装配方便，便于扩展。西门子公司的 S7-300/400 PLC 属于这种结构。

(2) 按输入、输出点数和存储容量分类，PLC 大致可分为大、中、小型三种。小型 PLC 的输入、输出点数在 256 点以下，用户程序存储容量在 2K 字以下，如西门子公司的 S7-200 系列 PLC；中型 PLC 的输入、输出点数在 256～2048 点之间，用户程序存储容量一般为 2 K～10 K 字，如西门子公司的 S7-300 系列 PLC；大型 PLC 的输入、输出点数在 2048 点以上，用户程序存储容量达 10 K 字以上，如西门子公司的 S7-400 系列 PLC。

(3) 按功能分类，PLC 可分为低档机、中档机和高档机三种。

① 低档 PLC 具有逻辑运算、定时、计数等功能，有的还增设模拟量处理、算术运算、数据传送等功能。

② 中档 PLC 除具有低档机的功能外，还具有较强的模拟量输入/输出、算术运算、数据传送等功能，可完成既有开关量又有模拟量控制的任务。

③ 高档 PLC 增设有带符号算术运算及矩阵运算等功能，使运算能力更强。此外，它还具有模拟调节、联网通信、监视、记录和打印等功能，并能进行远程控制，构成分布式控制系统，使整个工厂成为自动化网络的形式。

2．PLC 的主要产品

1) 国产的 PLC

目前，有许多国内厂家、科研院所研制与开发的 PLC 产品，如中国科学院自动化研究所的 PLC-0088，北京联想计算机集团公司的 GK-40，上海机床电器厂的 CKY-40，苏州电子计算机厂的 YZ-PC-001A，天津中环自动化仪表公司的 DJK-S-84/86/480，上海自力电子设备厂的 KKI 系列，上海香岛机电制造有限公司的 ACMY-S80、ACMY-S256，无锡华光电子工业有限公司(合资)的 SR-10、SR-20/21 等。

2) 日本三菱公司的 PLC

三菱公司的 PLC 是较早进入中国市场的产品，其小型机 F1/F2 系列是 F 系列的升级产品。F1/F2 系列加强了指令系统，增加了特殊功能单元和通信功能，比 F 系列有了更强的控制能力。继 F1/F2 系列后，20 世纪 80 年代末三菱公司又推出 FX 系列，在容量、速度、特殊功能、网络功能等方面都有了全面的加强。FX_2 系列是在 20 世纪 90 年代开发的整体式小型机，它配有各种通信适配器和特殊功能单元。后来推出的 FX_{2N} 系列是高功能整体式小型机，它是 FX_2 的换代产品，各种功能都有了全面的提升。三菱公司近年来还不断推出满足不同需求的微型 PLC，如 FX_{1S}、FX_{3U}、FX_{3G} 系列等产品。

三菱公司的大中型机有 A 系列、QnA 系列、Q 系列，它们具有丰富的网络功能，I/O 点数可达 8192。其中 Q 系列具有超小的体积、丰富的机型、灵活的安装方式，以及双 CPU 协同处理、多储存器、远程口令等特点，是三菱公司现有 PLC 中性能最高的产品。

3) 日本立石公司的 PLC

日本 OMRON(立石公司)电机株式会社是世界上生产 PLC 的著名厂商之一。其所生产的 SYSMAC C 系列 PLC 产品以其良好的性能价格比被广泛地应用于化学工业、食品加工、材料处理和工业控制过程等领域。该公司产品的销量在日本仅次于三菱，位居第二，在我国也是应用非常广泛的 PLC 产品之一。

OMRON C 系列 PLC 产品门类齐、型号多、功能强、适应面广，大致可以分成微型、小型、中型和大型四大类产品。微型 PLC 机中，整体式结构以 C20P 为代表机型；叠装式(或称紧凑型)结构以 CJ 型机最为典型，它具有超小型和超薄型的尺寸。小型 PLC 机以 P 型机和 CPM 型机最为典型，这两种都属于坚固整体型结构，其体积更小、指令更丰富、性能更优越，通过 I/O 扩展可实现 10～140 点输入/输出点数的灵活配置，并可连接可编程终端直接从屏幕上进行编程，CPM 型机是 OMRON 产品中用户目前选用最多的小型机系列。OMRON 中型机以 C200H 系列最为典型，主要有 C200H、C200HS、C200HX、C200HG、C200HE 等型号产品。中型机在程序容量、扫描速度和指令功能等方面都优于小型机，它除具备小型机的基本功能外，同时还可配置更完善的接口单元模块，如模拟量 I/O 模块、温度传感器模块、高速计数模块、位置控制模块、通信连接模块等，可以与上位计算机、下位 PLC 机及各种外部设备组成具有各种用途的计算机控制系统和工业自动化网络。

在一般的工业控制系统中，小型 PLC 机要比大、中型机的应用更广泛。在电气设备的控制应用方面，一般采用小型 PLC 机就能满足需求。

4) 日本松下公司的 PLC

松下公司的 PLC 产品中，FP0 为微型机，FP1 为整体式小型机，FP3 为中型机，FP5/FP10、FP10S(FP10 的改进型)、FP20 为大型机，其中 FP20 是最新产品。松下公司近几年 PLC 产品的主要特点是：指令系统功能强；有的机型还提供可以用 FP-BASIC 语言编程的 CPU 及多种智能模块，为复杂系统的开发提供了软件手段。FP 系列 PLC 都配置通信机制，由于它们使用的应用层通信协议具有一致性，这给构成多级PLC网络和开发PLC网络应用程序带来了方便。

5) 美国通用电气公司GE系列的PLC

通用公司的代表产品是小型机GE-1、GE-1/J、GE-1/P等，除GE-1/J外，其余均采用模块结构。GE-1用于开关量控制系统，最多可配置到112个I/O点；GE-1/J是更小型化的产品，其I/O最多可配置到96点；GE-1/P是GE-1的增强型产品，增加了部分功能指令(数据操作指令)、功能模块(A/D、D/A等)、远程I/O功能等，其I/O最多可配置到168点。中型机GE-Ⅲ比GE-1/P增加了中断、故障诊断等功能，最多可配置到400个I/O点。大型机GE-Ⅴ比GE-Ⅲ增加了部分数据处理、表格处理、子程序控制等功能，并具有较强的通信功能，最多可配置到2048个I/O点。GE-Ⅵ/P最多可配置到4000个I/O点。

GE FANUC系列的90-30 PLC是由一系列的控制器、输入/输出系统和各种专用模板构成的，它可以满足工业现场的各种控制需求。90-30 PLC根据CPU的种类划分类型，其I/O模块支持全系列的CPU，而有些智能模块只支持高档CPU模块。其CPU类型有CPU 311、CPU 313、CPU 323、CPU 331、CPU 340、CPU 341、CPU 350、CPU 351、CPU 352、CPU 360等。

6) 德国西门子(SIEMENS)公司S系列的PLC

德国西门子公司生产的可编程控制器在我国的应用相当广泛，在冶金、化工、印刷生产线等领域都有应用。西门子公司的PLC产品包括LOGO!(通用逻辑模块)、S7-200、S7-300、S7-400、工业网络、人机界面(HMI)、工业软件等。

西门子S7系列PLC体积小、速度快、标准化，具有网络通信能力，功能更强，可靠性更高。S7系列PLC产品可分为小型PLC(如S7-200)、中小规模性能要求的PLC(如S7-300)和中、高性能要求的PLC(如S7-400)等。

(1) SIMATIC S7-200 PLC。S7-200 PLC是超小型化的PLC，它适用于各行各业的具有自动检测、监测及控制等要求的场合。S7-200 PLC的强大功能使其无论单机运行或连成网络都能实现复杂的控制功能。

S7-200 PLC有4个不同的基本型号及8种CPU可供选择使用。

(2) SIMATIC S7-300 PLC。S7-300 PLC是模块化中小型PLC系统，能满足中等性能要求的应用。各种单独的模块之间可进行广泛组合以构成不同要求的系统。S7-300 PLC可通过多种不同的通信接口及通信处理器来连接AS-I总线接口和工业以太网总线系统；串行通信处理器用来连接点到点的通信系统；多点接口(MPI)集成在CPU中，用于同时连接编程器、PC机、人机界面系统及其他SIMATIC S7/M7/C7等自动化控制系统。

(3) SIMATIC S7-400 PLC。S7-400 PLC是用于中、高性能范围的可编程控制器。S7-400 PLC采用模块化无风扇的设计，可靠耐用，同时可以选用多种级别的CPU，并配有多种通用功能的模板，使用户能根据需要组合成不同的专用系统。当控制系统规模扩大或升级时，只要适当地增加一些模板，便能使系统升级和满足需要。

(4) 工业通信网络。通信网络是自动化系统的支柱，西门子的全集成自动化网络平台提供了从控制级一直到现场级的一致性通信，“SIMATIC NET”是全部网络系列产品的总称，它们能在工厂的不同部门及自动化站通过不同的级交换数据，不但有标准的接口并且相互之间完全兼容。

(5) 人机界面(HMI)硬件。HMI 硬件配合 PLC 使用，为用户提供数据、图形和事件显示，主要有文本操作面板 TD200、OP3、OP7、OP17 等；图形/文本操作面板 OP27、OP37 等；触摸屏操作面板 TE7、TP27\37、TP170A\B 等，SIMATIC 面板 PC670 等。个人计算机也可以作为 PLC 的 HMI 硬件使用，HMI 硬件需要经过软件组态才能配合 PLC 使用。

(6) SIMATIC S7 工业软件。西门子公司的工业软件分为三个不同的种类：

① 编程和工程工具。编程和工程工具包括所有基于 PLC 或 PC 用于编程、组态、模拟和维护等控制所需的工具。

② 基于 PC 的控制软件。基于 PC 的控制系统 WinAC 允许使用个人计算机作为可编程控制器运行用户的程序，运行在安装了 Windows NT 4.0 操作系统的 SIMATIC 工控机或其他任何商用机上。

③ 人机界面软件。人机界面软件为用户自动化项目提供人机界面或监控和数据采集系统，支持大范围的平台。人机界面软件有两种，一种是应用于机器级的 Pro Tool，另一种是应用于监控级的 WinCC。

(四) PLC 的基本结构与工作原理

PLC 由于其自身的特点，在工业生产的各个领域得到了愈来愈广泛的应用，而作为 PLC 的用户，要正确地使用 PLC 去完成各种不同的控制任务，首先应了解其组成结构和工作原理。

1. PLC 的基本结构

PLC 的结构分为整体式和模块式两类。对于整体式 PLC，所有部件在同一机壳内，其组成框图如图 1-2 所示；对于模块式 PLC，各个部件独立封装成模块，各模块通过总线连接安装在机架或导轨上，其组成框图如图 1-3 所示。无论是哪种结构类型的 PLC，都可以根据用户需要进行配置与组合。尽管整体式和模块式 PLC 的结构不太一样，但各部分的功能作用是相同的。

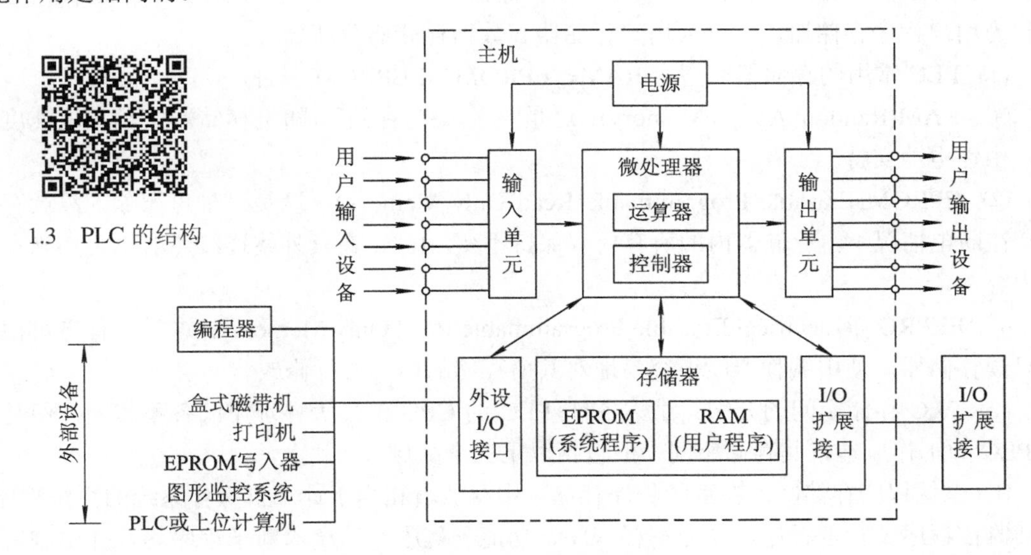

图 1-2　整体式 PLC 组成框图

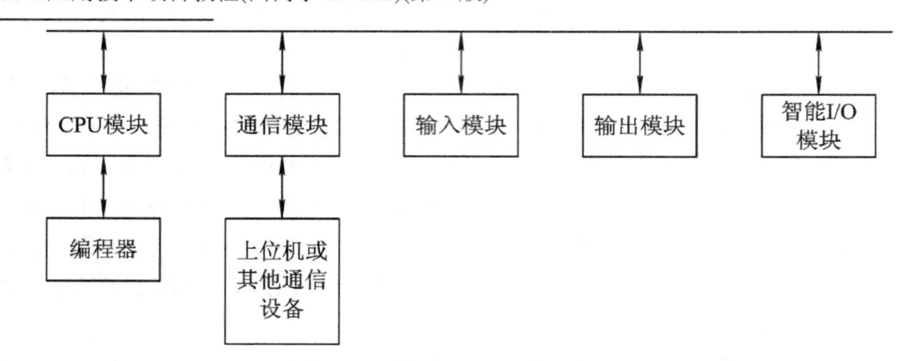

图 1-3　模块式 PLC 组成框图

1) 中央处理单元(CPU)

中央处理单元(CPU)是 PLC 的控制核心，它包括微处理器和控制接口电路。微处理器是 PLC 的运算控制中心，通过它实现逻辑运算，协调控制系统内部各部分的工作，它的运行是按照系统程序所赋予的任务进行的。

PLC 系统程序具有的功能如下：

(1) 接收并存储从编程器键入的用户程序和数据；

(2) 按扫描方式接收来自输入单元的数据和各种状态信息并存入相应的数据存储区；

(3) 执行监控程序和用户程序，完成数据和信息的逻辑处理，产生相应的内部控制信号，完成用户指令规定的各种操作；

(4) 响应外部设备的请求。

2) 存储器

可编程控制器的存储器分为系统程序存储器和用户程序存储器。

存放系统软件(包括监控程序、模块化应用功能子程序、命令解释程序、故障诊断程序及其各种管理程序)的存储器称为系统程序存储器；存放用户程序(用户程序和数据)的存储器称为用户程序存储器，又分为用户存储器和数据存储器两部分。

(1) PLC 常用的存储器类型有 RAM、EPROM、EEPROM 三种。

① RAM(Random Assess Memory)：这是一种读/写存储器(随机存储器)，其存取速度较快，由锂电池支持。

② EPROM(Erasable Programmable Read Only Memory)：这是一种可擦除的只读存储器。在断电情况下，存储器内的所有内容保持不变。(注：在紫外线连续照射下可擦除存储器内容。)

③ EEPROM(Electrical Erasable Programmable Read Only Memory)：这是一种电可擦除的只读存储器，使用编程器能很容易地对其所存储的内容进行修改。

(2) PLC 存储空间的分配。虽然各种 PLC 的 CPU 的最大寻址空间各不相同，但是根据 PLC 的工作原理，其存储空间一般包括以下三个区域：

① 系统程序存储区。在系统程序存储区中存放着相当于计算机操作系统的系统程序，包括监控程序、管理程序、命令解释程序、功能子程序、系统诊断子程序等，并由制造厂商将其固化在 EPROM 中，用户不能直接存取。它和硬件一起决定了该 PLC 的性能。

② 系统 RAM 存储区。系统 RAM 存储区包括 I/O 映像寄存区以及各类软元件(如逻辑线圈、数据寄存器、计时器、计数器、变址寄存器、累加器等)存储区。

a. I/O 映像寄存区。由于 PLC 投入运行后，只是在输入采样阶段才依次读入各输入状态和数据，在输出刷新阶段才将输出的状态和数据传送至相应的外设，因此它需要一定数量的存储单元(RAM)以存放 I/O 的状态和数据，这些单元称作 I/O 映像寄存区。一个开关量的 I/O 占用存储单元中的一个位；一个模拟量的 I/O 占用存储单元中的一个字。整个 I/O 映像寄存区可看做由两个部分组成，即开关量 I/O 映像寄存区和模拟量 I/O 映像寄存区。

b. 系统软元件存储区。该存储区又分为具有失电保持的存储区域和失电不保持的存储区域，前者在 PLC 断电时，由内部的锂电池供电，数据不会丢失；后者当 PLC 断电时，数据被清零。

③ 用户程序存储区。用户程序存储区存放用户编制的用户程序。不同类型的 PLC，其存储容量各不相同。

3) 输入/输出模块单元

PLC 的对外功能主要是通过各类接口模块的外接线，实现对工业设备和生产过程的检测与控制。通过各种输入/输出接口模块，PLC 既可检测到所需的过程信号，又可将运算处理结果传送给外部，驱动各种执行机构，实现工业生产过程的控制。

为适应工业工程现场不同输入/输出信号的匹配要求，PLC 配置了各种类型的输入/输出模块单元，其中常用的有开关量、模拟量、数字量三种。

可编程控制器的优点之一是抗干扰能力强，这也是其 I/O 设计的优点。在经过了电气隔离后，信号才被送入 CPU 执行，以防止现场的强电干扰。

4) 输入/输出扩展接口

输入/输出扩展接口是 PLC 主机用于扩展输入/输出点数和类型的部件，输入/输出扩展单元、远程输入/输出扩展单元、智能输入/输出单元等都通过它与主机相连。输入/输出扩展接口有并行接口、串行接口等多种形式。

5) 外部设备接口

外部设备接口是 PLC 主机实现人机对话、机机对话的通道。

6) 电源单元

PLC 的电源在整个系统中起着十分重要的作用，它把外部供应的电源变换成系统内部各单元所需的电源，有的电源单元还向外提供直流电源，作为开关量输入单元连接现场的电源使用。电源单元还包括电保护电路和后备电池电源，以保持 RAM 在外部电源断电后存储的内容不致丢失。

1.4 PLC 工作原理

2. PLC 的工作原理

PLC 的运行是通过执行反映控制要求的用户程序来完成的，需要执行众多的操作，但 CPU 不可能同时去执行多个操作，它只能按分时操作(串行工作)方式，每次执行一个操作并按顺序逐个执行。由于

CPU 的运算处理速度很快，所以从宏观上看，PLC 外部出现的结果似乎是同时(并行)完成的，这种串行工作方式称为 PLC 的扫描工作方式。

对每个程序，CPU 从第一条指令开始执行，按指令步序号对程序做周期性的循环扫描，如果无跳转指令，则从第一条指令开始逐条执行用户程序，直至遇到结束符后又返回第一条指令，如此周而复始不断循环。每一个循环称为一个扫描周期。

PLC 的扫描工作方式与继电器-接触器控制的工作原理明显不同。继电器-接触器控制装置采用硬逻辑的并行工作方式，如果某个继电器的线圈通电或断电，那么该继电器的所有常开触点和常闭触点不论处在控制电路的哪个位置上，都会立即同时动作；而 PLC 采用扫描工作方式(串行工作方式)，如果某个软继电器的线圈被接通或断开，其所有的触点不会立即动作，必须等扫描到该触点时才会动作。由于 PLC 的扫描速度较快，因此通常 PLC 与继电器-接触器控制装置在 I/O 的处理结果上并没有什么差别。PLC 的一个扫描周期必经过输入采样、程序执行和输出刷新 3 个阶段。

1) PLC 的等效工作电路

从 PLC 控制系统与继电器-接触器控制系统比较可知，PLC 的用户程序(软件)代替了继电器控制电路(硬件)。因此，对于使用者来说，可以将 PLC 等效成是许多各种各样的“软继电器”和“软接线”的集合，而用户程序就是用“软接线”将“软继电器”及其“触点”按一定要求连接起来的“控制电路”。

为了更好地理解这种等效关系，下面通过一个例子来说明。图 1-4 所示为三相异步电动机单向启动运行的电气控制系统。其中，由输入设备 SB1、SB2、FR 的触点构成系统的输入部分，由输出设备 KM 构成系统的输出部分。

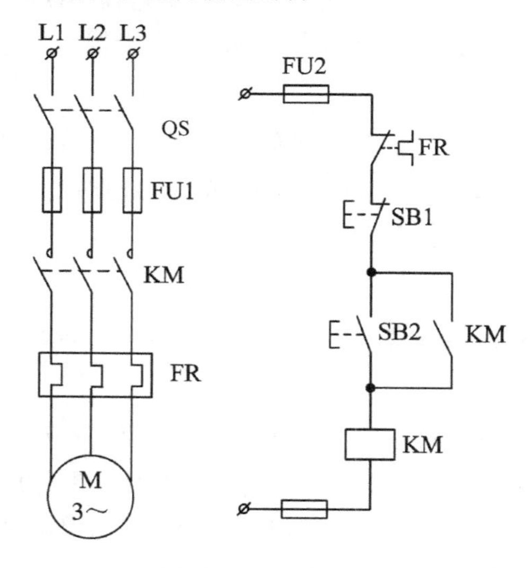

图 1-4　三相异步电动机单向启动控制系统

如果用 PLC 来控制这台三相异步电动机，组成一个 PLC 控制系统，根据上述分析可知，系统主电路不变，只要将输入设备 SB1、SB2、FR 的触点与 PLC 的输入端连接，输出设备 KM 线圈与 PLC 的输出端连接，就构成 PLC 控制系统的输入、输出硬件电路，而控制部分的功能则由 PLC 的用户程序来实现，其等效电路及程序如图 1-5 所示。

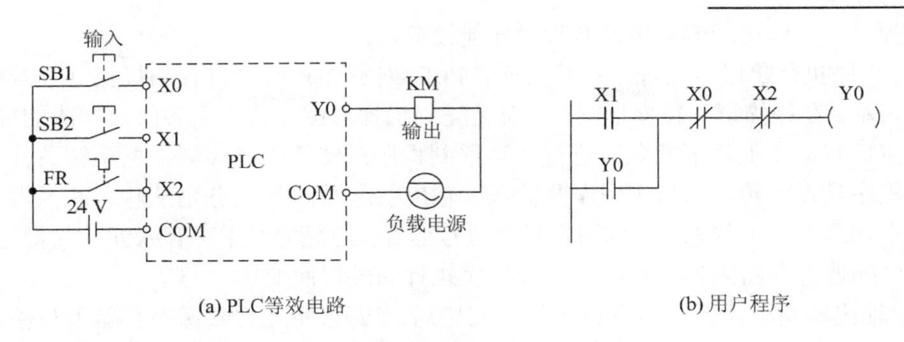

(a) PLC等效电路　　(b) 用户程序

图 1-5　PLC 等效电路及用户程序

图 1-5 中，输入设备 SB1、SB2、FR 与 PLC 内部的“软继电器”X0、X1、X2 的“线圈”对应，由输入设备控制相对应的“软继电器”的状态，即通过这些“软继电器”将外部输入设备状态变成 PLC 内部的状态，这类“软继电器”称为输入继电器；同理，输出设备 KM 与 PLC 内部的“软继电器”Y0 对应，由“软继电器”Y0 状态控制对应的输出设备 KM 的状态，即通过这些“软继电器”用来控制外部输出设备，这类“软继电器”称为输出继电器。

因此，PLC 用户程序要实现的功能是如何用输入继电器 X0、X1、X2 来控制输出继电器 Y0。当控制要求复杂时，程序中还要采用 PLC 内部的其他类型的“软继电器”，如辅助继电器、定时器、计数器等，以达到控制要求。

值得注意的是，PLC 等效电路中的继电器并不是实际的物理继电器，它实质上是存储器单元的状态。单元状态为“1”，相当于继电器接通；单元状态为“0”，相当于继电器断开。因此，我们称这些继电器为“软继电器”。

2) PLC 的工作过程

扫描周期的长短主要取决于以下几个因素：一是 CPU 执行指令的速度；二是 CPU 执行每条指令占用的时间；三是程序中指令条数的多少。一个扫描周期主要可分为 3 个阶段，即输入采样阶段、程序执行阶段和输出刷新阶段，如图 1-6 所示。

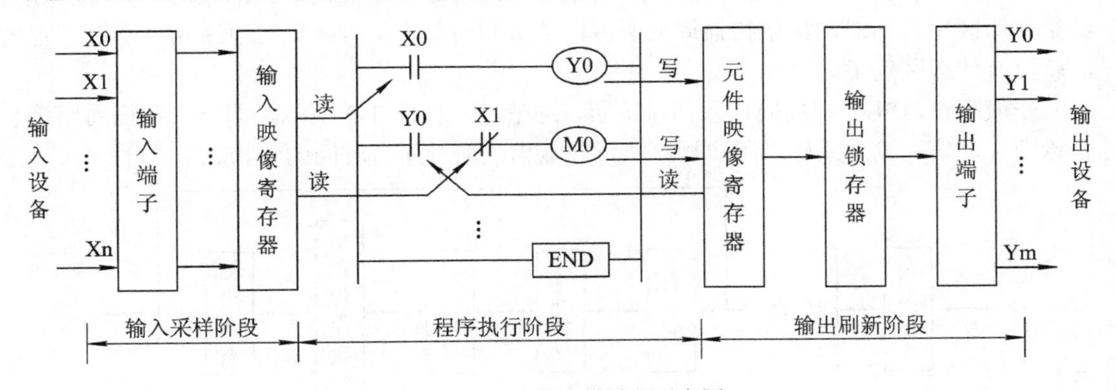

图 1-6　PLC 的工作过程示意图

(1) 输入采样阶段。在输入采样阶段，CPU 扫描全部输入端口，读取其状态并写入输入映像寄存器中，此时输入映像寄存器被刷新；接着进入程序处理阶段。在程序执行阶段或其他阶段，即使输入端状态发生变化，输入映像寄存器的内容也不会改变，而这些变化必须等到下一工作周期的输出刷新阶段才能被读入。

(2) 程序执行阶段。在程序执行阶段，PLC对程序按顺序进行扫描执行。若程序用梯形图来表示，在扫描每一行梯形图时，总是先扫描梯形图左边的由各触点构成的控制线路，并按先左后右、先上后下的顺序进行。当遇到程序跳转指令时，则根据跳转条件是否满足来决定程序是否跳转；当指令中涉及输入、输出状态时，PLC分别从输入映像寄存器和元件映像寄存器中读出状态，根据用户程序进行运算，运算的结果再存入元件映像寄存器中。对于元件映像寄存器来说，其内容会随程序执行的过程而变化。

(3) 输出刷新阶段。当所有指令执行完毕后，PLC将元件映像寄存器中与输出有关的状态(输出继电器状态)转存到输出锁存电路，并通过一定的输出方式来驱动外部相应执行元件工作，形成PLC的实际输出。

由此可见，输入采样、程序执行和输出刷新三个阶段构成了PLC的一个工作周期，如此循环往复，因此称为循环扫描工作方式。

3) PLC的扫描周期

比较图1-7、图1-8两个程序的异同。

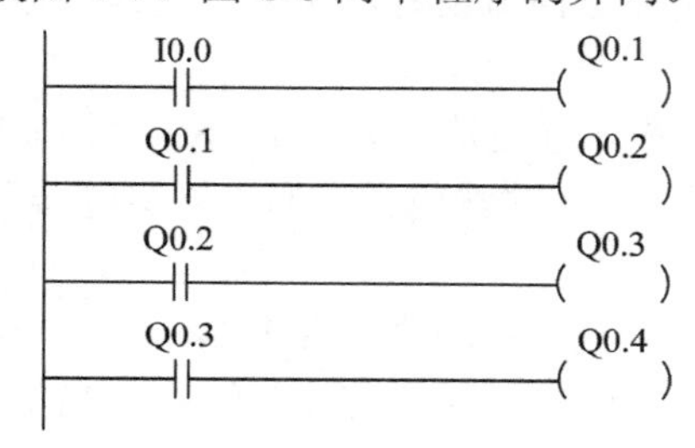

图1-7 程序一

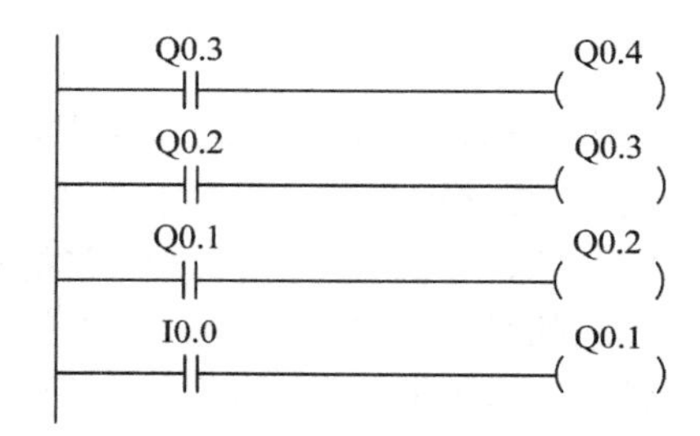

图1-8 程序二

这两段程序执行的结果完全一样，但在PLC中执行的过程却不一样。程序一只用1个扫描周期即可完成对Q0.4的刷新；程序二则要用4个扫描周期，才能完成对Q0.4的刷新。

这两个例子说明，同样的若干行梯形图，其排列次序不同，执行的结果也可能不同。另外，也可以看到，采用扫描用户程序的运行结果与继电器控制装置的硬逻辑并行运行的结果有所区别。当然，如果扫描周期所占用的时间对整个运行来说可以忽略，那么二者之间就没有什么区别了。

一般来说，PLC扫描周期包括自诊断、通信等，如图1-9所示，即一个扫描周期等于自诊断、通信、输入采样、用户程序执行、输出刷新等所有时间的总和。

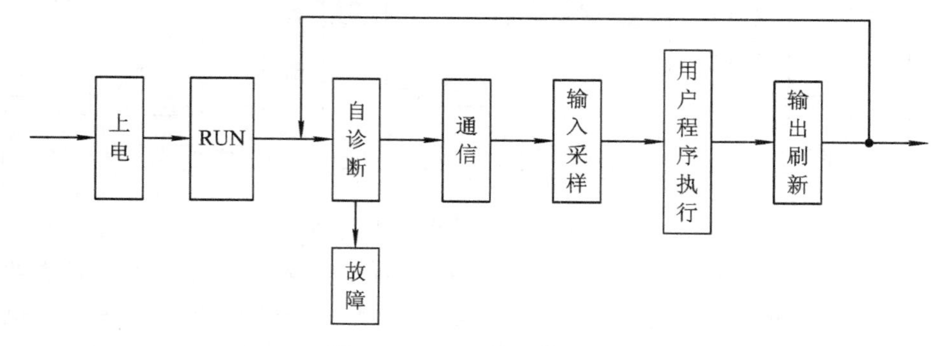

图1-9 PLC扫描周期示意图

为了增强 PLC 的抗干扰能力，提高其可靠性，PLC 的每个开关量输入端都采用光电隔离等技术；为了能实现继电器控制线路的硬逻辑并行控制，PLC 采用了不同于一般微型计算机的运行方式(扫描方式)。由于以上两个主要原因，使得 PLC 的 I/O 响应比一般微型计算机构成的工业控制系统慢得多，其响应时间至少等于一个扫描周期，一般均大于一个扫描周期甚至更长。

所谓 I/O 响应时间，指从 PLC 的某一输入信号变化开始到系统有关输出端信号的改变所需要的时间。最短的 I/O 响应时间与最长的 I/O 响应时间如图 1-10 所示。

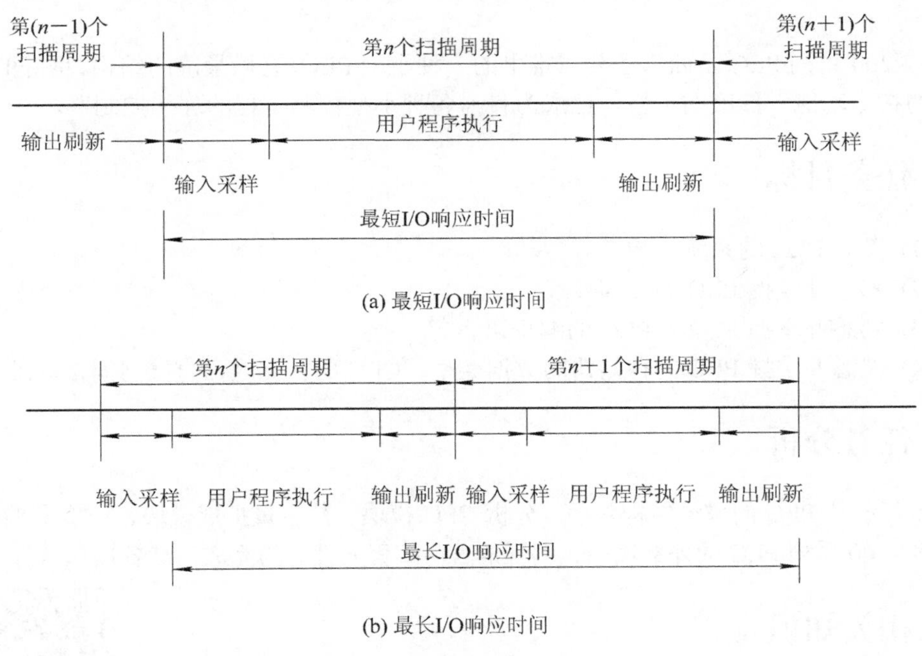

(a) 最短I/O响应时间

(b) 最长I/O响应时间

图 1-10　I/O 响应时间

以上是一般的 PLC 的工作原理，但现在出现的比较先进的 PLC，其输入映像刷新循环、程序执行循环和输出映像刷新循环已经各自独立工作，提高了 PLC 的执行效率。在实际的工控应用之中，编程人员应当知道以上的工作原理，这样才能编写出质量好、效率高的工艺程序。

四、能力测试

1．什么是可编程控制器？

2．可编程控制器的主要特点有哪些？

3．简述可编程控制器基本单元的硬件组成。

五、研讨与练习

1．可编程控制器有哪几种分类方法？

2．可编程控制器主要由哪几部分组成？

六、思考与练习

1．可编程控制器能够实现哪些具体功能?
2．可编程控制器一个扫描周期分为哪三个阶段？各完成什么任务？

任务二　S7-200 系列 PLC 的硬件与编程元件的认识

S7-200 系列 PLC 是西门子公司推出的一种小型 PLC，它以紧凑的结构、良好的扩展性、强大的指令功能、低廉的价格，已成为目前各种小型控制工程的理想控制器。

一、任务目标

(1) 熟悉 PLC 的系统结构。
(2) 熟悉并掌握 PLC 的外部接线。
(3) 熟悉并掌握 S7-200 PLC 的编程语言。
(4) 熟悉并掌握 PLC 的存储器的数据类型、CPU 的存储区、直接与间接寻址。

二、任务分析

本任务从 PLC 的系统结构入手，分析 CPU 模块、数字量扩展模块、模拟量扩展模块等以及 S7-200 系列 PLC 的外部接线、编程语言与编程元件，为完成后续各项任务打下基础。

三、相关知识

1.5　S7-200PLC 的硬件

(一) S7-200 系列 PLC 的系统结构

图 1-11 是典型的整体式 PLC，输入/输出模块、CPU 模块、电源模块均装在一个机壳内，当系统需要扩展时，可选用需要的扩展模块与基本单元连接。

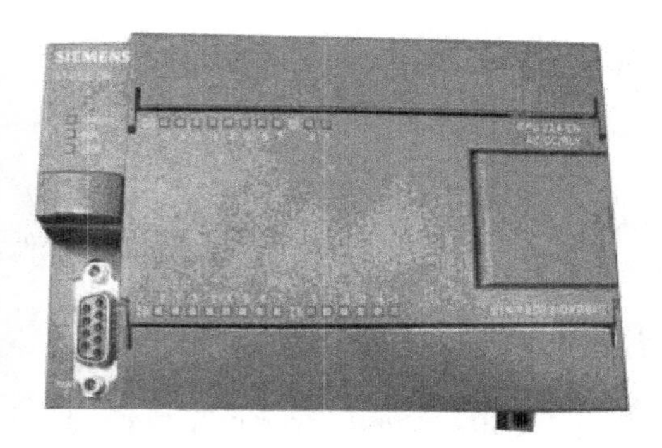

图 1-11　S7-200 系列 PLC 外部结构实物图

(1) 输入接线端子：用于连接外部控制信号。在PLC底部端子盖下是输入接线端子和为传感器提供的24 V直流电源。

(2) 输出接线端子：用于连接被控设备。在PLC顶部端子盖下是输出接线端子和PLC工作电源。

(3) 状态指示灯(LED)：显示CPU所处的工作状态，分别为RUN(运行)、STOP(停止)、SF(系统故障)。其作用如表1-1所示。

表1-1 CPU状态指示灯的作用

名 称	状 态 及 作 用	
RUN	运行状态(亮)	执行用户程序
STOP	停止状态(亮)	不执行用户程序，可以通过编程装置向PLC装载程序或进行系统设置
SF	系统故障(亮)	严重出错或硬件故障

(4) 输入状态指示：用于显示是否有控制信号(如控制按钮、行程开关、接近开关、光电开关等数字量信息)接入PLC。

(5) 输出状态指示：用于显示是否有信号输出到执行设备(如接触器、电磁阀、指示灯等)。

(6) 扩展模块：通过扁平电缆线连接数字量I/O扩展模块、模拟量I/O扩展模块、热电偶模块和通信模块等。

(7) 通信端口：支持PPI、MPI通信协议，有自由口通信能力，用以连接编程器(手持式或PC)、文本/图形显示器以及PLC网络等外围设备。

(8) 模拟电位器：模拟电位器用来改变特殊寄存器(SMB28、SMB29)中的数值，以改变程序运行时的参数，如定时器、计数器的预置值，过程量的控制参数等。

(二) S7-200系列PLC的主机技术指标、扩展模块及外部接线

1．S7-200系列PLC的主机技术指标

1) S7-200 CPU产品的分代

从CPU模块的功能来看，SIMATIC S7-200系列小型PLC发展至今，大致经历了两代：

第一代产品，其CPU模块为CPU 21×，主机均可进行扩展，它具有四种不同配置的CPU单元(CPU 212、CPU 214、CPU 215和CPU 216)，本书不介绍该产品。

第二代产品，其CPU模块为CPU 22×，主机大都可进行扩展，它具有五种不同配置的CPU单元(CPU 221、CPU 222、CPU 224、CPU 226和CPU 226XM)，除CPU 221之外，其他CPU都可加扩展模块，是目前小型PLC的主流产品，本书将介绍CPU 22× 系列产品。

对于每个型号，西门子厂家都提供产品货号，根据产品货号可以购买到指定类型的PLC。

2) S7-200 CPU 22×系列技术性能

CPU 22×主机的技术指标如表1-2所列。

表1-2 CPU 22×系列的技术指标

项目名称	CPU 221	CPU 222	CPU 224	CPU 226	CPU 226XM
用户程序区	4 KB	4 KB	8 KB	8 KB	16 KB
数据存储区	2 KB	2 KB	5 KB	5 KB	10 KB
主机数字量输入/输出点数	6/4	8/6	14/10	24/16	24/16
模拟量输入/输出点数	无	16/16	32/32	32/32	32/32
扫描时间(1条指令)	0.37 μs	0.37 μs	0.37 μs	0.37 μs	0.37 μs
最大输入/输出点数	256	256	256	256	256
位存储区	256	256	256	256	256
定时器	256	256	256	256	256
计数器	256	256	256	256	256
允许最大的扩展模块	无	2模块	7模块	7模块	7模块
允许最大的智能模块	无	2模块	7模块	7模块	7模块
时钟功能	可选	可选	内置	内置	内置
数字量输入滤波	标准	标准	标准	标准	标准
模拟量输入滤波	无	标准	标准	标准	标准
高速计数器	4个30 kHz	4个30 kHz	6个30 kHz	6个30 kHz	6个30 kHz
脉冲输出	2个20 kHz	2个20 kHz	2个20 kHz	2个20 kHZ	2个20 kHz
通信口	1×RS 485	1×RS 485	1×RS 485	2×RS 485	2×RS 485

由表1-2可知，CPU 22×系列具有不同的技术性能，使用于不同要求的控制系统。

(1) CPU 221：用户程序和数据存储容量较小，有一定的高速计数处理能力，适用于点数少的控制系统。

(2) CPU 222：与CPU 221相比，它可以进行一定模拟量的控制，且可以连接两个扩展模块，应用更为广泛。

(3) CPU 224：与前两者相比，存储容量扩大了一倍，有内置时钟，且具有更强的模拟量和高速计数的处理能力，使用很普遍。

(4) CPU 226：与CPU 224相比，增加了通信口的数量，通信能力大大增强，可用于点数较多、要求较高的小型或中型控制系统。

(5) CPU 226XM：是西门子公司推出的一款增强型主机，主要在用户程序和数据存储容量上进行了扩展，其他指标和CPU 226相同。

2．S7-200系列PLC的扩展模块

当主机的I/O点数不够用或需要进行特殊功能的控制时，通常要进行I/O的扩展，I/O扩展包括I/O点数的扩展和功能模块的扩展。不同的CPU有不同的扩展规范，它主要受CPU的寻址能力限制，在使用时可参考西门子S7-200 PLC的系统手册。

1) 数字量I/O扩展模块

常用的数字量I/O扩展模块有三类，即输入扩展模块、输出扩展模块、输入/输出扩展模块。S7-200 系列 PLC 数字量 I/O 扩展模块如表 1-3 所示。

表 1-3 S7-200 系列 PLC 数字量 I/O 扩展模块

类 型	型 号	输入点数/类型	输出点数/类型
输入扩展模块	EM 221	8 输入/24 V DC 光电隔离	—
	EM 221	8 输入/(120/230)V AC	
输出扩展模块	EM 222	—	8 输出/24 V DC 晶体管型
	EM 222		8 输出/继电器型
	EM 222		8 输出/(120/230)V AC 晶闸管型
输入/输出扩展模块	EM 223	4 输入/24 V DC 光电隔离	4 输出/24 V DC 晶体管型
	EM 223	4 输入/24 V DC 光电隔离	4 输出/继电器型
	EM 223	8 输入/24 V DC 光电隔离	8 输出/24 V DC 晶体管型
	EM 223	8 输入/24 V DC 光电隔离	8 输出/继电器型
	EM 223	16 输入/24 V DC 光电隔离	16 输出/24 V DC 晶体管型
	EM 223	16 输入/ 24 V DC 光电隔离	16 输出/继电器型

2) 特殊功能扩展模块

当需要完成某些特殊功能的控制任务时，CPU 主机可以连接扩展模块，利用这些扩展模块进一步完善 CPU 的功能。常用的扩展模块有两类，即模拟量输入/输出扩展模块、特殊功能模块。模拟量扩展模块型号及用途如表 1-4 所示。

表 1-4 模拟量扩展模块型号及用途

分 类	型 号	I/O 规格	功能及用途
模拟量输入扩展模块	EM 231	AI4 × 12 位	4 路模拟输入，12 位 A/D 转换
		AI4 × 热电偶	4 路热电偶模拟输入
		AI4 × RTD	4 路热电阻模拟输入
模拟量输出扩展模块	EM 232	AQ2 × 12 位	2 路模拟输出，12 位 D/A 转换
模拟量输入/输出扩展模块	EM 235	AI4/AQl × 12	4 路模拟输入，1 路模拟输出，12 位转换

S7-200 主机的特殊功能模块有多种类型，例如：功能模块有 EM 253 位置控制模块、EM 277 Profibus-DP 模块、EM 241 调制解调器模块、CP243-1 以太网模块、CP243-2 AS-I 接口模块等。

3) I/O 点数扩展和编址

S7-200 CPU 22×系列的每种主机所提供的本机 I/O 点的地址是固定的，在进行扩展时，可以在 CPU 右边连接多个扩展模块。每个扩展模块的组态地址编号取决于各模块的类型和该模块在 I/O 链中所处的位置。输入与输出模块的地址不会发生冲突，模拟量控制模块地址也不会影响数字量。

编址方法是同样类型的输入或输出点的模块在链中按所处的位置而递增，这种递增是按字节进行的，如果 CPU 或模块在为物理 I/O 点分配地址时未用完一个字节，那些未用的位也不能分配给 I/O 链中的后续模块。

例如，某一控制系统选用 CPU 224，系统所需的输入/输出点数为：数字量输入 24 点、数字量输出 20 点、模拟量输入 6 点和模拟量输出 2 点。

本系统可有多种不同模块的选取组合，并且各模块在 I/O 链中的位置排列方式主要有以下几种：

(1) 同类型输入或输出的模块按顺序进行编制。

(2) 数字量模块总是保留以 8 位(1 个字节)递增的过程映像寄存器空间。如果模块没有给保留字节中每一位提供相应的物理点，那些未用位不能分配给 I/O 链中的后续模块。对于输入模块，这些保留字节中未使用的位会在每个输入刷新周期中被清零。

(3) 模拟量 I/O 点总是以两点递增的方式来分配空间。如果模块没有给每个点分配相应的物理点，则这些 I/O 点会消失并且不能够分配给 I/O 链中的后续模块。

1.6 PLC 的外部接线

3. S7-200 系列 PLC 的外部接线

输入/输出接口电路是 PLC 与被控对象间传递输入/输出信号的接口部件。各输入/输出点的通、断状态用发光二极管(LED)显示，外部接线一般在 PLC 的接线端子上。

S7-200 系列 CPU 22×主机的输入回路为直流双向光耦合输入电路，输出有继电器和晶体管两种类型。如 CPU 224 PLC，一种是 CPU 224 AC/DC/RLY(继电器型)，其含义为交流 220 V 输入电源，提供 24 V 直流给外部元件(如传感器等)，继电器方式输出，14 点输入，10 点输出；一种是 CPU 224 DC/DC/DC(晶体管型且高速输出脉冲必须选择此种类型)，其含义为直流 24 V 输入，提供 24 V 直流给外部元件(如传感器等)，半导体元件直流方式输出，14 点输入，10 点输出。用户可根据需要选择输入、输出类型。

(1) 输入接线。CPU 224 的主机共有 14 个输入点(I0.0～I0.7、I1.0～I1.5)和 10 个输出点(Q0.0～Q0.7，Q1.0～Q1.1)。CPU 224 输入电路接线如图 1-12 所示。系统设置 1M 为输入端子 I0.0～I0.7 的公共端，2M 为 I1.0～I1.5 输入端子的公共端。

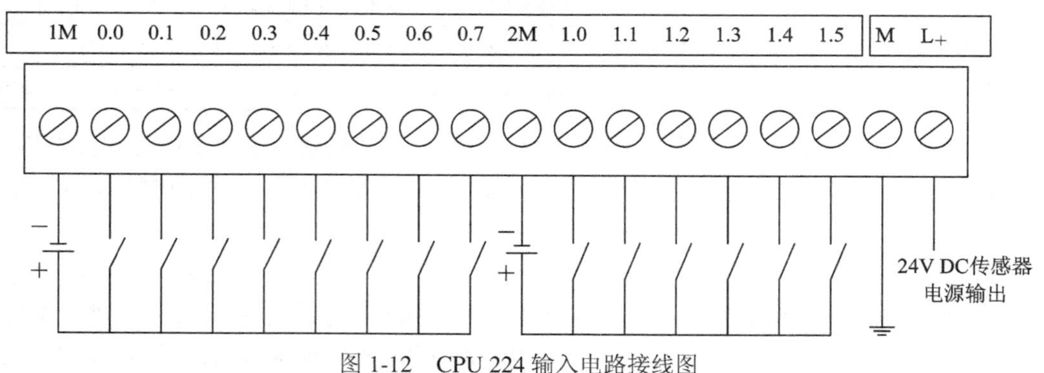

图 1-12 CPU 224 输入电路接线图

(2) 输出接线。CPU 224 的输出电路有晶体管输出和继电器输出两种电路供用户选用。在晶体管输出电路中，PLC 由 24 V 直流供电，负载采用了 MOSFET 功率驱动器件，所以只能用直流电源为负载供电。输出端将数字量输出分为两组，每组有一个公共端，共有 1L、

2L 两个公共端，可接入不同电压等级的负载电源。其电路接线图如图 1-13 所示。

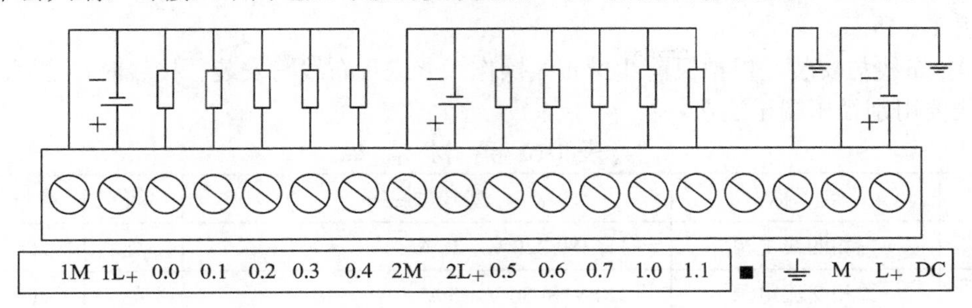

图 1-13 CPU 224 晶体管输出电路接线图

在继电器输出电路中，PLC 由 220 V 交流电源供电，负载采用继电器驱动，所以既可以选用直流电源为负载供电，也可以采用交流电源为负载供电。在继电器输出电路中，数字量输出分为三组，每组的公共端为本组电源的供给端，Q0.0～Q0.3 公用 1L，Q0.4～Q0.6 公用 2L，Q0.7～Q1.1 公用 3L，各组之间可接入不同电压等级和不同电压性质的负载电源，如图 1-14 所示。

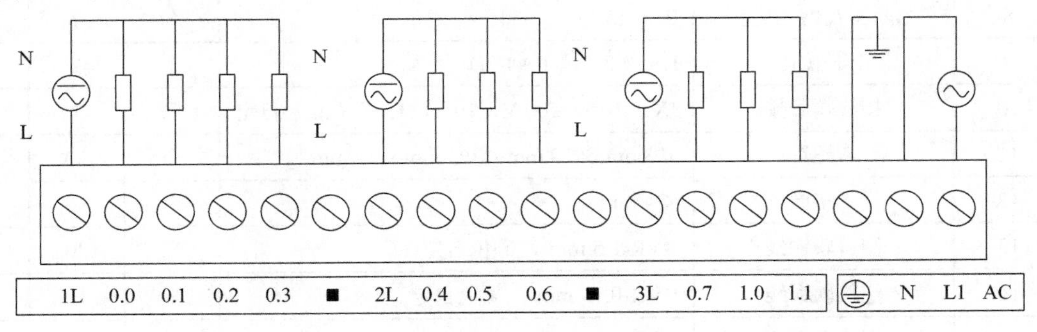

图 1-14 CPU 224 继电器输出电路接线图

图 1-15 所示是 CPU 226 DC/DC/DC 的端子连接图，根据该图对 PLC 进行端子接线，并借助输入按钮进行试车验收。

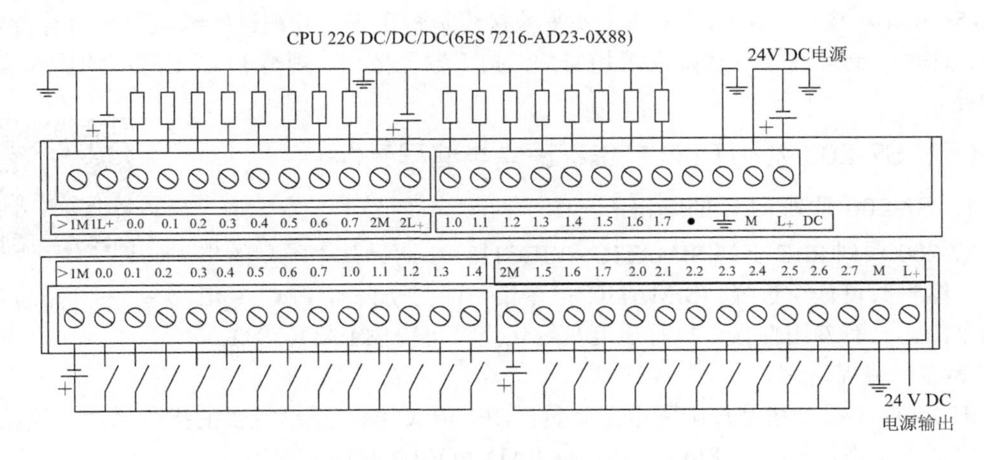

图 1-15 CPU 226 DC/DC/DC 的端子连接图

(3) 电器元件的检查与安装。配齐所有电器元件并进行质量检验和安装固定，器材清单如表1-5所示。

(4) 布线与安装。根据板前线槽布线操作工艺进行布线与安装。接线时，注意PLC端子接线要用别径压端子连接。

表1-5 器材清单

序号	名 称	型号与规格	单位	数量	备注
1	三相四线电源	～3 × 380/220 V，20 A	处	1	
2	单相交流电源	～220 V和36 V，5 A	处	1	
3	可编程控制器	S7-200 CPU 226或自定	台	1	
4	配线板	500 mm × 600 mm × 20 mm	块	1	
5	组合开关	HZ10-25/3	个	1	
6	交流接触器	CJ10-20，线圈电压380 V	只	3	
7	熔断器及熔芯配套	RL6-60/20	套	3	
8	熔断器及熔芯配套	RL6-15/4	套	2	
9	三联按钮	LA10-3H或LA4-3H	个	2	
10	接线端子排	JX2-1015，500 V，10 A，15节或配套自定	条	1	
11	木螺钉	Φ3 mm × 20 mm；Φ3 mm × 15 mm	个	30	
12	平垫圈	Φ4 mm	个	30	
13	塑料软铜线	BVR-1.5 mm^2，颜色自定	米	20	
14	塑料软铜线	BVR-0.75 mm^2，颜色自定	米	10	
15	别径压端子	UT2.5-4，UT1-4	个	40	
16	行线槽	TC3025，两边打Φ3.5 mm^{2}孔	条	5	
17	异型塑料管	Φ3 mm	米	0.2	

(5) 试车与交付。通电试车前，要复验接线是否正确，并测试绝缘电阻是否符合要求；通电试车时，必须有指导教师在现场监护；按下输入按钮，观察PLC上对应的输入信号灯是否亮。

(三) S7-200系列PLC的编程语言与编程元件

1. S7-200系列PLC的编程语言

1.7 S7-200编程语言

S7-200系列PLC支持SIMATIC和IEC1131-3两种基本类型的指令集，编程时可任意选择。SIMATIC指令集是西门子公司PLC专用的指令集，具有专用性强、执行速度快等优点，可提供LAD、STL、FBD等多种编程语言。

IEC1131-3指令集是按国际电工委员会(IEC)PLC编程标准提供的指令系统，该编程语言可以适用于不同厂家的PLC产品，有LAD和FBD两种编辑器。

学习和掌握IEC1131-3指令的主要目的是学习如何为不同品牌的PLC创建程序，该指令的执行时间可能较长，有一些指令盒规则也与SIMATIC有所不同。

S7-200 PLC可以接受SIMATIC和IEC1131-3两种指令系统编制的程序，但SIMATIC和IEC1131-3指令系统并不兼容。本教材以SIMATIC指令系统为例进行重点介绍。

1) 梯形图(LAD)编程器

利用LAD编辑器可以建立与电气原理图相类似的梯形图程序。梯形图是PLC编程的高级语言，很容易被PLC编程人员和维护人员接受和掌握，所有PLC厂商均支持梯形图语言编程。

梯形图按逻辑关系可分为梯级或网络段，简称段。程序执行时按段扫描，清晰的段结构有利于程序的阅读理解和运行调试。同时，软件的编译功能可以直接指出错误指令所在段的段标号，有利于用户程序的修正。

图1-16给出梯形图应用实例。LAD图例指令有触点、线圈、指令盒三种基本形式。触点表示输入条件，例如开关、按钮控制的输入映像寄存器状态和内部寄存器状态等；线圈表示输出结果，利用PLC输出点可直接驱动照明灯、指示灯、继电器、接触器和电磁阀等负载；指令盒代表一些功能较复杂的指令，例如定时器、计数器和数学运算指令等。

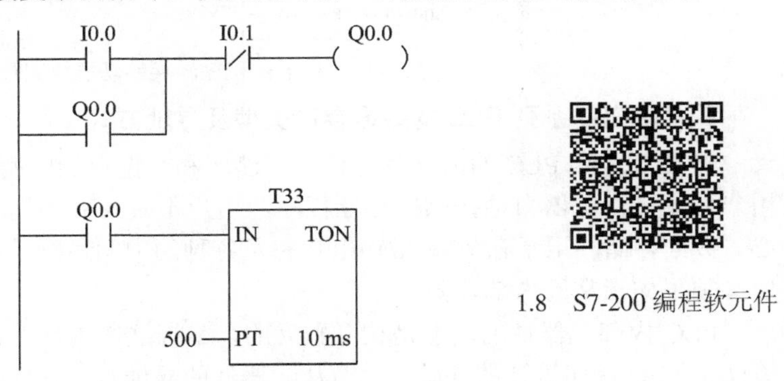

1.8 S7-200编程软元件

图1-16 梯形图应用实例

2) 语句表(STL)编辑器

语句表(STL)编辑器使用指令助记符创建控制程序，提供了不同于梯形图或功能块图编程器的编程途径。语句表类似于计算机的汇编语言，适合熟悉PLC并且有逻辑编程经验的程序员使用，并且是手持式编程器唯一能够使用的编程语言。语句表(STL)编程语言是一种面向机器的语言，具有指令简单、执行速度快等优点。STEP 7-Mricro/WIN V4.0编程软件具有梯形图程序和语句表指令的相互转换功能，为STL程序的编制提供了方便。

例如，由图1-16中的梯形图程序转换的语句表程序如下：

```
NETWORK 1        //网络题目(单行)
LD    I0.0
O     Q0.0
AN    I0.1
=     Q0.0
NETWORK 2
LD    Q0.0
```

TON　T33，500

3) 功能块图(FBD)编辑器

STEP7-Mricro/WIN32功能块图(FBD)编辑器是利用逻辑门图形组成的功能块图指令系统。功能块图指令由输入、输出端及逻辑关系函数组成。用STEP 7-Mricro/WIN 32软件LAD、STL和FBD编辑器的自动转换功能，可得到与图1-16相对应的功能块图，如图1-17所示。

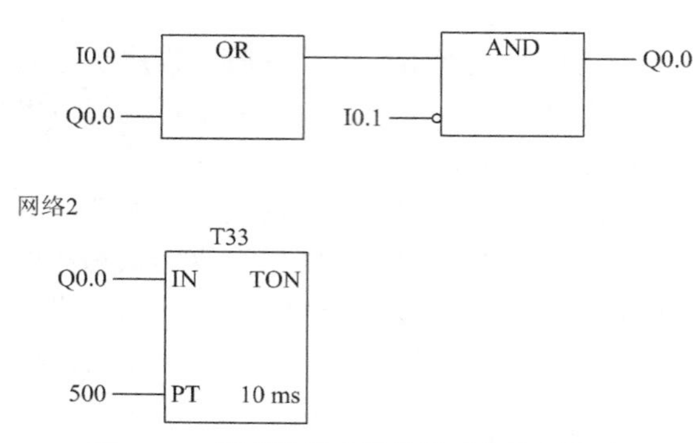

图1-17　梯形图程序转换的功能块图程序

2．S7-200系列PLC的数据存储类型及寻址方式

S7-200系列PLC的内存分为程序存储区和数据存储区两大部分。程序存储区用于存放用户程序，由机器自动按顺序存储程序，用户不必为哪条程序存放在哪个存储器地址而费心。数据存储区用于存放输入/输出状态及各种的中间运行结果，是用户实现各种控制任务所必须了如指掌的内部资源。

PLC内部元器件的功能是相互独立的，掌握这些内部器件的定义、范围、功能和使用方法是PLC程序设计的基础，本节从元器件的寻址方式、功能的角度叙述各种器件的使用方法。

1) 数据存储器的分配

S7-200系列PLC按内部元器件的种类将数据存储器分成若干个存储区域，每个区域的存储单元按字节编址，可以进行字节、字、双字和位操作。每个字节由8个存储位组成，对存储单元进行位操作时，每一位都可以看成是有0、1状态的位逻辑器件。

2) 数据表示方法

(1) 数据类型及范围。S7-200系列PLC在存储单元所存放的数据类型有布尔型(BOOL)、整数型(INT)和实数型(REAL)三种。表1-6给出了数据不同长度值所能表示的整数范围。

表1-6　数据大小范围及相关整数范围

数据大小	无符号整数		符号整数	
	十进制	十六进制	十进制	十六进制
B(字节)8位值	0～255	0～FF	−128～127	80～7F
W(字)16位值	0～65535	0～FFFF	−32 768～32 767	8000～7FFF
DW(双字) 32位值	0～429 496 729 5	0～FFFFFFFF	−2 147 483 648～ 2 147 483 647	80000000～ 7FFFFFFF

布尔型数据指字节型无符号整数。常用的整数型数据包括单字长(16 位)和双字长(32 位)符号整数两类。实数型数据(浮点数)采用 32 位单精度数表示，数据范围是正数为+1.175495E−38～+3.402823E+38；负数为 −1.175495E−38～−3.402823E+38。

(2) 常数。在 S7-200 系列 PLC 的许多指令中使用常数，常数值的长度可以是字节、字或双字。CPU 以二进制方式存储常数，可以采用十进制、十六进制、ASC II 码或浮点数形式书写常数。下面是上述常用格式书写常数的例子：

十进制常数：30047

十六进制常数：16#4E5

ASC II 码常数：“show”

实数或浮点格式：+1.175495E−38(正数)

−1.175495E−38(负数)

二进制格式：2#1010_0101

(3) PLC 的寻址方式。S7-200 系列 PLC 将信息存放于不同的存储单元，每个单元都有一个唯一的地址，系统允许用户以字节、字、双字为单位存、取信息。提供参与操作的数据地址的方法称为寻址方式。S7-200 数据寻址方式有立即数寻址、直接寻址和间接寻址三大类。立即数寻址的数据在指令中以常数形式出现，直接寻址和间接寻址方式有位、字节、字和双字四种寻址格式，下面对直接寻址和间接寻址方式加以说明。

① 直接寻址方式。直接寻址方式是指在指令中直接使用存储器或寄存器的元件名称和地址编号，直接查找数据。直接寻址指令中明确指出了存取数据的存储器地址，允许用户程序直接存取信息。数据的直接地址包括内存区域标志符、数据大小及该字节的地址或字、双字的起始字节地址，以及位分隔符和位地址，其中有些参数可以省略，数据直接地址表示方法如图 1-18 所示。

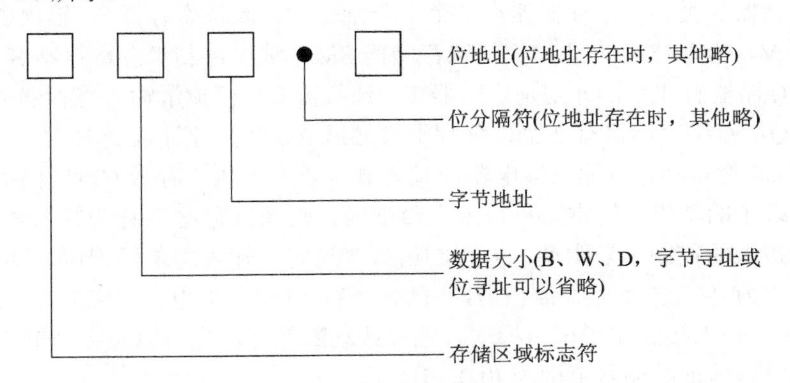

图 1-18　数据直接地址表示方法

位寻址举例如图 1-19 所示，图中 I7.4 表示数据地址为输入映像寄存器的第 7 字节第 4 位的位地址。可以根据 I7.4 地址对该位进行读/写操作。

可以进行位操作的元器件有：输入映像寄存器(I)、输出映像寄存器(Q)、内部标志位(M)、特殊标志位(SM)、局部变量寄存器(L)、变量寄存器(V)、状态元件(S)等。

直接访问字节、字、双字数据时，必须指明数据存储区域、数据长度及起始地址。当数据长度为字或双字时，最高有效字节为起始地址字节。

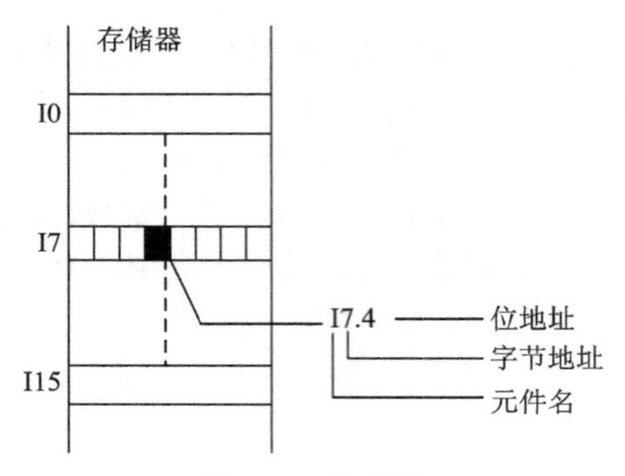

图 1-19　位寻址

可按字节操作的元器件有：I、Q、M、SM、S、V、L、AC、常数。

可按字操作的元器件有：I、Q、M、SM、S、T、C、V、L、AC、常数。

可按双字操作的元器件有：I、Q、M、SM、S、V、L、AC、HC、常数。

② 间接寻址方式。间接寻址是指使用地址指针来存取存储器中的数据。使用前，首先将数据所在单元的内存地址放入地址指针寄存器中，然后根据此地址存取数据。S7-200 CPU中允许使用指针进行间接寻址的存储区域有I、Q、V、M、S、T、C。

建立内存地址的指针为双字长度(32位)，且只能使用V、L、AC作为地址指针。应当注意，必须采用双字传送指令(MOVD)将内存的某个地址移入指针当中，以生成地址指针；指令中的操作数(内存地址)必须使用“&”符号表示内存某一位置的地址(长度为32位)。间接寻址在使用指针存取数据的指令中，操作数前加有“*”时，表示该操作数为地址指针。

3. S7-200系列PLC的CPU的存储区

S7-200系列PLC的数据存储区按存储器存储数据的长短可划分为字节存储器、字存储器和双字存储器3类。字节存储器有7个，分别是输入映像寄存器I、输出映像寄存器Q、变量存储器V、内部位存储器M、特殊存储器SM、顺序控制状态寄存器S和局部变量存储器L；字存储器有4个，分别是定时器T、计数器C、模拟量输入寄存器AI和模拟量输出寄存器AQ；双字存储器有2个，分别是累加器AC和高速计数器HC。

(1) 输入映像寄存器I(输入继电器)。输入映像寄存器用于存放CPU在输入扫描阶段采样输入接线端子的结果。通常工程技术人员把输入映像寄存器I称为输入继电器，它由输入接线端子接入的控制信号驱动，当控制信号接通时，输入继电器得电，即对应的输入映像寄存器的位为“1”态；当控制信号断开时，输入继电器失电，对应的输入映像寄存器的位为“0”态。输入接线端子可以接动合触点或动断触点，也可以是多个触点的串并联。

输入继电器地址的编号范围为I0.0～I15.7。

(2) 输出映像寄存器Q(输出继电器)。输出映像寄存器用于存放CPU执行程序的结果，并在输出扫描阶段将其复制到输出接线端子上。在工程实践中，常把输出映像寄存器Q称为输出继电器，它通过PLC的输出接线端子控制执行电器完成规定的控制任务。

输出继电器地址的编号范围为Q0.0～Q15.7。

(3) 变量存储器V。变量存储器用于存放用户程序执行过程中控制逻辑操作的中间结果，也可以用来保存与工程、程序或任务有关的其他数据。

变量存储器地址编号范围根据CPU型号不同而不同，CPU 221/222为V0～V2047共

2KB 存储容量，CPU 224/226 为 V0～V5119 共 5 KB 存储容量。

(4) 内部存储器 M(中间继电器)。内部存储器作为控制继电器用于存储中间操作状态或其他控制信息，其作用相当于继电接触器控制系统中的中间继电器。

内部位存储器地址的编号范围为 MB0～MB31，共 32 个字节。

(5) 特殊存储器 SM。特殊存储器用于 CPU 与用户之间交换信息，其特殊存储器位提供大量的状态和控制功能。CPU 224 的特殊存储器 SM 编址范围为 SMB0～SMB549 共 550 个字节，其中 SMB0～SMB29 的 30 个字节为只读型区域，其地址编号范围随 CPU 的不同而不同，具体可参见附录 B。

(6) 局部变量存储器 L。局部变量存储器用来存放局部变量，它和变量存储器 V 很相似，主要区别在于全局变量是全局有效，即同一个变量可以被任何程序访问；而局部变量只在局部有效，即变量只和特定的程序相关联。

S7-200 有 64 个字节的局部变量存储器，其中 60 个字节可以作为暂时存储器，或给予程序传递参数，后 4 个字节作为系统保留字节。

(7) 顺序控制状态寄存器 S。顺序控制状态寄存器又称状态元件，与顺序控制继电器指令配合使用，用于组织设备的顺序操作，顺序控制状态寄存器的地址编号范围为 S0.0～S31.7。

(8) 定时器 T。定时器相当于继电接触器控制系统中的时间继电器，用于延时控制。S7-200 PLC 有 3 种定时器，它们的时基增量分别为 1 ms、10 ms 和 100 ms。

定时器的地址编号范围为 T0～T255，它们的分辨率和定时范围各不相同，用户应根据所用 CPU 型号及时基正确选用定时器编号。

(9) 计数器 C。计数器用来累计输入端接收到的脉冲个数，S7-200 PLC 有 3 种计数器：加计数器、减计数器和加减计数器。

计数器的地址编号范围是 C0～C255。

(10) 模拟量输入寄存器 AI。模拟量输入寄存器用于接收模拟量输入模块转换后的 16 位数字量。其地址以偶数表示，如 AIW0、AIW2…。模拟量输入寄存器 AI 为只读存储器。

(11) 模拟量输出寄存器 AQ。模拟量输出寄存器用于暂存模拟量输出模块的输入值，该值经过模拟量输出模块(D/A)转换为现场所需要的标准电压或电流信号。其地址编号为 AQW0、AQW2…。模拟量输出值是只写数据，用户不能读取模拟量输出值。

(12) 高速计数器 HC。高速计数器用来累计比 CPU 的扫描速率更快的事件，计数过程与扫描周期无关。

高速计数器的地址编号范围根据 CPU 的型号有所不同，CPU 221、CPU 222 各有 4 个高速计数器，CPU 224、CPU 226 各有 6 个高速计数器，编号为 HC0～HC5。

(13) 累加器 AC。累加器用来暂存数据的寄存器，它可以用来存放运算数据、中间数据和结果，S7-200 提供了 4 个 32 位的累加器，其地址编号为 AC0～AC3。

四、能力测试

1. S7-200 PLC 有哪几种指令系统？
2. 简述 S7-200 PLC 的系统结构。

3．简述可编程控制器的两种寻址方式。

五、研讨与练习

简述 S7-200 PLC 的 CPU 的存储区。

六、思考与练习

简述 S7-200 PLC 各存储器的用途、符号以及地址范围。

任务三　S7-200 系列 PLC 的编程软件及使用

S7-200 系列 PLC 的 STEP 7-Micro/WIN 编程软件可以方便地在 Windows 环境下对 PLC 进行编程、调试、监控，使得 PLC 的编程更加方便、快捷。可以说，S7-200 PLC 极大地满足了各种小规模控制系统的要求。

一、任务目标

(1) STEP 7-Micro/WIN 编程软件的安装、通信参数设置和修改。
(2) STEP 7-Micro/WIN 管理界面的认识。
(3) STEP 7-Micro/WIN 软件包功能的认识。
(4) 创建项目、编程传送、监控和调试程序。
(5) 程序的输入及下载。
(6) 掌握 S7-200 系列 PLC 的网络通信协议及通信所需设备。
(7) 掌握通信指令的应用。

二、任务分析

本任务要求首先熟悉 S7-200 系列 PLC 的编程软件 STEP 7 Micro/WIN V4.0 的使用，熟练运用编程软件，会用 NETR 与 NETW 指令实现网络通信。

三、相关知识

1.9　S7-200 编程软件的使用

(一) STEP 7-Micro/WIN 编程软件的使用

1．STEP 7-Micro/WIN 编程系统简介

STEP 7-Micro/WIN V4.0 是基于 Windows 平台的应用软件，是西门子公司专为 SIMATIC 系列 PLC 研制开发的编程软件，它可以使用通用的个人计算机作为图形编辑器，用于在线(联机)或离线(脱机)开发用户程序，并可以在线实时监控用户程序的执行状态。

S7-200 系列 PLC 利用编程软件 STEP 7-Micro/WIN V4.0 所提供的梯形图语言(LAD)、语句表语言(STL)及功能块图(FBD)三种编程语言可以对实际系统完成软件编程、运行及监控。

(1) 梯形图(LAD)。梯形图是在接触器-继电器控制系统中的控制电路图的基础上演变而来的，是应用最多的一种编程语言，梯形图与继电器控制电路的基本思想是一致的，只是在使用符号和表达方式上有一定的区别。只要有继电器控制电路的基础，就能在很短的时间内掌握梯形图的使用和编程方法。梯形图语言简单明了，易于理解，是所有编程语言的首选之一。

(2) 语句表(STL)。语句表类似于计算机汇编语言，是 PLC 的基础编程语言之一。其特点如下：

① 特别适合熟悉计算机原理，熟悉 PLC 的结构原理和工作过程的程序员；

② 可以编写出用梯形图或功能块图无法实现的程序；

③ 是 PLC 各种语言中，输入程序及执行程序速度最快的编程语言。

(3) 功能块图(FBD)。功能块图类似于数字电路，它可将具有各种与、或、非、异或等逻辑关系的功能块图按一定的控制逻辑组合起来。这种编程语言适合那些熟悉数字电路的人员。

2．STEP 7-Micro/WIN 编程软件的安装

(1) 操作系统要求：Windows 2000/XP。

(2) 硬件设备要求：至少 350 MB 以上的硬盘空间、光驱、鼠标。

(3) 通信电缆：PC/PPI 电缆(或使用一个通信处理器卡)，用来将计算机与 PLC 连接。

(4) STEP 7-Micro/WIN V4.0 编程软件在一张光盘上，用户可按以下步骤安装：

① 将光盘插入光盘驱动器；

② 系统自动进入安装向导，或在 Windows 资源管理器中找到并打开安装光盘上的“Setup.exe”文件，双击“运行”该文件；

③ 按照安装向导完成软件的安装；

④ 安装过程中，会出现“Set PG/PC Interface”窗口，决定通信方式后，确认“PC/PPI cable(PPI)”，单击“OK”按钮，程序继续安装；

⑤ 安装结束时，会出现“是否重新启动计算机”的选项，选择“重新启动计算机”，Windows 桌面上将会显示 STEP7-Micro/WIN 的图标。

3．硬件的连接

可以用 PC/PPI 电缆建立个人计算机与 PLC 之间的通信，这是单主机与个人计算机的连接，不需要其他硬件，如调制解调器和编程设备等。典型的单主机连接如图 1-20 所示。

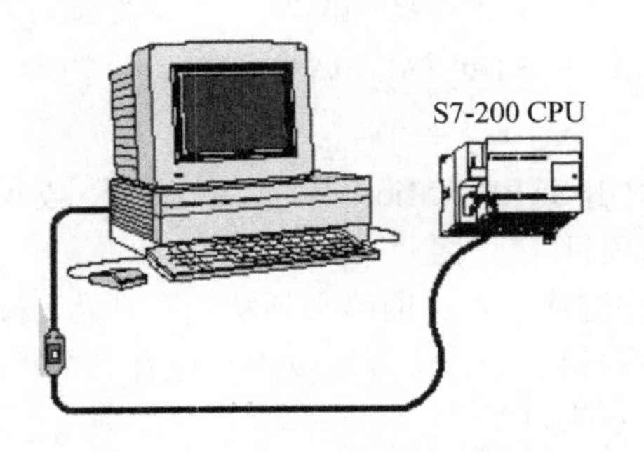

1.10　S7-200 通信设置

图 1-20　PLC 与计算机的连接示意图

4．软件的功能

STEP 7-Micro/WIN V4.0 编程软件的基本功能是在 Windows 平台编制用户应用程序，它主要完成下列任务：

(1) 离线方式创建、编辑和修改用户程序。

(2) 在线方式下通过联机通信的方式上传(Upload)和下载(Download)用户程序及系统组态数据，编辑和修改用户程序。

(3) 在编辑程序过程中进行语法检查。使用梯形图编程时，在出现错误的地方会自动加红色波浪线；使用语句表编程时，在出现错误的语句行前自动画上红色叉，且在错误处加上红色波浪线。

1.11 S7-200 编程软件的基本操作

(4) 提供对用户程序进行文档管理、加密处理等工具功能。

(5) 设置 PLC 的工作方式和运行参数，进行运行监控和强制操作等。

5．SETP 7-Micro/WIN 软件的使用

STEP 7-Micro/WIN 编程软件的窗口组件如图 1-21 所示。

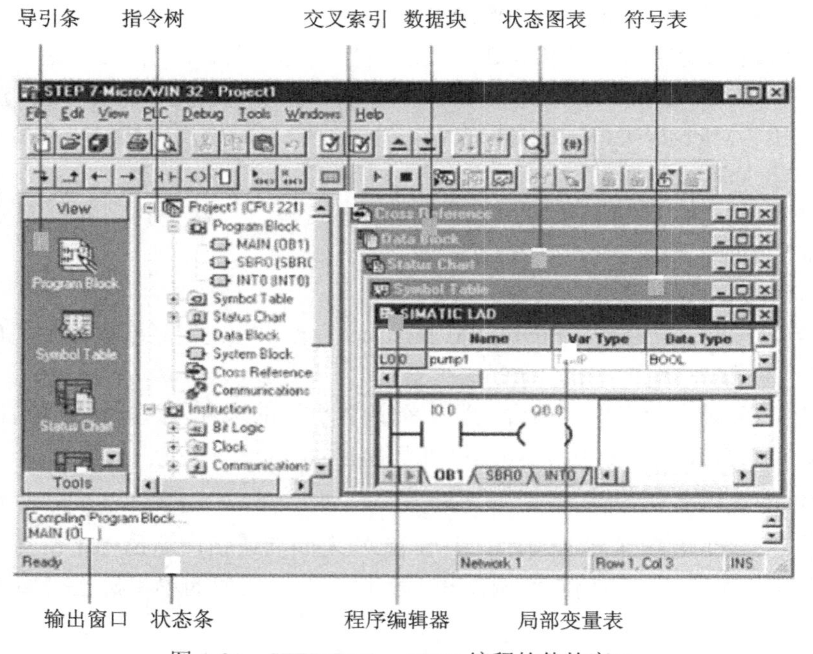

图 1-21 STEP 7-Micro/WIN 编程软件的窗口

1) 程序的输入和编辑

(1) 建立或打开项目。双击 STEP 7-Micro/WIN 图标，或双击要打开的 .mwp 文件可以建立新项目或打开已有的项目。

(2) 输入程序。输入程序时应注意：网络必须从接点开始，以线圈或没有 ENO 输出的指令盒结束，线圈不允许串联使用；一个程序段中只能有一个“能流”通路，不能有两条互不联系的通路。具体输入方法如下：

① 在指令树中选择需要的指令，用鼠标将其拖放到编辑窗口内合适的位置再释放。

② 将光标放在需要的位置上，单击工具栏上的指令按钮。打开通用指令窗口，从中选择需要的指令。

(3) 保存项目。使用工具条上的“保存”按钮，或从“文件”菜单中选择“保存”或“另存为”选项保存。

2) 程序的编译

程序必须经过编译后，方可下载到 PLC，编译完成后会在输出窗口中显示编译结果。

(1) 单击“编译”按钮或选择菜单命令“PLC”→“编译”，编译当前活动窗口中的程序块。

(2) 单击“全部编译”按钮或选择菜单命令“PLC”→“全部编译”，编译全部项目元件(程序块、数据块、系统块)，“全部编译”与窗口是否活动无关。

3) 程序的下载与上传

下载程序前的条件如下：

(1) 计算机和 PLC 直接通过 PC/PPI 电缆连接好并能进行通信；

(2) 程序写好并经过编译确认没有错误；

(3) PLC 置于“停止”模式。

单击“下载”按钮或选择菜单命令“文件”→“下载”，在“下载”对话框中单击“确定”按钮，开始下载程序。下载成功后，在 PLC 运行程序之前，必须将 PLC 从 STOP 模式转换回 RUN 模式。单击工具条中的“运行”按钮，或选择菜单命令“PLC”→“运行”，使 PLC 进入 RUN 模式。

上传是指将 PLC 中的项目元件上传到 STEP 7-Micro/WIN 程序编辑器。单击“上传”按钮或选择菜单命令“文件”→“上传”，即可完成该操作。

4) 监视程序

PLC 处于 RUN(运行)方式并与计算机建立通信后，单击工具条中的“程序状态监控”按钮，可在梯形图中显示出各元件的状态。

(二) PPI 通信协议的应用

PLC 通信包括 PLC 之间、PLC 与上位计算机之间以及 PLC 与其他智能设备之间的通信。PLC 与计算机可以直接或通过通信处理单元、通信转换器相连构成网络，以实现信息的交换。

1. S7-200 系列 PLC 的网络通信协议

在进行网络通信时，通信双方必须遵守约定的规程，这些为交换信息而建立的规程称为通信协议。

S7-200 系列 PLC 主要用于现场控制，主站和从站之间的通信可以采用 3 个标准化协议和 1 个自由口协议。

(1) PPI(Point to Piont Interface)协议，即点对点接口协议。

(2) MPI(Multi Point Interface)协议，即多点接口协议。

(3) PROFIBUS 协议，用于分布式 I/O 设备的高速通信。

(4) 自由口协议，即用户定义的协议。

1.12 PPI 通信及应用

其中的 PPI 是 SIEMENS 公司专为 S7-200 系列 PLC 开发的通信协议，是主从协议。利用 PC/PPI 电缆，将 S7-200 系列 PLC 与装有 STEP 7-Micro/WIN 编程软件的计算机连接起来，组成 PC/PPI(单主站)的主/从网络连接。

下面简单介绍 PPI 协议。

网络中的 S7-200 PLC CPU 均为从站，其他 CPU、编程器或人机界面 HMI(如 TD200 文本显示器)为主站。如果在用户程序中指定某个 S7-200 系列 PLC CPU 为 PPI 主站模式，则在 RUN 工作方式下，该 S7-200 PLC 可以作为主站，它可以用相关的通信指令读写其他 PLC 中的数据；与此同时，它可以作为从站响应来自于其他主站的通信申请。

对于任何一个从站，PPI 不限制与其通信的主站数量，但是在网络中最多只能有 32 个主站。

2. 通信部件

(1) 通信端口。S7-200 系列 PLC 中的 CPU 226 机型有 2 个 RS-485 端口，外形为 9 针 D 型，分别定义为端口 0 和端口 1，作为 CPU 的通信端口，通过专用电缆可与计算机或其他智能设备及 PLC 进行数据交换。

(2) 网络连接器。网络连接器用于将多个设备连接到网络中。一种是连接器的两端只是个封闭的 D 型插头，可用于两台设备间的一对一通信；另一种是连接器两端的插头上还设有敞开的插孔，可用来连接第三者，实现多设备通信。

(3) PC/PPI 电缆。用此电缆连接 PLC 主机与计算机及其他通信设备，PLC 主机侧是 RS-485 接口，计算机侧是 RS-232(或 USB)接口。当数据从 RS-232(或 USB)传送到 RS-485 时，PC/PPI 电缆是发送模式，反之是接收模式。

3. 通信指令

(1) PPI 主站模式设定。在 S7-200 系列 PLC 的特殊继电器 SM 中，SM B30(SM B130)是用于设定通信端口 0(通信端口 1)的通信方式。由 SM B30(SM B130)的低 2 位决定通信端口 0(通信端口 1)的通信协议，只要将 SM B30(SM B130)的低 2 位设置为 2#10，就允许该 PLC CPU 主机为 PPI 主站模式。

(2) PPI 主站模式的通信指令。S7-200 PLC CPU 提供网络读/写指令，用于 S7-200 PLC CPU 之间的联网通信。网络读/写指令只能由网络中充当主站的 CPU 执行，或者说只给主站编写读/写指令，即可与其他从站通信了；从站 CPU 不必做通信编程，只需准备通信数据，让主站读/写指令(取/送)有效即可。

在 S7-200 PLC CPU 的 PPI 主站模式下，网络通信指令有两条：NETR 和 NETW。

① 网络读指令 NETR(Net Read)。网络读指令通过指定的通信口(主站上 0 口或 1 口)，从其他 CPU 中指定地址的数据区读取最多 16 字节的信息，存入本 CPU 中指定地址的数据区。

在梯形图中，网络读指令以功能框形式编程，指令的名称为 NETR。当允许输入 EN 有效时，初始化通信操作，通过指定的端口 PORT，从远程设备接收数据，将数据表 TBL 所指定的远程设备区域中的数据读到本 CPU 中。TBL 和 PORT 均为字节型，PORT 为常数。

PORT 处的常数只能是 0 或 1。如是 0，就要将 SM B30 的低 2 位设置为 2#10；如是 1，就要将 SM B130 的低 2 位设置为 2#10，这里要与通信端口的设置保持一致。

TBL 处字节是数据表的起始字节，可以由用户自己设定，但起始字节定好后，后面的字节就要接连使用，形成列表，每个字节都有自己的任务，如表 1-7 所示。

NETR 指令最多可以从远程设备上接收 16 B 的信息。

表 1-7　数据表(TBL)格式

字节偏移地址	字节名称	描　　述
0	状态字节	网络通信指令的执行状态及错误码
1	远程设备地址	被访问的 PLC 从站地址
2	远程设备的数据指针	被访问数据的间接指针，指针可以指向 I、Q、M 和 V 数据区
3		
4		
5		
6	数据长度	远程设备被访问的数据长度
7	数据字节 0	执行 NETR 指令后，存放从远程设备接收的数据 执行 NETW 指令前，存放向远程设备发送的数据
8	数据字节 1	
⋮	⋮	
22	数据字节 15	

在语句表中，NETR 指令的格式为：NETR TBL，PORT。

② 网络写指令 NETW(Net Write)。网络写指令通过指定的通信口(主站上 0 口或 1 口)，把本 CPU 中指定地址的数据区内容写到其他 CPU 中指定的数据区内，最多可以写 16B 的信息。

在梯形图中，网络写指令以功能框形式编程，指令的名称为 NETW。当允许输入 EN 有效时，初始化通信操作，通过指定的端口 PORT，将数据表 TBL 所指定的本 CPU 区域中的数据发送到远程设备。TBL 和 PORT 均为字节型，PORT 为常数。数据表 TBL 如表 1-7 所示。

NETW 指令最多可以发送 16B 的信息到远程设备上。

在语句表中，NETW 指令的格式为：NETW TBL，PORT。

在一个应用程序中，使用 NETR 和 NETW 指令的数量不受限制，但是不能同时激活 8 条以上的网络读/写指令(例如，同时激活 6 条 NETR 和 3 条 NETW 指令)。

数据表 TBL 共有 23 个字节，表头(第一个字节)是状态字节，它反映网络通信指令的执行状态及错误码，各个位的意义如下：

MSB　　　　　　　　　　　　　　　　　　　　　　　　LBS

D	A	E	0	E1	E2	E3	E4

D 位(操作完成位)：0 为未完成；1 为已经完成。

A 位(操作排队有效位)：0 为无效；1 为有效。

E 位(错误标志位)：0 为无错误；1 为有错误。

E1E2E3E4 为错误编码。如果执行指令后，E 位为 1，则由 E1E2E3E4 反应一个错误码，编码及说明如表 1-8 所示。

表 1-8 错误编码表

E1E2E3E4	错误码	说　　明
0000	0	无错误
0001	1	时间溢出错误：远程设备不响应
0010	2	接收错误：奇偶校验错误，响应时帧出错或检查时出错
0011	3	离线错误：相同的站地址或无效的硬件引发冲突
0100	4	队列溢出错误：同时激活 8 个以上的网络通信指令
0101	5	违反通信协议：没有在 SM B30 中设置允许 PPI 协议而是用网络指令
0110	6	非法参数：NETR 或 NTEW 中包含有非法或无效的值
0111	7	没有资源：远程设备忙，如正在上载或下载程序
1000	8	第 7 层错误：违反应用程序协议
1001	9	信息错误：错误信息的数据地址或不正确的数据长度

四、能力测试

用可编程软件对图 1-16 的运行进行监控。

五、研讨与练习

用可编程软件对图 1-7 和图 1-8 的程序进行模拟仿真，进一步掌握 PLC 的扫描方式。

六、思考与练习

通过图 1-22 所示的程序判断 Q0.1、Q0.2、Q0.3、Q0.4 的输出状态，输入程序并进行运行，加以验证。

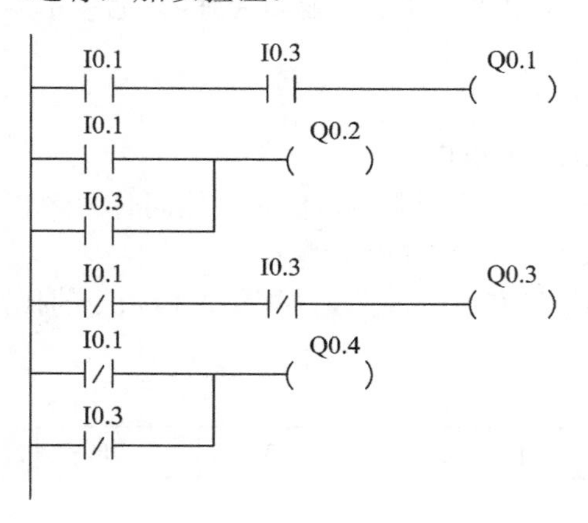

图 1-22　与或非程序

1.13　参考答案

1.14　软件操作视频

1.15　S7-200PLC 与电脑的通信视频

1.16　仿真软件的使用视频

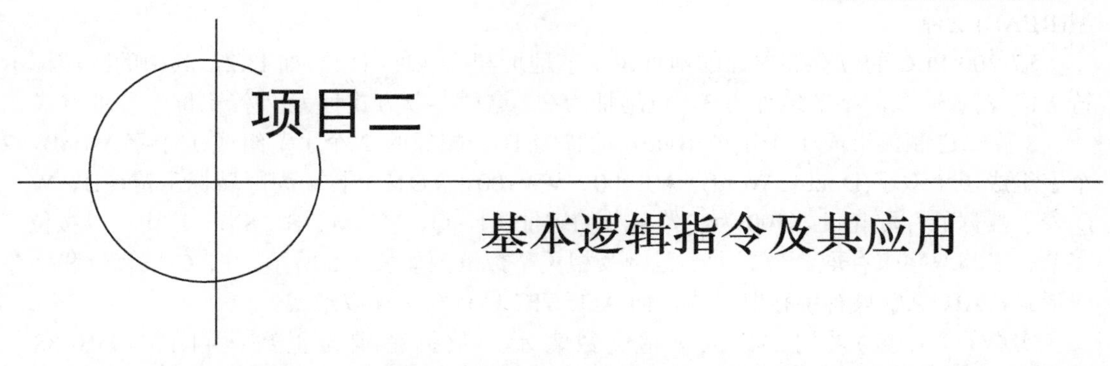

项目二

基本逻辑指令及其应用

基本逻辑指令是PLC应用最频繁的指令，是程序设计的基础。本项目主要介绍西门子S7-200系列PLC的基本逻辑指令及其编程使用。

任务一　三相异步电动机的点动、连续运行控制

一、任务目标

(1) 学习并初步掌握常用基本逻辑指令的应用。

(2) 学习并熟悉S7-200 PLC的I/O接线。

(3) 掌握STEP 7-Micro/WIN编程软件的使用。

二、任务分析

(1) 电动机点动正转控制。点动正转控制线路是使用按钮、接触器来控制电动机运转最简单的正转控制线路。按下按钮，电动机得电启动；松开按钮，电动机失电停转。

(2) 电动机连续运行控制。电动机单向运行的启动/停止控制是最基本、最常用的控制。按下启动按钮，电动机得电启动；按下停止按钮，电动机失电停转。

(3) 为了解电动机的运行状况，可以分别用绿色指示灯HL1和红色指示灯HL2表示电动机的启动和停转状态。

2.1　重点与难点

2.2　课件

2.3　存储器数据类型及存取方式

三、相关知识

(一) S7-200系列PLC的数据类型

S7-200系列PLC在存储单元所存放的数据类型有布尔型(BOOL)、整数型(INT)和实数

型(REAL)三种。

S7-200 PLC 的位存储单元的地址由字节地址和位地址组成，如 I3.2，其中的区域标示符“I”表示输入，字节地址为 3，位地址为 2。这种存取方式称为“字节.位”寻址方式。

8 位二进制数组成 1 个字节(Byte，简称为 B)，相邻的 2 个字节组成 1 个字(Word)，2 个字组成 1 个双字(Double Word)。VB100、VW100、VD100 中 V 为区域标示符，B、W、D 表示数据的存取长度，100 为起始字节的地址。I、Q、V、M、S、SM、L 均可以按位、字节、字和双字来存取。数据大小范围及相关整数范围如表 1-6 所示。T、C 只有位和字存取形式，AI、AQ 只有字存取形式，而 AC、HC 只有双字存取形式。

实数(浮点数)采用 32 位单精度数表示，数据范围为正数：+1.175495E−38～+3.402823E+38；负数：−1.175495E−38～−3.402823E+38。

(二) 元件的功能及编程范围

PLC 是以微处理器为核心的电子设备，其内部设计了编程使用的各种元器件。PLC 与继电器控制的根本区别在于 PLC 采用的是软器件，它是采用程序实现各器件之间的连接。

1. 常用内部元器件的功能

CPU 22×系列 PLC 内部的元器件有很多，它们在功能上是相互独立的。在数据存储区为每一种元器件分配一个存储区域。每一种元器件用一组字母表示器件类型，字母加数字表示数据的存储地址。如 I 表示输入映像寄存器(输入继电器)；Q 表示输出映像寄存器(输出继电器)；M 表示内部标志位存储器；SM 表示特殊标志位存储器；S 表示顺序控制存储器(又称状态元件)；V 表示变量存储器；L 表示局部存储器；T 表示定时器；C 表示计数器；AI 表示模拟量输入映像寄存器；AQ 表示模拟量输出映像寄存器；AC 表示累加器；HC 表示高速计数器等。下面分别介绍这些内部元器件的定义、功能和使用方法。

1) 输入/输出映像寄存器(I/Q)

输入/输出映像寄存器包括输入映像寄存器 I 和输出映像寄存器 Q。

输入/输出映像寄存器都是以字节为单位的寄存器，可以按位操作，它们的每一位对应一个数字量输入/输出端点。不同型号主机的输入/输出映像寄存器区域大小和 I/O 点数参考主机技术性能指标。扩展后的实际 I/O 点数不能超过 I/O 映像寄存器区域的大小，I/O 映像寄存器区域未用的部分可当作内部标志位 M 或数据存储器(以字节为单位)使用。

输入映像寄存器(输入继电器)的等效电路如图 2-1 所示，输入继电器线圈只能由外部信号驱动，不能用程序指令驱动，常开触点和常闭触点供用户编程使用。外部信号传感器(如按钮、行程开关、现场设备、热电偶等)用来检测外部信号的变化，它们与 PLC 或输入模块的输入端相连。

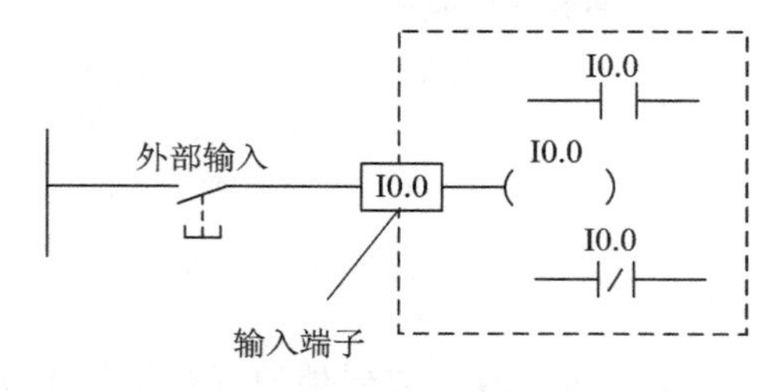

图 2-1 输入映像寄存器(输入继电器)的等效电路图

输出映像寄存器(输出继电器)的等效电路如图 2-2 所示，输出继电器将 PLC 的输出信号传递给负载，只能由程序指令驱动。程序控制能量流从输出继电器 Q0.0 线圈左端流入时，Q0.0 线圈通电(存储器位置 1)，带动输出触点动作，使负载工作。负载又称执行器(如接触器，电磁阀，LED 显示器等)，连接到 PLC 输出模块的输出接线端子，由 PLC 控制执行器的启动和关闭。

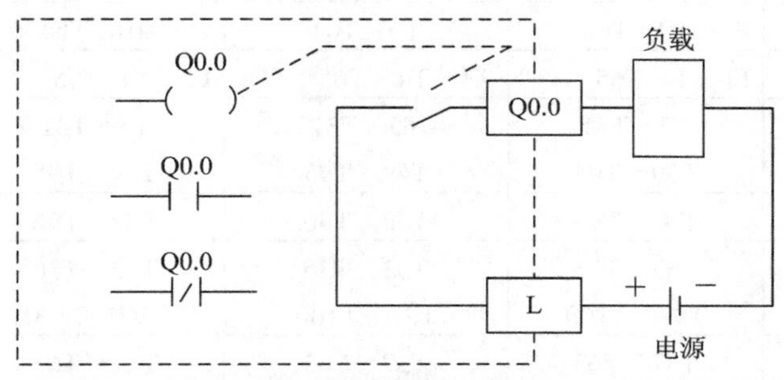

图 2-2　输出映像寄存器(输出继电器)的等效电路图

输入/输出映像寄存器可以按位、字节、字或双字等方式编址。

S7-200 CPU 输入映像寄存器区域有 I0～I15 等 16 个字节存储单元，能存储 128 点信息。CPU 224 主机有 I0.0～I0.7，I1.0～I1.5 共 14 个数字量输入端点，其余输入映像寄存器可用于扩展。输出映像寄存器区域共有 Q0～Q15 等 16 个字节存储单元，能存储 128 点信息。CPU 224 主机有 Q0.0～Q0.7、Q1.0、Q1.1 共 10 个数字量输出端点，其余输出映像寄存器可用于扩展或其他。

2) 内部标志位存储器(M)

内部标志位存储器(M)可以按位使用，作为控制继电器(又称中间继电器)用来存储中间操作数或其他控制信息；也可以按字节、字或双字来存取存储区的数据。编址范围为 M0.0～M31.7。

其他常用元器件在后面将详细介绍。

2. 各种元器件的编程范围

可编程控制器的硬件结构是软件编程的基础，S7-200 PLC 各编程元器件及操作数的有效编程范围如表 2-1 和表 2-2 所示。

表 2-1　S7-200 CPU 编程元器件的有效范围和特性一览表

描　述	CPU 221	CPU 222	CPU 224	CPU 226
用户程序大小	4 K	4 K	8 K	8 K
用户数据大小	2 K 字	2K 字	5 K 字	5 K 字
输入映像寄存器	I0.0～I15.7	I0.0～I15.7	I0.0～I15.7	I0.0～I15.7
输出映像寄存器	Q0.0～Q15.7	Q0.0～Q15.7	Q0.0～Q15.7	Q0.0～Q15.7
模拟量输入(只读)	—	AIW0～AIW30	AIW0～AIW62	AIW0～AIW62
模拟量输出(只写)	—	AQW0～AQW30	AQW0～AQW62	AQW0～AQW62
变量存储器(V)	VB0.0～VB2047.7	VB0.0～VB2047.7	VB0.0～VB5119.7	VB0.0～VB5119.7
局部存储器(L)	LB0.0～LB59.7	LB0.0～LB59.7	LB0.0～LB59.7	LB0.0～LB59.7
位存储器(M)	M0.0～M31.7	M0.0～M31.7	M0.0～M31.7	M0.0～M31.7

续表

描　述	CPU 221	CPU 222	CPU 224	CPU 226
特殊存储器(SM) (只读)	SM0.0～SM179.7 SM0.0～SM29.7	SM0.0～SM299.7 SM0.0～SM29.7	SM0.0～SM549.7 SM0.0～SM29.7	SM0.0～SM549.7 SM0.0～SM29.7
定时器范围	T0～T255	T0～T255	T0～T255	T0～T255
记忆延迟 1 ms	T0，T64	T0，T64	T0，T64	T0，T64
记忆延迟 10 ms	T1～T4，T65～T68	T1～T4，T65～T68	T1～T4，T65～T68	T1～T4，T65～T68
记忆延迟 100 ms	T5～T31 T69～T95	T5～T31 T69～T95	T5～T31 T69～T95	T5～T31 T69～T95
接通延迟 1 ms	T32，T96	T32，T96	T32，T96	T32，T96
接通延迟 10 ms	T33～T36 T97～T100	T33～T36 T97～T100	T33～T36 T97～T100	T33～T36 T97～T100
接通延迟 100 ms	T37～T63 T101～T255	T37～T63 T101～T255	T37～T63 T101～T255	T37～T63 T101～T255
计数器	C0～C255	C0～C255	C0～C255	C0～C255
高速计数器	HC0，HC3，HC4，HC5	HC0，HC3，HC4，HC5	HC0～HC5	HC0～HC5
顺序控制继电器	S0.0～S31.7	S0.0～S31.7	S0.0～S31.7	S0.0～S31.7
累加寄存器	AC0～AC3	AC0～AC3	AC0～AC3	AC0～AC3

表 2-2　S7-200 CPU 操作数有效范围

存取方式	CPU 221		CPU 222		CPU 224、CPU 226	
位存取(字节.位)	V	0.0～2047.7	V	0.0～2047.7	V	0.0～5119.7
	I	0.0～15.7	I	0.0～15.7	I	0.0～15.7
	Q	0.0～15.7	Q	0.0～15.7	Q	0.0～15.7
	M	0.0～31.7	M	0.0～31.7	M	0.0～31.7
	SM	0.0～179.7	SM	0.0～299.7	SM	0.0～549.7
	S	0.0～31.7	S	0.0～31.7	S	0.0～31.7
	T	0～255	T	0～255	T	0～255
	C	0～255	C	0～255	C	0～255
	L	0.0～59.7	L	0.0～59.7	L	0.0～59.7
字节存取	VB	0～2047	VB	0～2047	VB	0～5119
	IB	0～15	IB	0～15	IB	0～15
	QB	0～15	QB	0～15	QB	0～15
	MB	0～31	MB	0～31	MB	0～31
	SMB	0～179	SMB	0～299	SMB	0～549
	SB	0～31	SB	0～31	SB	0～31
	LB	0～59	LB	0～59	LB	0～59
	AC	0～3	AC	0～3	AC	0～3
	常数		常数		常数	

续表

存取方式	CPU 221	CPU 222	CPU 224、CPU 226
字存取	VW 0～2046 IW 0～14 QW 0～14 MW 0～30 SMW 0～178 SW 0～30 T 0～255 C 0～255 LW 0～58 AC 0～3 常数	VW 0～2046 IW 0～14 QW 0～14 MW 0～30 SMW 0～178 SW 0～30 T 0～255 C 0～255 LW 0～58 AW 0～3 常数	VW 0～5118 IW 0～14 QW 0～14 MW 0～30 SMW 0～178 SW 0～30 T 0～255 C 0～255 LW 0～58 AW 0～3 常数
双字存取	VD 0～2044 ID 0～12 QD 0～12 MD 0～28 SMD 0～176 SWD 0～28 LD 0～56 AC 0～3 HC 0，3，4，5 常数	VD 0～2044 ID 0～12 QD 0～12 MD 0～28 SMD 0～176 SWD 0～28 LD 0～56 AC 0～3 HC 0，3，4，5 常数	VD 0～5116 ID 0～12 QD 0～12 MD 0～28 SMD 0～176 SWD 0～28 LD 0～56 AC 0～3 HC 0～5 常数

(三) 基本逻辑指令

1. 逻辑取及驱动线圈指令(LD/LDN/=)

逻辑取及驱动线圈指令如表 2-3 所示。

表 2-3 逻辑取及驱动线圈指令表

符号(名称)	功　能	电路表示	操 作 元 件
LD (取)	常开触点逻辑运算起始	─┤ ├─	I、Q、V、M、SM、S、T、C、L
LDN (取反)	常闭触点逻辑运算起始	─┤/├─	I、Q、V、M、SM、S、T、C、L
= (输出)	输出驱动	─( )	Q、V、M、SM、S、T、C、L

1) 用法示例

逻辑取及驱动线圈指令的应用如图 2-3 所示。

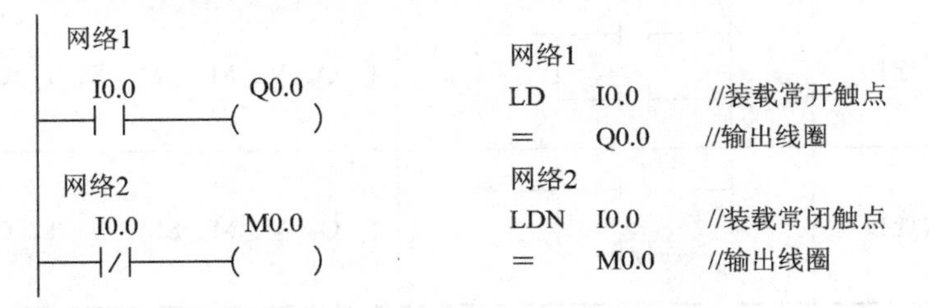

(a) 梯形图　　(b) 语句表

图 2-3　逻辑取及驱动线圈指令梯形图与语句表

2.4　基本指令 1 讲解

2) 使用注意事项

(1) LD是电路开始的常开触点，连接到母线上，可以用于I、Q、V、M、SM、S、T、C、L。

(2) LDN是电路开始的常闭触点，连接到母线上，可以用于I、Q、V、M、SM、S、T、C、L。

(3) “=”是驱动线圈的输出指令，可以用于Q、V、M、SM、S、T、C、L。

(4) LD与LDN指令对应的触点一般与左侧母线相连，若与后述的ALD、OLD指令组合，则可用于串、并联电路块的起始触点。

(5) 线圈驱动指令可并行多次输出(即并行输出)。

(6) 输入继电器I不能使用“=”指令。

3) 双线圈输出

同一编号的线圈在一个程序里使用两次容易引起误操作，应尽量避免这样的使用，图2-4所示为一个“双线圈”输出图例。由于输入I1.1=“ON”，最初Q2.1的映像存储区为“ON”，输出Q2.1=“ON”；由于输入I1.2=“OFF”，因此Q2.1的映像存储区为“OFF”，输出Q2.1=“OFF”；最后，实际的外部输出为Q2.1=“OFF”，Q2.2=“ON”。

注意：双线圈输出为后置优先。

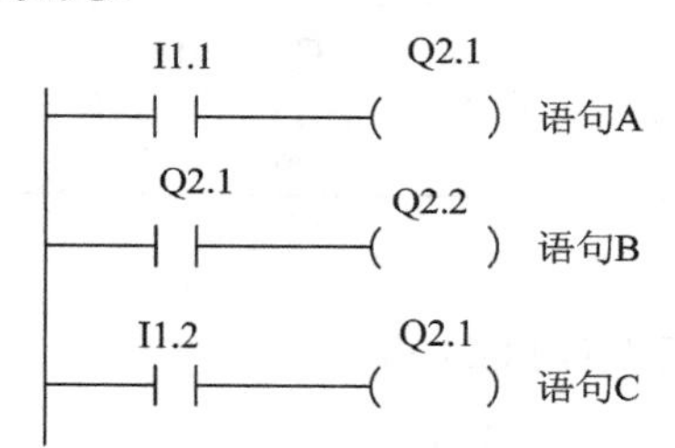

图2-4　“双线圈”输出图例

2. 触点串、并联指令(A/AN/O/ON)

触点串、并联指令如表2-4所示。

表2-4　触点串、并联指令表

符号(名称)	功能	电路表示	操作元件
A(与)	常开触点串联连接		I、Q、V、M、SM、S、T、C、L
AN(与非)	常闭触点串联连接		I、Q、V、M、SM、S、T、C、L
O(或)	常开触点并联连接		I、Q、V、M、SM、S、T、C、L
ON(或非)	常闭触点并联连接		I、Q、V、M、SM、S、T、C、L

1) 用法示例

触点串、并联指令的应用如图2-5所示。

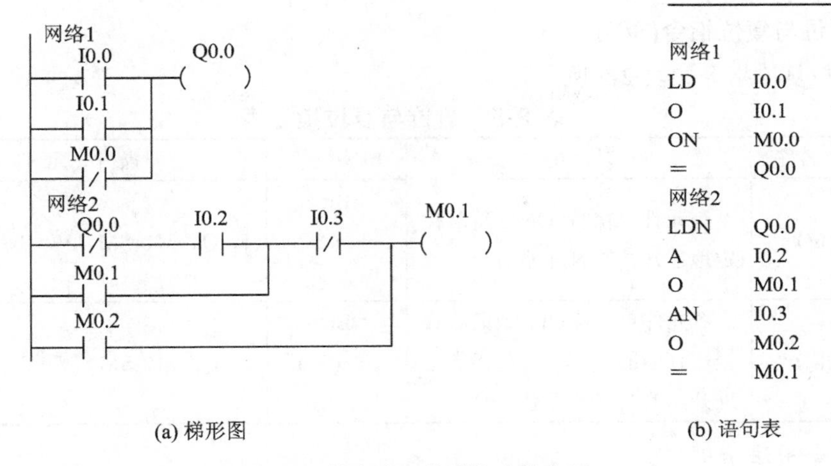

(a) 梯形图　　(b) 语句表

图 2-5　触点串、并联指令的应用

2) 使用注意事项

(1) A 是常开触点，串联连接指令；AN 是常闭触点，串联连接指令；O 是常开触点，并联连接指令；ON 是常闭触点，并联连接指令。这 4 条指令后面必须有被操作的元件名称及元件号，且都可以用于 I、Q、V、M、SM、S、T、C、L。

(2) 单个触点与左边的电路串联，使用 A 和 AN 指令时，串联触点的个数没有限制，但是因为图形编程器和打印机的功能有限制，所以建议尽量做到一行不超过 10 个触点和 1 个线圈。

(3) O 和 ON 指令是从该指令的当前步开始，对前面的 LD、LDN 指令并联连接，并联连接的次数无限制，但是因为图形编程器和打印机的功能有限制，所以并联连接的次数不要超过 24 次。

(4) O 和 ON 用于单个触点与前面电路的并联，并联触点的左端接到该指令所在的电路块的起始点(LD 点)上，右端与前一条指令对应的触点的右端相连，即单个触点并联到它前面已经连接好的电路的两端(两个以上触点串联连接的电路块并联连接时，要用后续的 OLD 指令)。以图 2-5 中的 M0.2 的常开触点为例，它前面的 4 条指令已经将 4 个触点串、并联为一个整体，因此可将“O M0.2”指令对应的常开触点并联到该电路的两端。

(5) 两个或两个以上的输出结果(即线圈)可以并联输出，如图 2-6 所示。

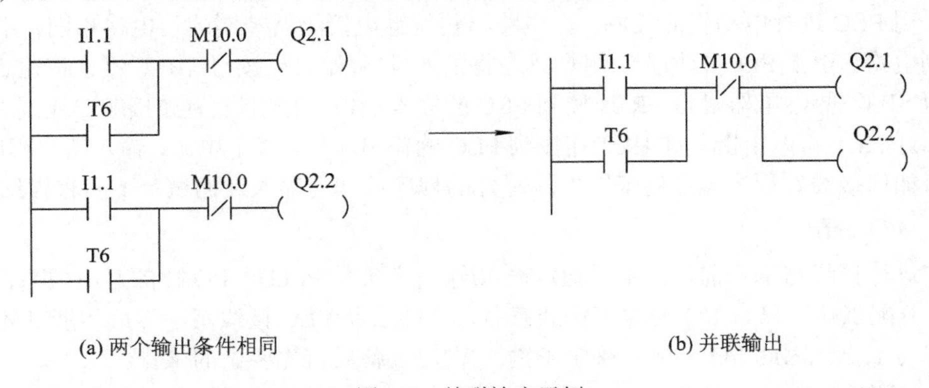

(a) 两个输出条件相同　　(b) 并联输出

图 2-6　并联输出示例

3. 置位与复位指令(S/R)

置位与复位指令如表2-5所示。

表2-5　置位与复位指令表

符号、名称	功　能	电路表示	操 作 元 件
S(置位)	令元件自保持ON，将从指定地址开始的N个点置位	Bit —(S) N	I、Q、M、SM、V、S、T、C、L
R(复位)	令元件自保持OFF或清除数据寄存器的内容，将从指定地址开始的N个点复位	Bit —(R) N	I、Q、M、SM、V、S、T、C、L

1) 指令用法示例

置位与复位指令用法示例如图2-7所示。

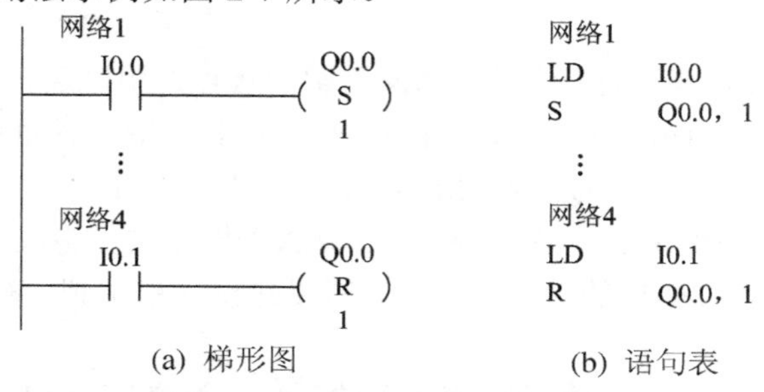

(a) 梯形图　(b) 语句表

图2-7　置位与复位指令的应用

2) 使用注意事项

(1) 图2-7中的I0.0接通后，若再断开，Q0.0仍保持接通；当I0.1接通后，若再断开，Q0.0仍保持断开。对于M、T、C也是如此。

(2) 对同一元件可以多次使用S、R指令，但只有最后执行的一条指令才有效。

(3) 要使计数器C、定时器T的内容清零，也可以使用R指令来实现。

四、任务实施

采用PLC进行电动机的控制，主电路与传统继电接触器控制的主电路相同，不同的是其控制电路。由于PLC的加入，用户只需将输入设备(如启动按钮SB1、停止按钮SB2、点动按钮SB3、热继电器触点FR)连接到PLC的输入端口，输出设备(如接触器线圈KM、运行指示灯HL1和停止指示灯HL2)连接到PLC的输出端口，接上电源、输入用户程序即可。具体该如何接线？程序该如何编写？编写好的程序该如何输入及调试？下面将详细介绍。

1. I/O分配

在进行接线与编程前，首先要确定输入/输出设备与PLC的I/O口的对应关系，即要进行I/O分配工作。只有I/O分配工作结束后，才能绘制PLC接线图，然后才能具体进行程序的编写工作。因此I/O分配是确定了输入/输出设备后首先要做的工作。

如何进行I/O分配呢？这是一项十分简单的工作。具体来说，就是将每一个输入设备对应一个 PLC 的输入点，将每一个输出设备对应一个 PLC 的输出点。

为了绘制 PLC 接线图及运用 PLC 编程，I/O 分配后应形成一张 I/O 分配表，明确表示出输入、输出设备有哪些？它们各起什么作用？对应的是 PLC 的哪些点？这就是 PLC 的 I/O 分配。下面进行三相异步电动机的点动、连续运行控制的 I/O 分配。

根据前面的控制要求可知，点动、连续运行控制的输入元件是 4 个，输出元件是 3 个，应选择与此输入/输出点数相适应的 PLC。西门子 S7-200 系列 PLC 中的 CPU 222 AC/DC/Relay 有 8 个输入点和 6 个输出点，可以满足此要求。

三相异步电动机的点动、连续运行控制的 I/O 分配如表 2-6 所示。

表 2-6　点动、连续运行控制的输入/输出地址分配

输　入			输　出		
输入继电器	电路元件	作用	输出继电器	电路元件	作用
I0.0	SB1	启动按钮	Q0.0	KM	电动机接触器
I0.1	SB2	停止按钮	Q0.1	HL1	启动绿色指示灯
I0.2	SB3	点动按钮	Q0.2	HL2	停止红色指示灯
I0.3	FR	过载保护			

2．硬件接线

输入设备接入 PLC 的方法十分简单，即将输入设备的一个输入点接到指定的 PLC 输入端口，将另一个输入点通过电源接到 PLC 的公共端即可。输出设备的接线方法也类似，主要是先根据输出设备的工作特性(工作电压的类型及数值)做好分组工作，另外还应将合适的电源接入电路。点动、连续运行控制的接线图如图 2-8 所示。

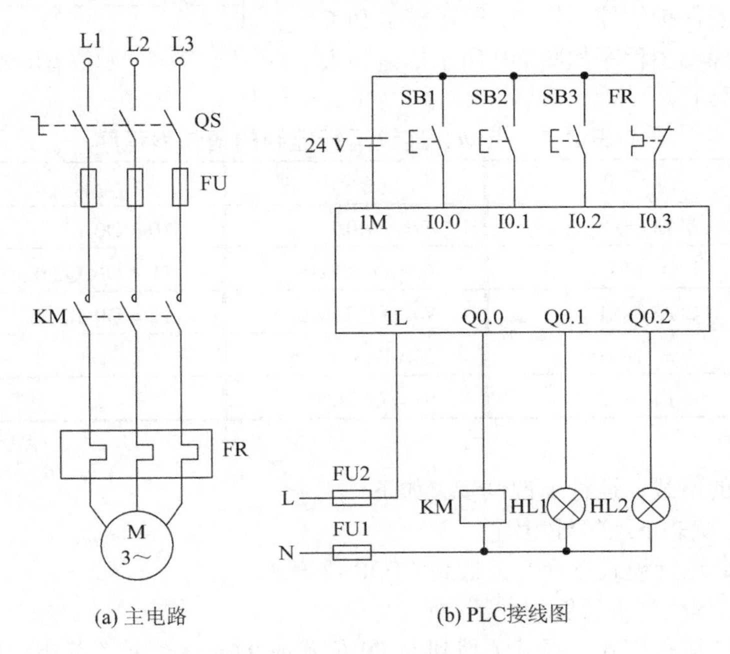

图 2-8　点动、连续运行控制的输入/输出接线图

3. 编程

PLC 程序主要解决如何根据输入设备的信息(通断信号)，按照控制要求形成驱动输出设备的信号，使输出满足控制要求。PLC 的程序形式有多种，最常用的是梯形图，其次是语句表形式，两者之间是可以互相转换的。程序的形式可以不同，但描述的内容是相同的，程序的实质是描述控制的逻辑关系。对于初学者来说，最关键的是如何编写 PLC 程序。

编写 PLC 程序，最基本的方法是经验法。经验法要求编程者具有控制系统的设计经验，而作为初学者来说，在控制系统设计方面的主要经验只有继电接触器控制系统的初步设计经验，因此，对于继电接触器控制系统中常用基本控制电路的理解及设计经验是十分宝贵的，它将给我们带来许多有关电动机控制程序设计的灵感，特别是继电接触器控制中的启—保—停控制电路、正反转控制电路，这些将是编程的基本依据。下面根据这些经验来构思并理解编写的程序。

点动控制实际上是利用输入触点来控制输出线圈，而连续控制则是典型的启—保—停控制电路，这两种基本控制电路控制的对象实际上是同一个线圈。如何使两者控制不发生冲突，最好的办法就是利用辅助继电器。将点动控制的对象改为一个辅助继电器，再将连续控制的对象改为另一个辅助继电器，最后再利用这两个辅助继电器的触点来控制输出继电器。这就是采用 PLC 实现点动、连续运行控制的基本思路，再加入指示灯和热继电器保护的控制程序，即形成了 PLC 的控制程序。梯形图程序如图 2-9 所示，语句表程序如表 2-7 所示。

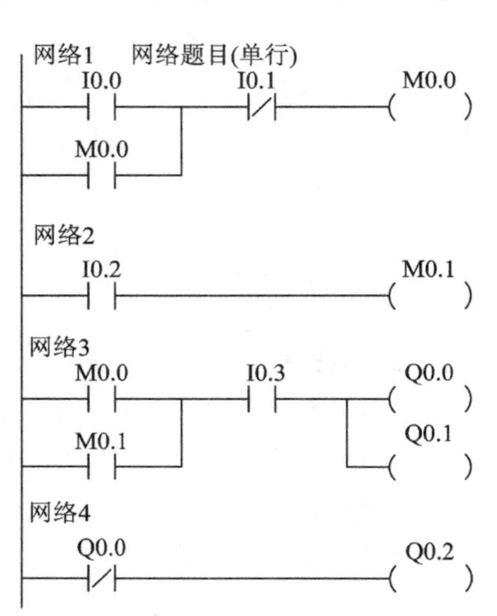

图 2-9 点动、连续运行控制的梯形图程序

表 2-7 点动、连续运行控制的语句表程序

指令程序	指令程序	指令程序
0 LD I0.0	5 = M0.1	10 = Q0.1
1 O M0.0	6 LD M0.0	11 LDN Q0.0
2 AN I0.1	7 O M0.1	12 = Q0.2
3 = M0.0	8 A I0.3	
4 LD I0.2	9 = Q0.0	

4. 调试

PLC 程序的下载、运行及调试步骤如下：

(1) 在断电状态下连接好电缆。

(2) 将 PLC 运行模式选择开关拨到 STOP 位置。

(3) 使用编程软件进行编程并下载。

(4) 将 PLC 运行模式选择开关拨到 RUN 位置或 TERM 位置，使用编程软件中的遥控使其运行。

(5) 观察 PLC 中 Q0.2 的 LED 是否点亮，如果处于点亮状态，则表明电动机处于停止状态。

(6) 按下点动按钮 SB3，观察电动机是否启动运行；松开点动按钮 SB3，观察电动机是否能够停转。如果能实现上述结果，则说明点动控制程序正确。在电动机运行时观察 Q0.1 指示灯是否点亮，若点亮则表明程序正确。

(7) 按下启动按钮 SB1，如果系统能够重新启动运行，并能在按下停止按钮 SB2 后停转，则程序调试结束。

如果出现故障，学生应能独立进行检修，直至排除故障，使系统能够正常工作为止。

五、能力测试

设计一个能在两地启—停控制的 PLC 控制系统。其控制要求如下：若在甲地按下启动按钮 SB1，则电动机启动运行，按下停止按钮 SB2，则电动机停止运转；若在乙地按下启动按钮 SB3，则电动机启动运行，按下停止按钮 SB4，则电动机停止运行；任何时间若热继电器动作，则电动机停止运行。

(1) 设计梯形图(40 分)。

(2) 设计系统接线图(20 分)。

① 设计 PLC 接线图(10 分)。

② 设计电动机的主电路图(10 分)。

(3) 系统调试(40 分)。

① 程序输入(5 分)。

② 不接负载调试(15 分)。

③ 带负载调试(10 分)。

④ 其他测试(10 分)。

2.5　基本指令 1 应用举例

六、研讨与练习

启—保—停电路可以由普通输入、输出触点与线圈完成，程序如图 2-10(a)所示；也可以用 S、R 指令实现。若用 S、R 指令编程，启—保—停电路包含了梯形图程序的两个要素，一个是使线圈置位并保持的条件，本例设启动按钮 I0.0 为 ON；另一个是使线圈复位并保持的条件，本例设停止按钮 I0.1 为 ON。因此，梯形图中启动按钮 I0.0、停止按钮 I0.1 分别驱动 S、R 指令。当要启动时，按启动按钮 I0.0 使输出线圈置位并保持；当要停止时，

I0.0　I0.1　Q0.0
Q0.0

(a) 方案一

网络1　网络题目(单行)
I0.0　Q0.0 (S) 1
网络2
I0.1　Q0.0 (R) 1

(b) 方案二

图 2-10　电动机的启—保—停梯形图(停止优先)

按停止按钮I0.1使输出线圈复位并保持，如图2-10(b)所示。

比较图2-10的两个电路，可以看出方案二的设计思路更简单明了，因此方案二是最佳设计方案。

注意：

(1) 在方案一的梯形图中，使用I0.1的动断点；在方案二中，使用I0.1的动合点，但它们的外部输入接线却完全相同。

(2) 上述的两个梯形图都为“停止优先”，即如果启动按钮I0.0和停止按钮I0.1同时被按下，则电动机停止运转。若要改为“启动优先”，则梯形图如图2-11所示。

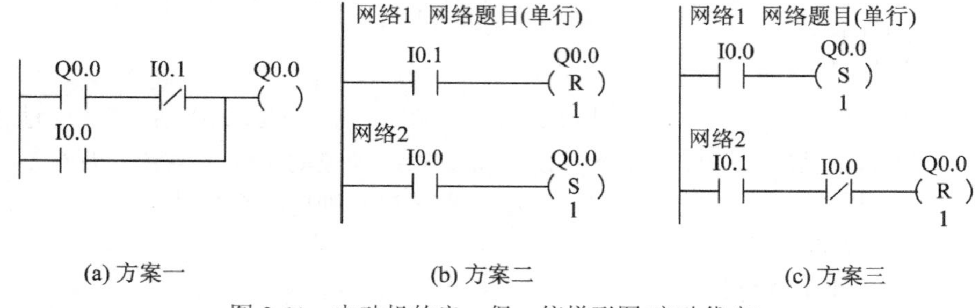

(a) 方案一　　(b) 方案二　　(c) 方案三

图2-11　电动机的启—保—停梯形图(启动优先)

七、思考与练习

请读者分析图2-10、2-11的梯形图，并体会其设计思路，然后将梯形图改写成对应的语句表程序。

任务二　三相异步电动机的正反转控制

一、任务目标

(1) 利用基本逻辑指令、置位/复位指令及堆栈指令分别实现电动机正反转运行。

(2) 将已学指令应用于灯光控制电路等。

(3) 进一步熟悉PLC的内部结构和外部接线方法。

二、任务分析

三相异步电动机正反转继电接触器控制电路如图2-12所示，KM1为电动机正向运行交流接触器，KM2为电动机反向运行交流接触器，SB2为正转启动按钮，SB3为反转启动按钮，SB1为停止按钮，FR为热保护继电器。当按下SB2时，KM1的线圈通电，KM1主触点闭合，电动机开始正向运行，同时KM1的辅助常开触点闭合而使KM1的线圈通电，实现了电动机的正向连续运行，直到按下停止按钮SB1；反之，当按下SB3时，KM2的线圈通电，KM2主触点闭合，电动机开始反向运行，同时KM2的辅助常开触点闭合而使KM2线圈保持通电状态，实现了电动机的反向连续运行，直到按下停止按钮SB1，

KM1、KM2 线圈互锁确保不同时通电。本任务实现三相异步电动机的正反转 PLC 控制。

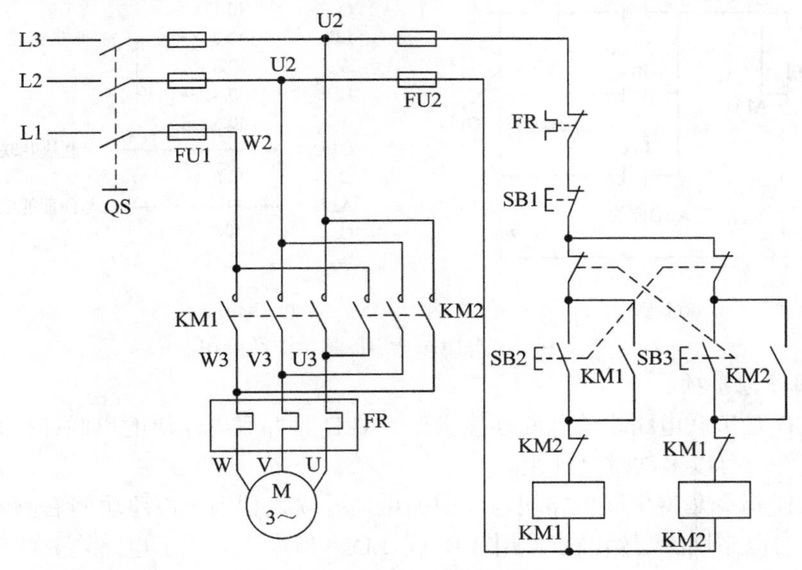

图 2-12　电动机正反转控制电路

三、相关知识

(一) 其他常用基本指令(ALD、OLD、LPS、LRD、LPP、NOT、RS、EU、ED)

1. 电路块连接指令(OLD/ALD)

电路块连接指令如表 2-8 所示。

表 2-8　电路块连接指令表

符号(名称)	功　能	电路表示	操 作 元 件
OLD(电路块或)	串联电路的并联连接		无
ALD(电路块与)	并联电路的串联连接		无

1) 用法示例

电路块连接指令的应用如图 2-13 和图 2-14 所示。

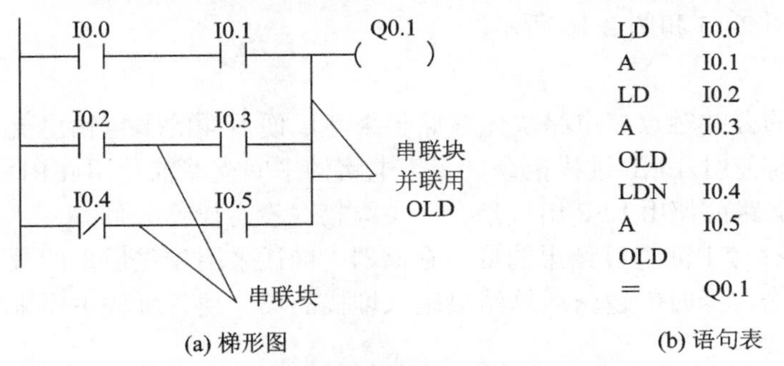

(a) 梯形图　　(b) 语句表

图 2-13　串联电路块并联梯形图及语句表

2.6　基本指令 2 讲解

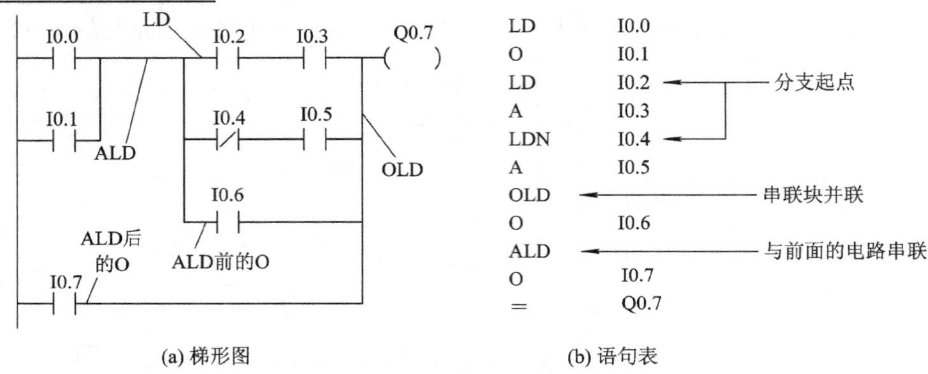

(a) 梯形图　　(b) 语句表

图 2-14　并联电路块串联梯形图及语句表

2) 使用注意事项

(1) OLD是串联电路块的并联连接指令，ALD是并联电路块的串联连接指令。它们都没有操作元件，可以多次重复使用。

(2) OLD指令是将串联电路块与前面的电路并联，相当于电路块间右侧的一段垂直连线。要并联的电路块的起始触点使用LD或LDN指令，完成了电路块的内部连接后，用OLD指令将它与前面的电路并联。

(3) ALD指令是将并联电路块与前面的电路串联，相当于两个电路之间的串联连线。要串联的电路块的起始触点使用LD或LDN指令，完成了电路块的内部连接后，用ALD指令将它与前面的电路串联。

(4) OLD、ALD指令可以多次重复使用，但是当连续使用时，应限制在8次以下。

2．多重输出电路指令(LPS/LRD/LPP)

多重输出电路指令(LPS/LRD/LPP)如表2-9所示。

表 2-9　多重输出电路指令表

符号(名称)	功 能	电 路 表 示	操 作 元 件
LPS(进栈)	进栈	LPS —(Q0.1)	无
LRD(读栈)	读栈	LRD —(Q0.2)	无
LPP(出栈)	出栈	LPP —(Q0.3)	无

1) 用法示例

多重输出电路指令的应用如图2-15和图2-16所示。

2) 使用注意事项

(1) LPS指令可将多重电路的公共触点或电路块先存储起来，以便后面的多重输出支路使用。多重电路的第一个支路前使用LPS进栈指令，多重电路的中间支路前使用LRD读栈指令，多重电路的最后一个支路前使用LPP出栈指令。该组指令没有操作元件。

(2) S7-200系列PLC有9个存储中间运算结果的堆栈存储器，堆栈采用先进后出的数据存取方式。每使用一次LPS指令，当时的逻辑运算结果压入堆栈的第一层，堆栈中原来的数据依次向下一层推移。

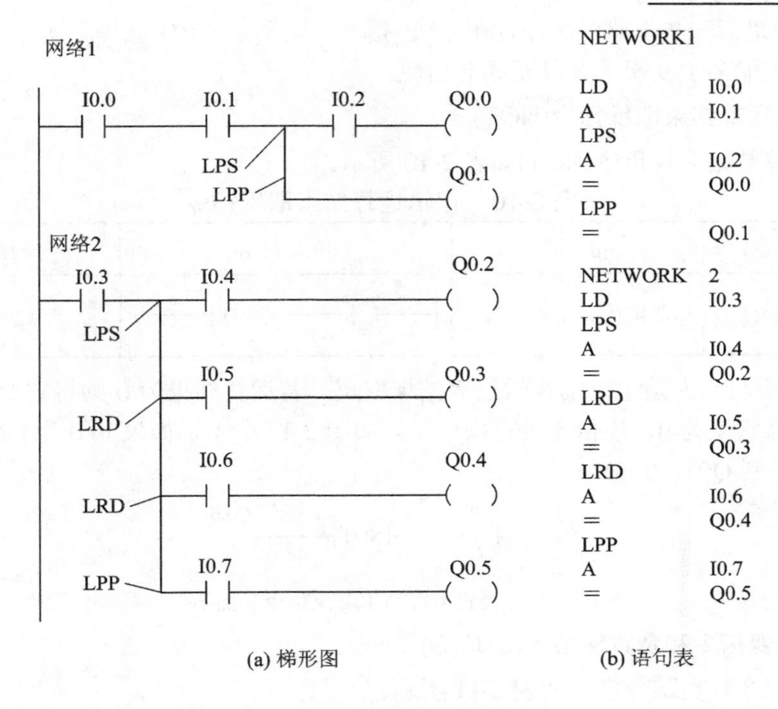

图 2-15　简单 1 层栈梯形图及语句表

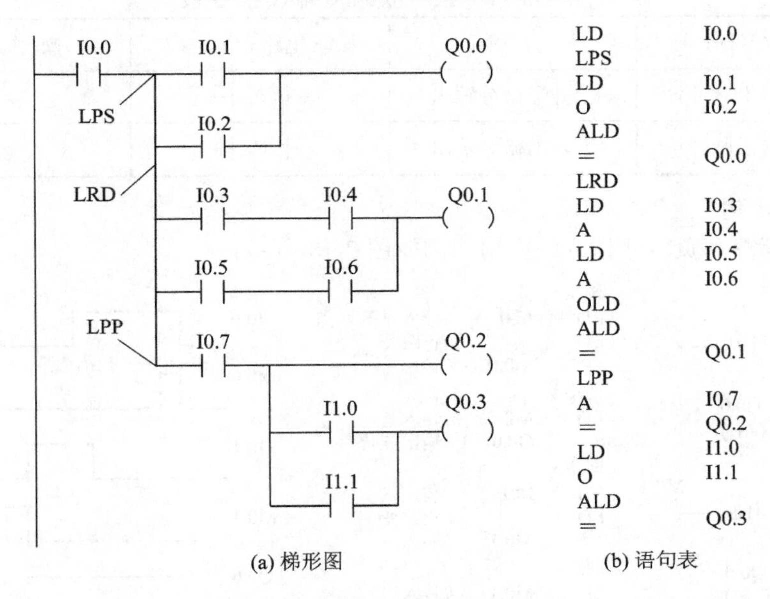

图 2-16　复杂 1 层栈梯形图及语句表

(3) LRD 指令读取存储在堆栈最上层(即电路分支处)的运算结果，并将下一个触点强制性地连接到该点。读栈后堆栈内的数据不会上移或下移。

(4) LPP 指令弹出堆栈存储器的运算结果，首先将下一触点连接到该点，然后再从堆栈中去掉分支点的运算结果。使用 LPP 指令时，堆栈中各层的数据向上移动一层，最上层的数据在弹出后从栈内消失。

(5) 处理最后一条支路时必须使用 LPP 指令，而不是 LRD 指令。另外，LPS 和 LPP 指令的使用不能多于 9 次，并且要成对出现。

3. 逻辑运算结果取反指令(NOT)

逻辑运算结果取反指令(NOT)如表 2-10 所示。

表 2-10　逻辑运算结果取反指令

符号(名称)	功　能	电路表示	操作元件
NOT(取反)	逻辑运算结果取反	─┤ ├──┤NOT├──	无

NOT 指令将它左边电路的逻辑运算结果取反，若运算结果为 0 则将它变为 1，如运算结果为 1 则将它变为 0，该指令没有操作数。如图 2-17 所示，如果 I0.0 为 ON，则 Q0.0 为 OFF；反之，则 Q0.0 为 ON。

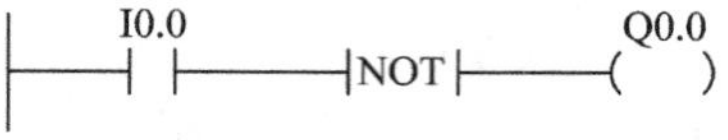

I0.0　NOT　Q0.0

图 2-17　逻辑运算结果取反指令功能示例

4. 正跳变指令和负跳变指令(EU/ED)

正跳变指令和负跳变指令如表 2-11 所示。

表 2-11　正、负跳变输出指令表

符号(名称)	功　能	电路表示	操 作 元 件
EU(上升沿脉冲)	上升沿微分输出	─┤ P ├─	无
ED(下降沿脉冲)	下降沿微分输出	─┤ N ├─	无

1) 用法示例

正跳变指令和负跳变指令的应用示例如图 2-18 所示。

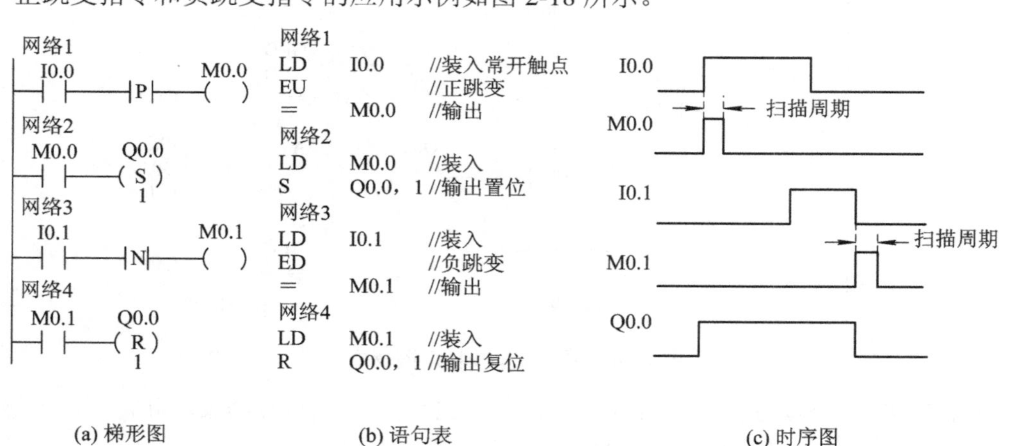

图 2-18　正跳变指令和负跳变指令的应用

2) 使用注意事项

(1) EU 是脉冲上升沿微分输出指令，ED 是脉冲下降沿微分输出指令。EU 和 ED 指令只能用于输出继电器 Q 和辅助继电器 M(不包括特殊辅助继电器)。

(2) 图 2-18 中的 M0.0 仅在 I0.0 的常开触点由断开变为接通(即 I0.0 的上升沿)时的一个扫描周期内为 ON；M0.1 仅在 I0.1 的常开触点由接通变为断开(即 I0.1 的下降沿)时的一个扫描周期内为 ON。

5．RS 触发器指令

RS 触发器指令如表 2-12 所示。

表 2-12　置位、复位触发器输出指令表

符号(名称)	功 能	电路表示	操作元件
SR(置位优先触发器)	当置位信号(S1)为真时，输出为真	Bit S1 OUT SR R	Q，M，V，S
RS(复位优先触发器)	当复位信号(R1)为真时，输出为假	Bit S OUT RS R1	Q，M，V，S

Bit 参数用于指定被置位或者复位的布尔参数。可选的输出结果反映 Bit 参数的信号状态。表 2-13 为 RS 触发器指令真值表，图 2-19 为触发器指令实例。

表 2-13　RS 触发器指令真值表

指　令	S1	R	OUT(Bit)	指　令	S	R1	OUT(Bit)
置位优先指令(SR)	0	0	保持前一状态	复位优先指令(RS)	0	0	保持前一状态
	0	1	0		0	1	0
	1	0	1		1	0	1
	1	1	1		1	1	0

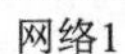

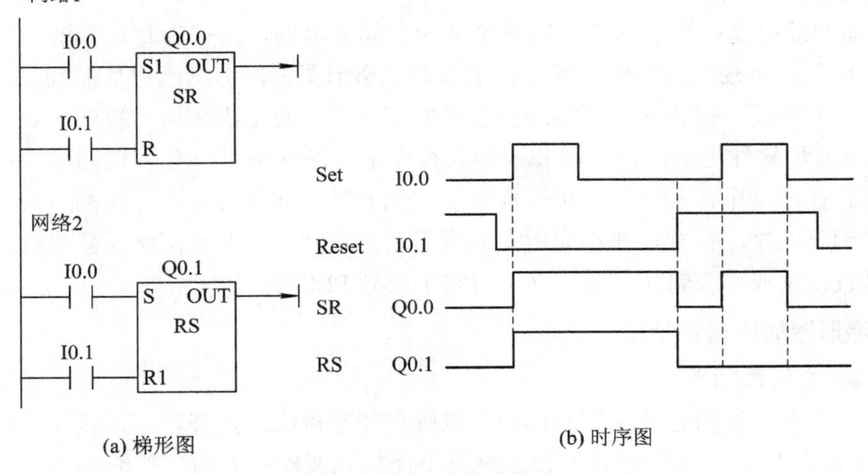

(a) 梯形图　　(b) 时序图

图 2-19　触发器指令实例梯形图和时序图

(二) 梯形图的编程规则及程序的优化

2.7　梯形图编程规则及程序优化

1．梯形图的特点及编程规则

梯形图是一种图形语言，沿用传统继电器电路图中的继电器触点、线圈、串联、并联等术语和一些图形符号构成，左右的竖线称为左右母线(S7-200 CPU梯形图中省略了右侧的母线)。

梯形图按自上而下、从左到右的顺序排列。每一个继电器线圈为一个逻辑行，称为一个梯级。每一个逻辑行起始于左母线，然后是触点的各种连接，最后是线圈，整个图形呈梯形。

(1) PLC 梯形图中的某些编程元件沿用了继电器这一名称，如输入继电器、输出继电器、内部辅助继电器等，但它们不是真实的物理继电器(即硬件继电器)，而是在梯形图中使用的编程元件(即软元件)。

每一软元件与PLC存储器中元件映像寄存器的一个存储位相对应。以辅助继电器为例，如果该存储位为0状态，则梯形图中对应的软元件的线圈“断电”，其常开触点断开，常闭触点闭合，称该软元件为0状态，或称该软元件为OFF(断开)；如果该存储位为1状态，则对应软元件的线圈“有电”，其常开触点接通，常闭触点断开，称该软元件为1状态，或称该软元件为ON(接通)。

(2) 根据梯形图中各触点的状态和逻辑关系，可以求出图中各线圈对应的软元件的ON/OFF状态，将此称为梯形图的逻辑运算。

逻辑运算是按梯形图从上到下、从左至右的顺序进行的，运算的结果可以即刻被后面的逻辑运算所利用。逻辑运算是根据元件映像寄存器中的状态，而不是根据运算瞬时外部输入触点的状态来进行运算的。

(3) 梯形图中各软元件的常开触点和常闭触点均可以无限多次地被使用。

(4) 输入继电器的状态唯一取决于对应的外部输入电路的通断状态，因此在梯形图中不能出现输入继电器的线圈。

(5) 辅助继电器相当于继电控制系统中的中间继电器，用来保存运算的中间结果，不对外驱动负载，负载只能由输出继电器来驱动。梯形图中，信息流程从左到右，继电器线圈应与右边的母线直接相连，线圈的右边不能有触点，而左边必须有触点。

(6) 用编程软件生成的梯形图和语句表程序中有网络编号，允许以网络为单位给梯形图加注释。在网络中，程序的逻辑运算按从左到右的方向执行，与能流的方向一致。各网络按从上到下的顺序执行，执行完所有的网络后，返回最上面的网络重新执行。使用编程软件可以直接生成和编辑梯形图，并可将它下载到PLC中。

2．梯形图的优化及禁忌

1) 线圈右边无触点

梯形图中每一逻辑行从左到右排列，以触点与左母线连接开始，以线圈、功能指令与右母线(可允许省略右母线)连接结束。触点不能接在线圈的右边；线圈也不能直接与左母线连接，必须通过触点才可连接，如图2-20所示。

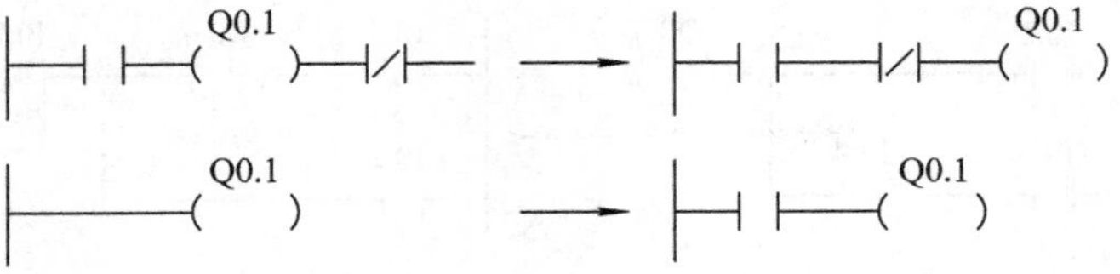

(a) 不正确的梯形图　　(b) 正确的梯形图

图 2-20　线圈右边无触点的梯形图

2) 线圈不能重复使用

在同一个梯形图中，如果同一元件的线圈被使用两次或多次，那么前面的输出线圈对外输出无效，只有最后一次的输出线圈才有效，所以程序中一般不出现双线圈输出。如图2-21(a)所示的梯形图必须改为如图 2-21(b)所示的梯形图。

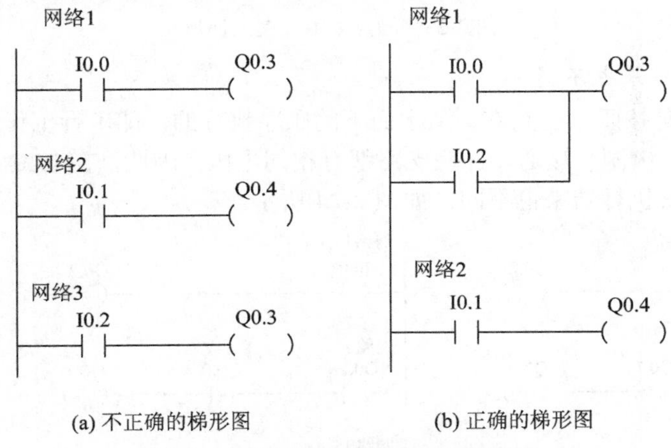

(a) 不正确的梯形图　　(b) 正确的梯形图

图 2-21　线圈不能重复使用的梯形图

3) 触点水平不垂直

触点应画在水平线上，不能画在垂直线上。如图 2-22(a)所示的 C20 触点被画在垂直线上，所以很难正确识别它与其他触点的逻辑关系，因此这种十字连接支路应该按(b)图转化。

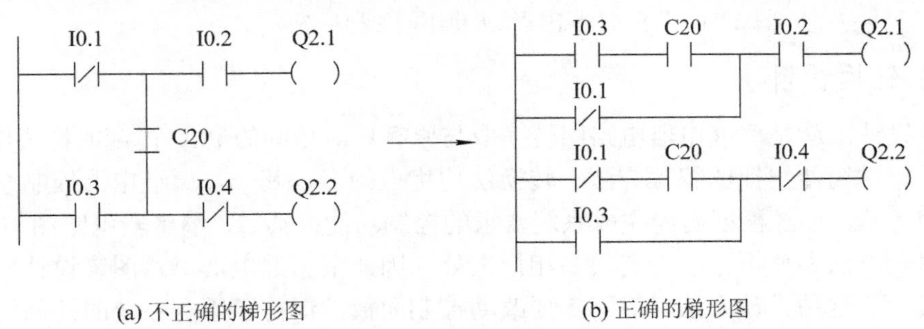

(a) 不正确的梯形图　　(b) 正确的梯形图

图 2-22　触点水平不垂直的梯形图

4) 触点多上并左

如果有串联电路块并联，应将串联触点多的电路块放在最上面；如果有并联电路块串联，则应将并联触点多的电路块移至左母线。这样可以使编制的程序简洁，而且指令语句较少，如图 2-23 所示。

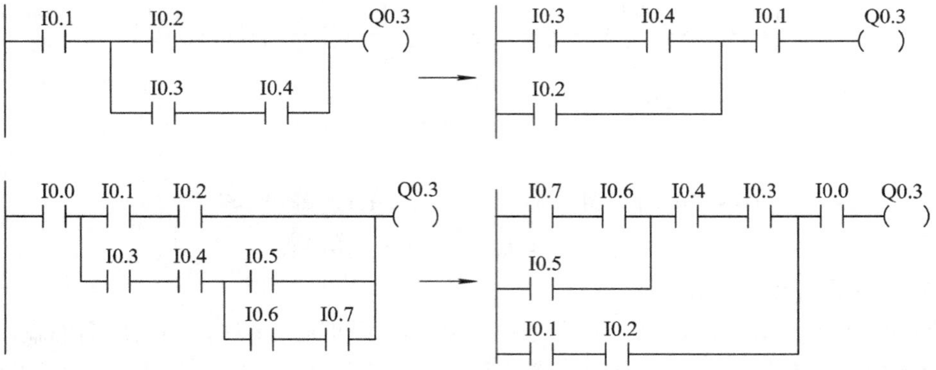

(a) 不正确的梯形图　　(b) 正确的梯形图

图 2-23　触点多上并左的梯形图

5) 顺序不同结果也不同

PLC 的运行是按照从左到右、从上而下的顺序执行的，即串行工作；而继电器控制电路是并行工作的，电源一接通，并联支路都有相同电压。因此，在 PLC 的编程中应注意程序的顺序不同，其执行结果也不同，如图 2-24 所示。

(a) 梯形图一　　(b) 梯形图二

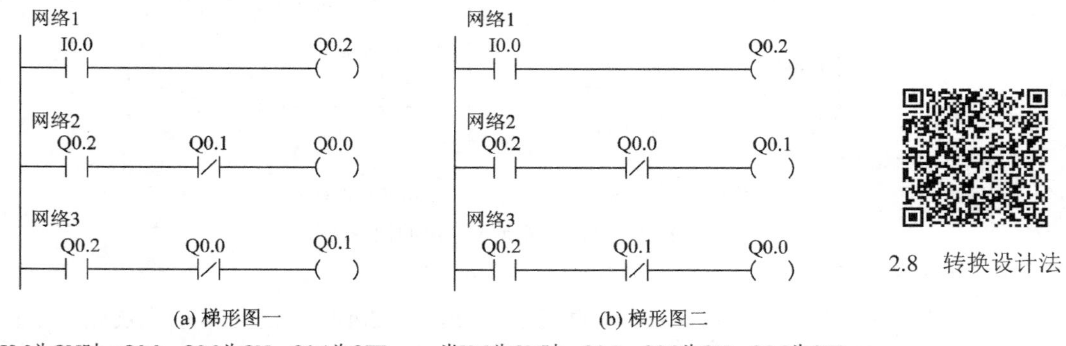

当I0.0为ON时，Q0.0、Q0.2为ON，Q0.1为OFF　　当I0.0为ON时，Q0.1、Q0.2为ON，Q0.0为OFF

图 2-24　程序顺序不同结果也不同的梯形图

2.8　转换设计法

(三) 转换设计法

转换设计法就是将继电器电路图转换成与原有功能相同的 PLC 内部的梯形图，这种等效转换是一种简便快捷的编程方法。转换法的优点颇多，其一，原继电器控制系统经过长期使用和考验，已经被证明能完成系统要求的控制功能；其二，继电器电路图与 PLC 的梯形图在表示方法和分析方法上有很多相似之处，因此根据继电器电路图来设计梯形图简便快捷；其三，这种设计方法一般不需要改动控制面板，保持了原有系统的外部特性，操作人员不需要改变长期形成的操作习惯。

1. 基本方法

根据继电接触器电路图来设计 PLC 的梯形图时，关键是要抓住它们的一一对应关系，即控制功能的对应、逻辑功能的对应、以及继电器硬件元件和 PLC 软件元件的对应。

2．转换设计法的步骤

(1) 了解和熟悉被控设备的工艺过程和机械的动作情况，根据继电器电路图分析和掌握控制系统的工作原理，这样才能在设计和调试系统时做到心中有数。

(2) 确定PLC的输入信号和输出信号，画出PLC的外部接线图。继电器电路图中的交流接触器和电磁阀等执行机构用PLC的输出继电器来替代，它们的硬件线圈接在PLC的输出端。按钮开关、限位开关、接近开关及控制开关等用PLC的输入继电器替代，用来给PLC提供控制命令和反馈信号，它们的触点接在PLC的输入端。在确定了PLC的各输入信号和输出信号对应的输入继电器和输出继电器的元件号后，画出PLC的外部接线图。

(3) 确定PLC梯形图中的辅助继电器(M)和定时器(T)的元件号。继电器电路图中的中间继电器和时间继电器的功能用PLC内部的辅助继电器和定时器来替代，并确定其对应关系。

(4) 根据上述对应关系画出PLC的梯形图。第(2)步和第(3)步建立了继电器电路图中的硬件元件和梯形图中的软元件之间的对应关系，将继电器电路图转换成对应的梯形图。

(5) 根据被控设备的工艺过程和机械的动作情况及梯形图编程的基本规则来优化梯形图，使梯形图既符合控制要求，又具有合理性、条理性和可靠性。

(6) 根据梯形图写出其对应的语句表程序。

3．转换设计法的应用

【例2-1】 如图2-25所示为三相异步电动机正反转控制的继电器电路图，试将该继电器电路图转换为功能相同的PLC的外部接线图和梯形图。

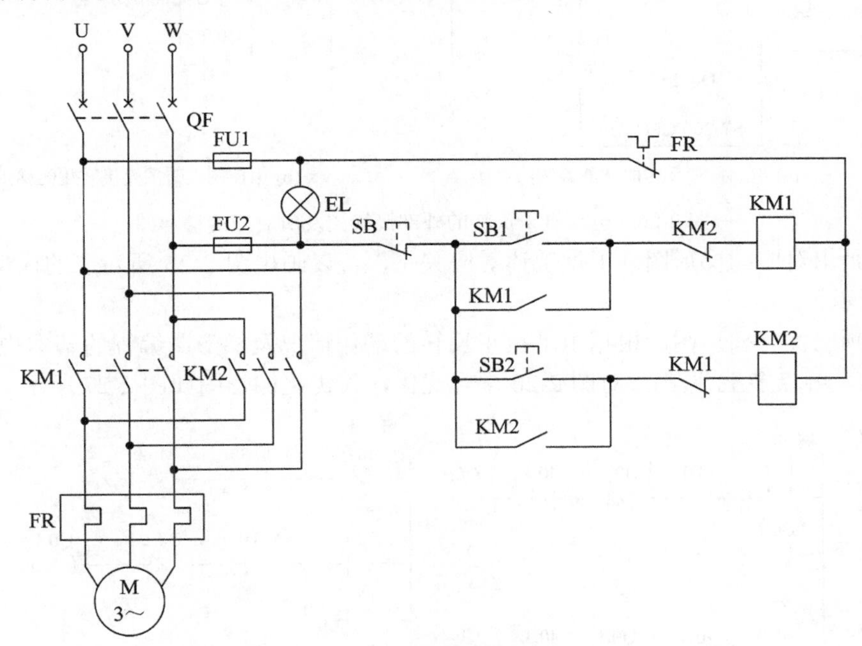

图2-25　三相异步电动机正反转控制的继电器电路图

解： (1) 分析动作原理。如图2-25所示为三相异步电动机正反转控制的继电器电路图。其中，KM1是正转接触器，KM2是反转接触器，SB1是正转启动按钮，SB2是反转启动按钮，SB是停止按钮。按SB1，KM1得电并自锁，电动机正转，按SB或FR动作，KM1失电，电动机停止运行；按SB2，KM2得电并自锁，电动机反转，按SB或FR动作，KM2

失电，电动机停止运行；电动机正转运行时，按反转启动按钮 SB2 不起作用；电动机反转运行时，按正转启动按钮 SB1 不起作用。

(2) 确定输入/输出信号。根据上述分析，输入信号有 SB1、SB2、SB、FR；输出信号有 KM1、KM2。并且，可设其对应关系为：SB(常开触点)用 PLC 中的输入继电器 I0.0 来代替，SB1 用 PLC 中的输入继电器 I0.1 来代替，SB2 用 PLC 中的输入继电器 I0.2 来代替，FR(常开触点)用 PLC 中的输入继电器 I0.3 来代替。正转接触器 KM1 用 PLC 中输出继电器 Q0.1 来代替，反转接触器 KM2 用 PLC 中的输出继电器 Q0.2 来代替。

(3) 画出 PLC 的外部接线图。根据 I/O 信号，同时考虑 KM1 或 KM2 若发生外部故障(KM1 或 KM2 主触点可能被断电时产生的电弧粘合而断不开)时，则会造成主电路短路，故在 PLC 输出的外部电路 KM1、KM2 的线圈前增加其常闭触点作为硬件互锁，其 I/O 外部接线如图 2-26(a)所示(主电路图与原来电路图相同)。

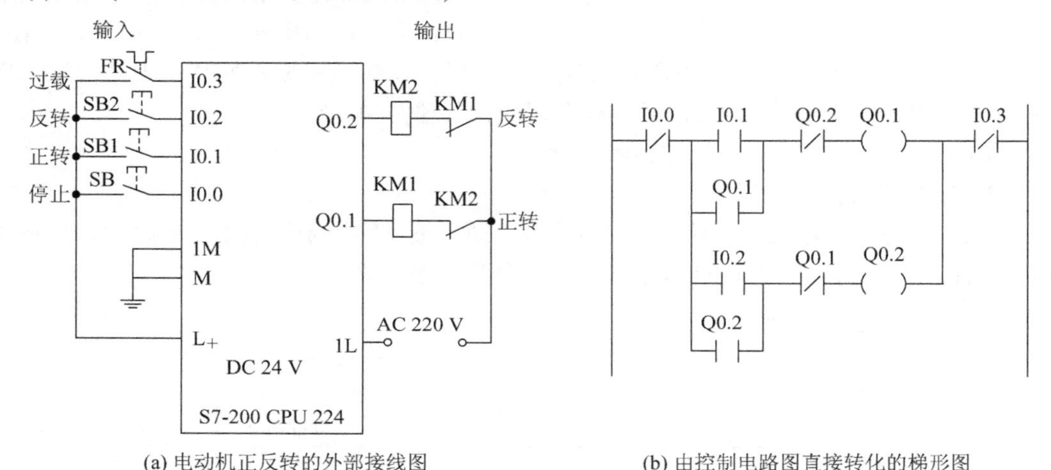

(a) 电动机正反转的外部接线图　　(b) 由控制电路图直接转化的梯形图

图 2-26　电动机正反转的外部接线图及所对应的梯形图

(4) 画出对应的梯形图。根据上述对应关系，可以画出图 2-25 所对应的梯形图，如图 2-26(b)所示。

(5) 画出优化梯形图。根据电动机正反转的动作情况及梯形图编程的基本规则(线圈右边无触点，触点多上并左)，对图 2-26 进行优化，其优化梯形图如图 2-27 所示。

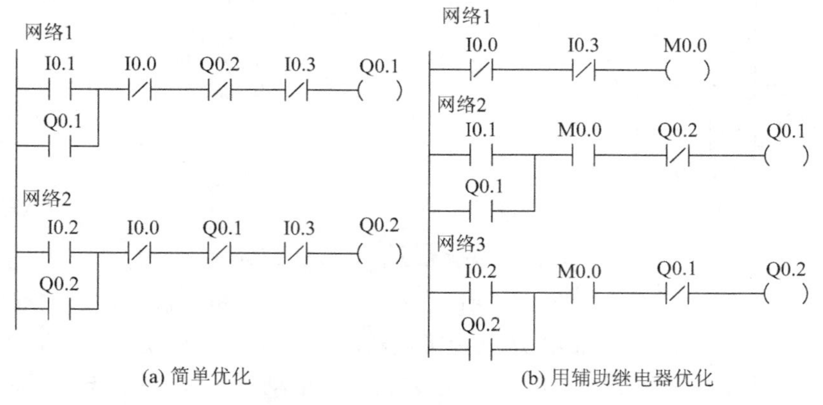

(a) 简单优化　　(b) 用辅助继电器优化

图 2-27　电动机正反转的优化梯形图

四、任务实施

1. I/O 分配表

由上述任务分析和控制要求可确定 PLC 需要 3 个输入点和 2 个输出点，其 I/O 分配表如表 2-14 所示。

表 2-14　电动机正反转 I/O 分配表

输　入			输　出		
输入元件	作用	输入继电器	输出元件	作用	输出继电器
SB2	正转启动	I0.1	KM1	控制电机正转	Q0.0
SB3	反转启动	I0.2	KM2	控制电机反转	Q0.1
SB1	停止	I0.0			

2. 硬件接线

PLC 的外部硬件接线图如图 2-28 所示。

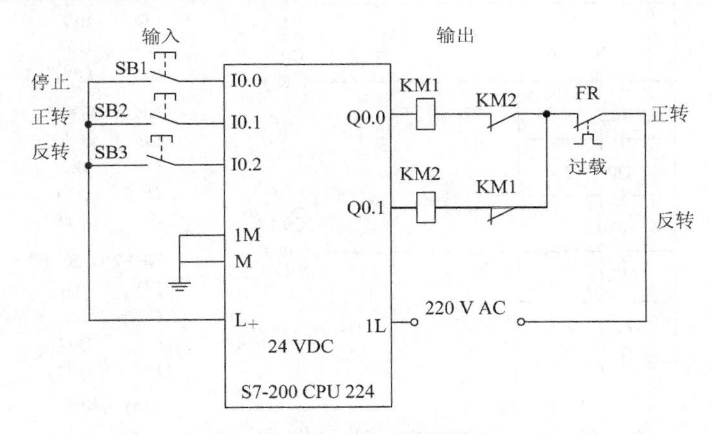

图 2-28　PLC 接线图

由图 2-28 可知，外部硬件输出电路中使用 KM1、KM2 的常闭触点进行了互锁。这是因为 PLC 内部软继电器互锁只相差一个扫描周期，来不及响应。例如，Q0.0 虽然断开，但可能 KM1 的触点还未断开，在没有外部硬件互锁的情况下，KM2 的触点可能接通，引起主电路短路。因此不仅要在梯形图中加入软继电器的互锁触点，而且还要在外部硬件输出电路中进行互锁，这就是常说的“软硬件双重互锁”。采用双重互锁，同时也避免了因接触器 KM1 和 KM2 的主触点熔焊而引起电动机主电路短路。

3. 编程

(1) 方案一：直接用“启—保—停”基本电路实现。梯形图及语句表如图 2-29 所示。

此方案通过在正转运行支路中串入 I0.2 常闭触点和 Q0.1 的常闭触点，在反转运行支路中串入 I0.1 常闭触点和 Q0.0 的常闭触点来实现按钮及接触器的互锁。

(2) 方案二：利用“置位/复位”基本电路实现。梯形图及语句表如图 2-30 所示。

(3) 方案三：利用栈操作指令实现。梯形图及语句表如图 2-31 所示。

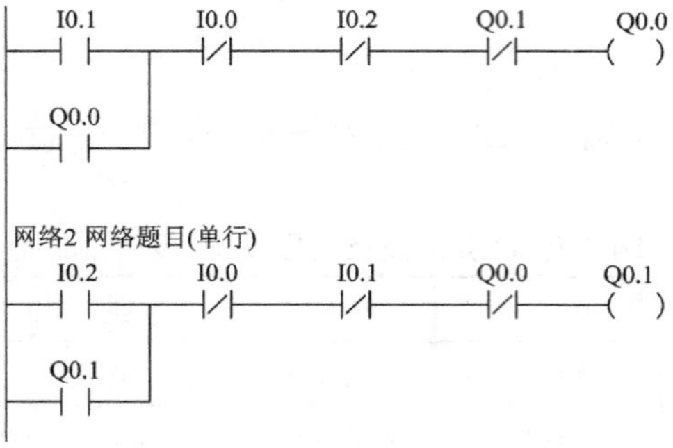

网络2 网络题目(单行)

(a) 梯形图

```
NETWORK 1
LD    I0.1
O     Q0.0
AN    I0.0
AN    I0.2
AN    Q0.1
=     Q0.0
NETWORK 2
LD    I0.2
O     Q0.1
AN    I0.0
AN    I0.1
AN    Q0.0
=     Q0.1
```

(b) 语句表

图 2-29 PLC 控制三相异步电动机正反转运行电路方案一

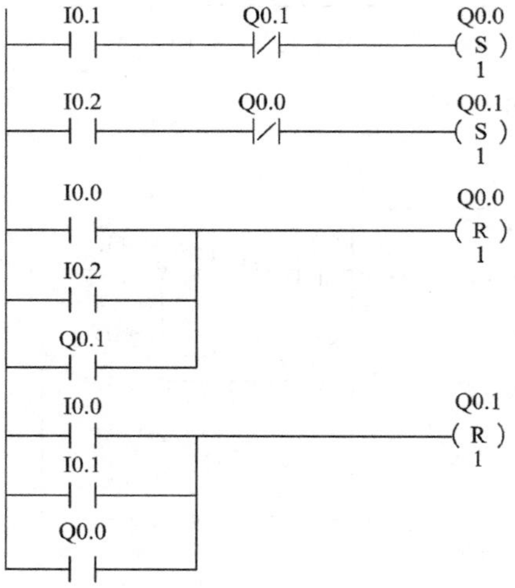

(a) 梯形图

```
NETWORK 1
LD    I0.1
AN    Q0.1
S     Q0.0, 1
NETWORK 2
LD    I0.2
AN    Q0.0
S     Q0.1, 1
NETWORK 3
LD    I0.0
O     I0.2
O     Q0.1
R     Q0.0, 1
NETWORK 4
LD    I0.0
O     I0.1
O     Q0.0
R     Q0.1, 1
```

(b) 语句表

图 2-30 PLC 控制三相异步电动机正反转运行电路方案二

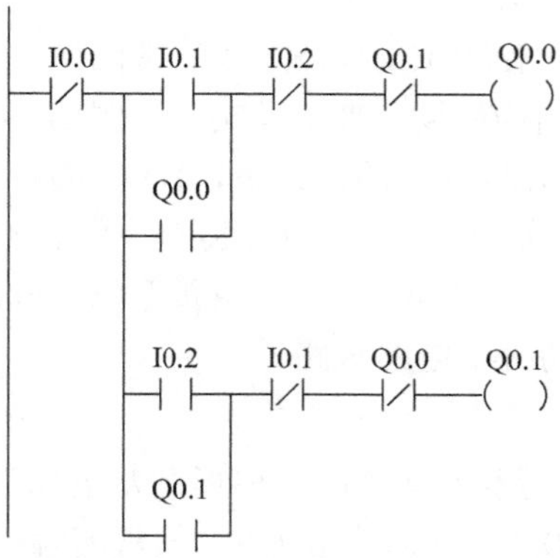

(a) 梯形图

```
LDI   I0.0
LPS
LD    I0.1
O     Q0.0
ALD
AN    I0.2
AN    Q0.1
=     Q0.0
LPP
LD    I0.2
O     Q0.1
ALD
AN    I0.1
AN    Q0.0
=     Q0.1
```

(b) 语句表

图 2-31 PLC 控制三相异步电动机正反转运行电路方案三

4. 调试

(1) 输入程序。按照前面介绍的程序输入方法，用计算机输入程序。

(2) 静态调试。按图 2-28 所示的 PLC 的 I/O 接线图正确连接好输入设备，进行 PLC 的模拟静态调试(按下正转启动按钮 SB2 时，Q0.0 亮，按下停止按钮 SB1 时，Q0.0 灭；按下反转启动按钮 SB3 时，Q0.1 亮；按下停止按钮 SB1 时，Q0.1 灭；按下正转启动按钮 SB2 时，Q0.0 亮；按下反转启动按钮 SB3 时，Q0.0 灭，同时 Q0.1 亮；按下停止按钮 SB1 时，Q0.1 灭)，并通过计算机监视，观察其是否与指示一致，否则，应检查并修改程序，直至输出指示正确为止。

(3) 动态调试。按图 2-28 所示的 PLC 的 I/O 接线图正确连接好输出设备，进行系统的空载调试，观察交流接触器能否按控制要求动作(按下正转启动按钮 SB2 时，KM1 闭合；按下反转启动按钮 SB3 时，KM1 断开，同时 KM2 闭合；按下停止按钮 SB1 时，KM2 断开)，并通过计算机进行监视，观察其是否与动作一致，否则，应检查电路接线或修改程序，直至交流接触器能按控制要求动作为止。最后按图 2-12 所示的主电路接好电动机，进行带载动态调试。

(4) 完成一个方案的调试后，再完成另外两个方案的调试工作。

五、能力测试

将如图 2-32 所示的行程开关控制的自动往返行程控制电路图改为用 PLC 来控制，并完成其设计、安装及调试。图 2-32 中行程开关 SQ1、SQ2 作为往返控制用，而行程开关 SQ3、SQ4 作为极限保护用，其梯形图设计采用经验法完成。

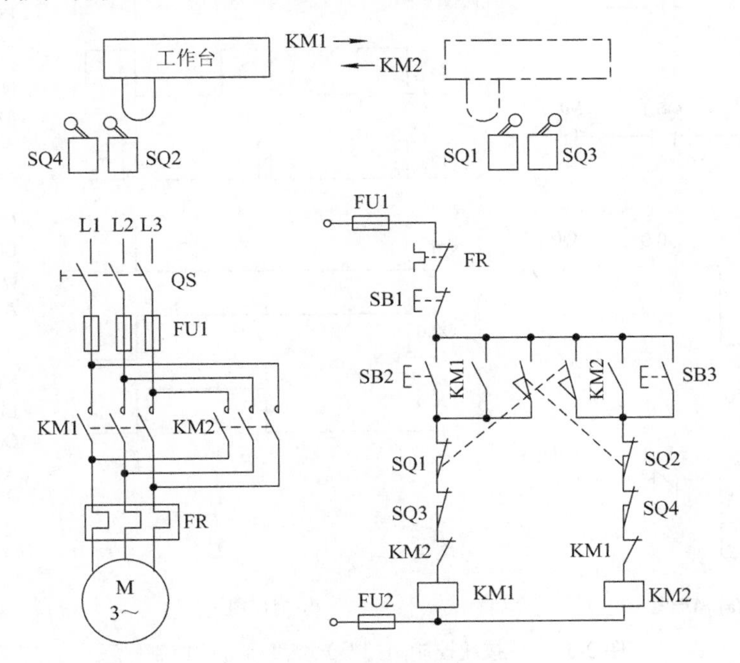

图 2-32　自动往返行程控制电路

(1) 设计梯形图(40 分)。根据控制要求，由读者自行完成梯形图的设计。

(2) 设计系统接线图(20 分)。

(3) 系统调试(40 分)。

① 程序输入(5 分)。

② 静态调试(15 分)。

⑧ 动态调试(10 分)。

④ 其他测试(10 分)。

2.9 基本指令应用案例 1

六、研讨与练习

【研讨 1】 设计用单按钮控制台灯产生两挡发光亮度的控制程序。控制要求：按钮(I0.0)第一次合上，Q0.0 接通；按钮第二次合上，Q0.0 和 Q0.1 都接通；按钮第三次合上，Q0.0、Q0.1 都断开。

说明： 梯形图控制程序如图 2-33(a)所示，时序图如图 2-33(b)所示，语句表如图 2-33(c)所示。当 I0.0 第一次合上时，M0.0 接通一个扫描周期。由于此时 Q0.0 还是初始状态没有接通，因此 CPU 从上往下扫描程序时 M0.1 和 Q0.1 都不能接通，只有 Q0.0 接通，台灯低亮度发光。在第二个扫描周期里，虽然 Q0.0 的常开触点闭合，但 M0.0 却又断开了，因此 M0.1 和 Q0.1 仍不能接通。直到 I0.0 第二次合上时，M0.0 又接通一个扫描周期。此时 Q0.0 已经接通，故其常开触点闭合使 Q0.1 接通，台灯高亮度发光(Q0.0、Q0.1 均接通)。I0.0 第三次合上时，M0.0 接通，因 Q0.1 常开触点闭合使 M0.1 接通，切断 Q0.0 和 Q0.1，台灯熄灭。

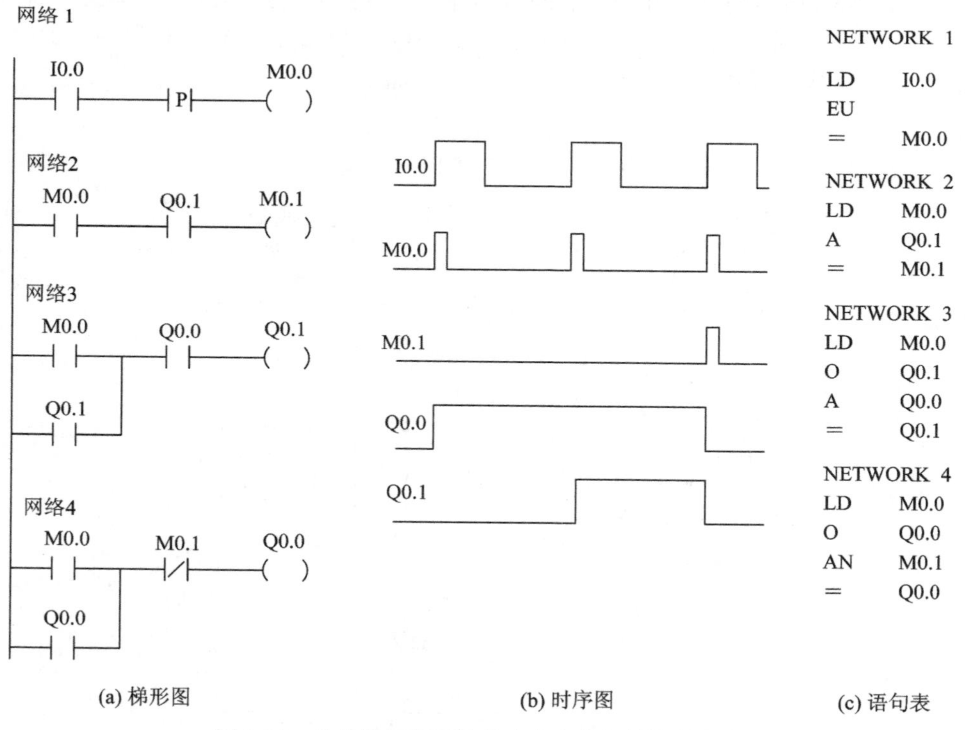

(a) 梯形图 (b) 时序图 (c) 语句表

图 2-33 单按钮控制两挡发光亮度台灯的控制程序

参考上面例题，完成用一个单按钮启动 5 台电动机的控制电路设计。启动过程：每按一次按钮启动 1 台电动机，按下 5 次后全部电动机都启动，再按一次按钮，全部电动机都停止运行。

【研讨 2】 某系统中有 3 台通风机，设计 1 个监视系统，监视通风机的运转。控制要求如下：3 台通风机中有 2 台及以上开机时，绿灯常亮；只有 1 台开机时，绿灯以 1 Hz 的频率闪烁；3 台全部停机时，红灯常亮。

说明：根据控制要求进行 I/O 分配：通风机 1～通风机 3 对应 I0.1、I0.2、I0.3，绿灯对应 Q0.1，绿灯闪对应 Q0.1′，红灯对应 Q0.2。

根据控制要求列出真值表，如表 2-15 所示。

表 2-15　通风机监视系统真值表

I0.1 (通风机 1)	I0.2 (通风机 2)	I0.3 (通风机 3)	Q0.1 (绿灯常亮)	Q0.1′ (绿灯闪烁)	Q0.2 (红灯亮)
0	0	0	0	0	1
0	0	1	0	1	0
0	1	0	0	1	0
1	0	0	0	1	0
0	1	1	1	0	0
1	0	1	1	0	0
1	1	0	1	0	0
1	1	1	1	0	0

注：变量或函数值为“1”表示通风机运行或灯亮，变量或函数值为“0”表示通风机停转或灯灭。

由真值表可得到函数表达式如下：

$$Q0.1=\overline{I0.1}\cdot I0.2\cdot I0.3+I0.1\cdot\overline{I0.2}\cdot I0.3+I0.1\cdot I0.2\cdot\overline{I0.3}+I0.1\cdot I0.2\cdot I0.3$$

$$Q0.1'=\overline{I0.1}\cdot\overline{I0.2}\cdot I0.3+\overline{I0.1}\cdot I0.2\cdot\overline{I0.3}+I0.1\cdot\overline{I0.2}\cdot\overline{I0.3}$$

$$Q0.2=\overline{I0.1}\cdot\overline{I0.2}\cdot\overline{I0.3}$$

按照对应关系转换后的梯形图如图 2-34 所示。

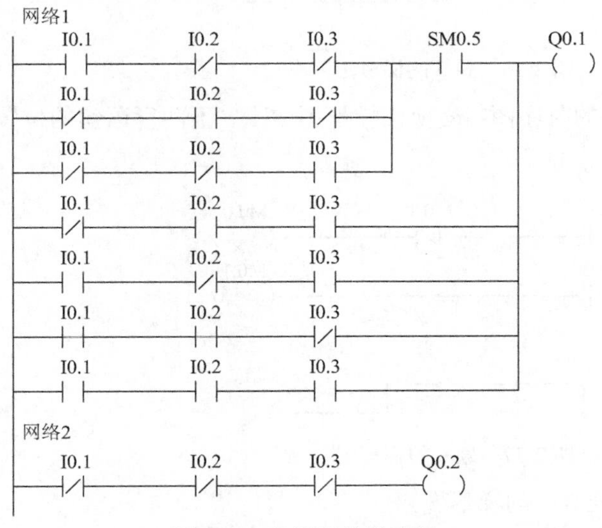

图 2-34　监视系统梯形图

2.10　基本指令应用案例 2

参考上面例题，设计一个4台电动机运行监视系统。控制要求如下：4台电动机中有3台及以上开机时，绿灯常亮；只有2台开机时，绿灯以1 Hz的频率闪烁；只有1台开机时，红灯以1 Hz的频率闪烁；4台全部停机时，红灯常亮。

七、思考与练习

1．梯形图的基本规则有哪些？

2．转换设计法中要抓住哪几个对应关系？

3．转换设计法的步骤是什么？

4．写出如图2-35所示梯形图的语句表程序。

I0.0 I0.1 I0.2 Q0.0
I1.0 M2.2 I0.3 Q0.1
I0.4 Q0.2

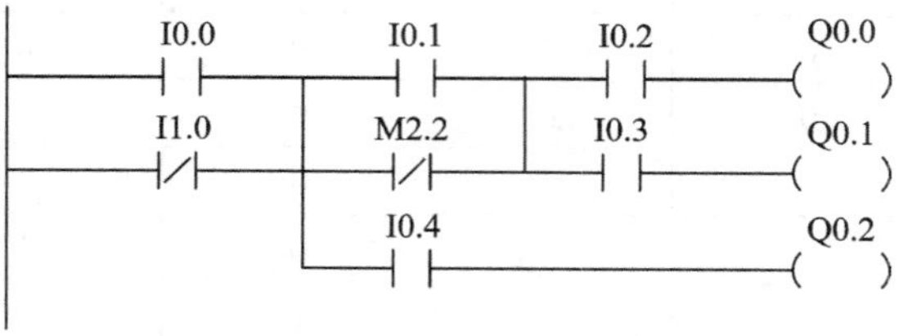

图2-35　题4的梯形图

5．写出如图2-36所示梯形图的语句表程序。

I0.0 M1.1 I0.4 I0.2 I0.1 Q0.1
I0.0 P
Q0.1
M1.2
I0.2 Q0.1 Q0.2
Q0.2

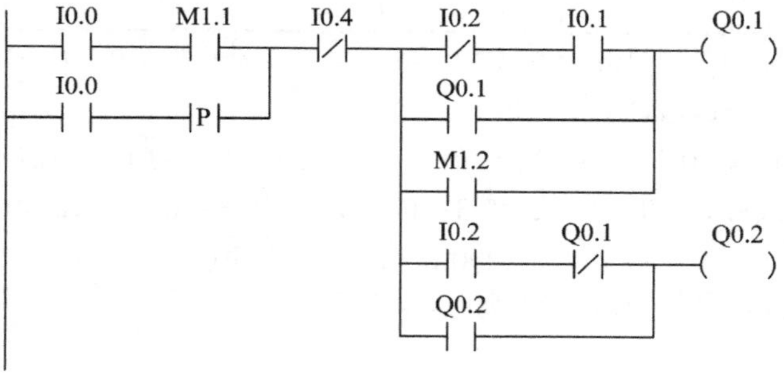

图2-36　题5的梯形图

6．画出如图2-37所示M0.0的时序图；交换该梯形图中上、下两行语句的位置，M0.0的波形有什么变化？为什么？

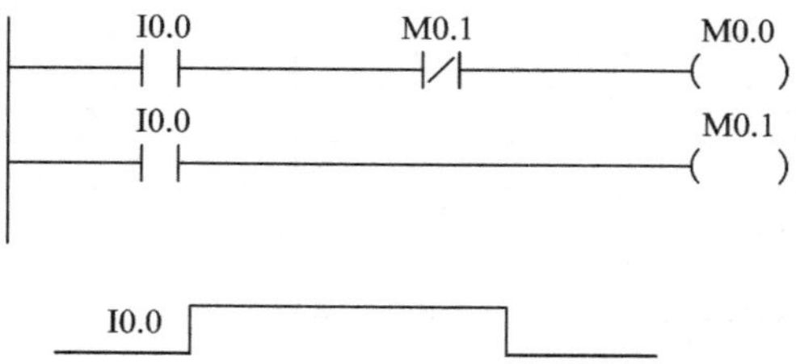

I0.0 M0.1 M0.0
I0.0 M0.1
I0.0

图2-37　题6的梯形图

7．画出如图2-38所示语句表对应的梯形图。

8．画出如图2-39所示语句表对应的梯形图。

```
网络1
LD    I0.0
A     I0.1
LPS
A     I0.2
=     Q0.0
LPP
=     Q0.1

网络2
LD    I0.3
LPS
A     I0.4
=     Q0.2
LRD
A     I0.5
=     Q0.3
LRD
A     I0.6
=     Q0.4
LPP
A     I0.7
=     Q0.5
```

图 2-38　题 7 的语句表

```
网络1
LD    I0.0
LPS
LD    I0.1
O     I0.2
ALD
=     Q0.0
LRD
LD    I0.3
A     I0.4
LD    I0.5
A     I0.6
OLD
ALD
=     Q0.1
LPP
A     I0.7
=     Q0.2
LD    I1.0
O     I1.1
ALD
=     Q0.3
```

图 2-39　题 8 的语句表

任务三　三相异步电动机计数循环正反转 PLC 控制

一、任务目标

(1) 掌握 PLC 定时器、计数器类型及应用。

(2) 熟练地应用延时和计数控制电路，并完成交通灯等控制系统的设计。

(3) 采用经验法等方法进行较复杂的 PLC 控制系统的设计。

二、任务分析

设计一个用 PLC 的基本逻辑指令控制电动机计数循环正反转的控制系统，其控制要求如下：

(1) 按下启动按钮 SB1，电动机正转 3 s，停 2 s，反转 3 s，停 2 s，如此循环 5 个周期，然后自动停止。

(2) 运行中，可按停止按钮 SB 使系统停止，热继电器 FR 动作也可使系统停止。

本任务要求首先掌握 PLC 定时器和计数器这类软元件，其次要求掌握延时电路和计数电路的设计方法，最后还能够根据实际需要完成一个比较复杂的 PLC 控制系统的程序设计。

三、相关知识

2.11 定时器

(一) 定时器及其使用

定时器是PLC实现定时功能的计时装置，相当于继电器控制电路中的时间继电器。定时器对时间间隔计数，时间间隔称为分辨率，又可称为时基。

S7-200 CPU提供三种定时器分辨率：1 ms、10 ms和100 ms。

定时器指令用来描述定时器的功能，S7-200 CPU提供了256个定时器，共有3种类型：接通延时定时器(TON)、有记忆接通延时定时器(TONR)和断开延时定时器(TOF)。西门子S7-200系列PLC定时器的分类及特征如表2-16所示。

表2-16 定时器的分类及特征

定时器类型	分辨率/ms	最长定时值/s	定时器号
TONR	1	32.767	T0，T64
	10	327.67	T1～T4，T65～T68
	100	3276.7	T5～T31，T69～T95
TON/TOF	1	32.767	T32，T96
	10	327.67	T33～T36，T97～T100
	100	3276.7	T37～T63，T101～T255

定时器存储每个定时器地址，包括存储器标识符、定时器号两部分。存储器标识符为“T”，定时器号为整数，如T0表示0号定时器。它有一个设定值寄存器(一个字长)，一个当前值寄存器(一个字长)及无数个触点(一个位)。对于每一个定时器，这3个量使用同一名称，但使用场合不一样，其所指也不一样。定时器的分辨率决定了每个时间间隔的长短。例如：一个以10 ms为分辨率的接通延时定时器，在输入位接通后，以10 ms的时间间隔计数，若10 ms的定时器计数值为50则代表500 ms。定时器号决定了定时器的分辨率。

对于分辨率为1 ms的定时器来说，定时器状态位和当前值的更新不与扫描周期同步，对于大于1 ms的程序扫描周期，定时器状态位和当前值在一次扫描内刷新多次。

对于分辨率为10 ms的定时器来说，定时器状态位和当前值在每个程序扫描周期的开始刷新，定时器状态位和当前值在整个扫描周期过程中为常数。在每个扫描周期的开始会将一个扫描累计的时间间隔加到定时器当前值上。

对于分辨率为100 ms的定时器来说，定时器状态位和当前值在指令执行时刷新。因此，为了使定时器保持正确的定时值，要确保在一个程序扫描周期中，只执行一次100 ms定时器指令。

从表2-16中可以看出，TON和TOF是使用相同范围的定时器号。应该注意，在同一个PLC程序中，一个定时器号只能使用一次，即在同一个PLC程序中，不能既有接通延时(TON)定时器T32，又有断开延时(TOF)定时器T32。

1. 接通延时定时器(TON)

接通延时定时器(TON)用于单一间隔的定时，当输入 IN 接通时，接通延时定时器开始计时，当定时器的当前值大于等于预置值(PT)时，该定时器状态位被置位；当输入 IN 断开时，接通延时定时器复位，当前值被清除(即在定时过程中，输入 IN 须一直接通)，当达到预置值后，定时器仍继续定时，直至达到最大值 32 767 时才停止。图 2-40 为接通延时定时器应用举例，图 2-41 为其时序图。

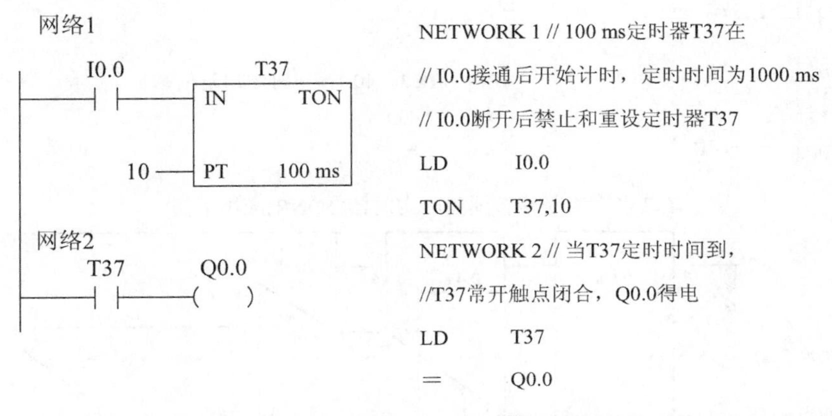

图 2-40　接通延时定时器(TON)应用举例

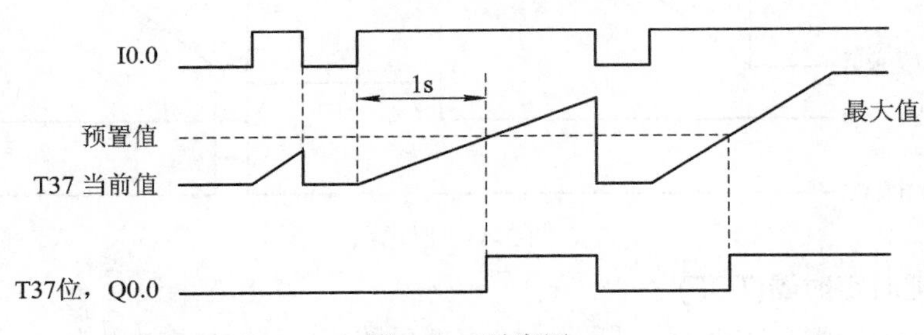

图 2-41　时序图

从时序图中可以看出：定时器 T37 在 I0.0 接通后开始计时，当定时器的当前值等于预置值 10(即延时 100 ms × 10 = 1 s)时，T37 置 1(其常开触点闭合，Q0.0 得电)。此后，如果 I0.0 仍然接通，定时器继续计时直到最大值 32767，T37 保持接通直到 I0.0 断开。任何时刻，只要 I0.0 断开，T37 就复位，定时器状态位为 OFF，当前值为 0。

2. 有记忆接通延时定时器(TONR)

有记忆接通延时定时器(TONR)用于累计多个时间间隔，与 TON 相比，具有以下几个不同之处：

(1) 当输入 IN 接通时，TONR 以上次的保持值作为当前值开始计时；

(2) 当输入 IN 断开时，TONR 的定时器状态位和当前值保持最后状态；

(3) 上电或首次扫描时，TONR 的定时器状态位为 OFF，当前值为掉电之前的值。因此 TONR 定时器只能用复位指令 R 对其复位。

图 2-42 为有记忆接通延时定时器 TONR 的应用举例，图 2-43 为其时序图。

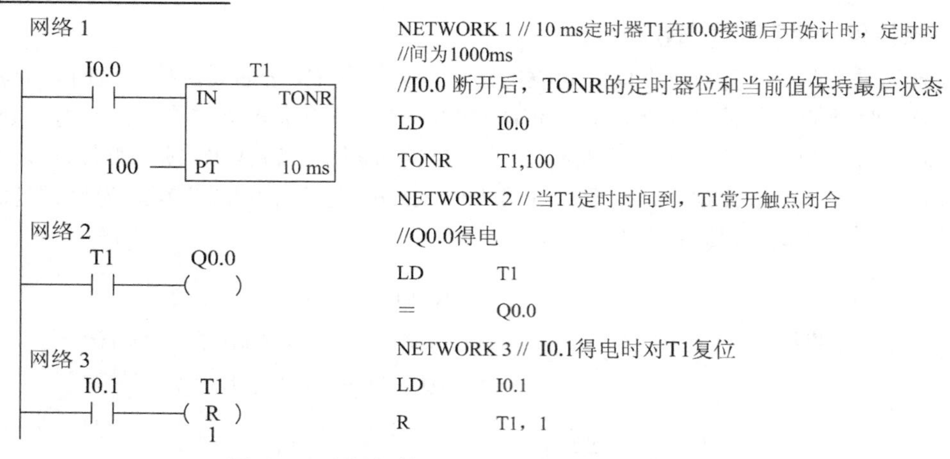

图 2-42 有记忆接通延时定时器(TONR)应用举例

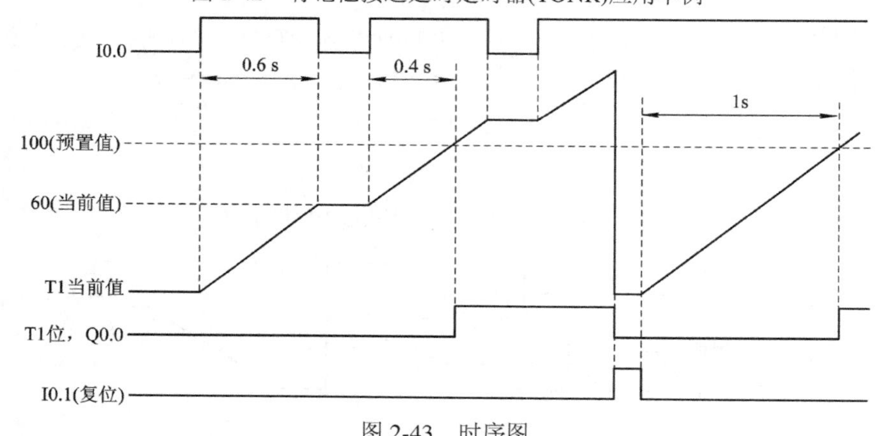

图 2-43 时序图

3. 断开延时定时器(TOF)

断开延时定时器(TOF)用于关断或故障事件后的延时，例如在电机停止运转后，需要冷却电机。当输入接通时，定时器状态位立即接通，并把当前值设为 0；当输入断开时，定时器开始计时，直到达到预设的时间。当达到预设时间时，定时器状态位断开，并且停止计时当前值。当输入断开的时间短于预设时间时，定时器状态位保持接通。TOF 必须利用使能输入的下降沿启动计时。图 2-44 为断开延时定时器 TOF 应用举例，图 2-45 为时序图。

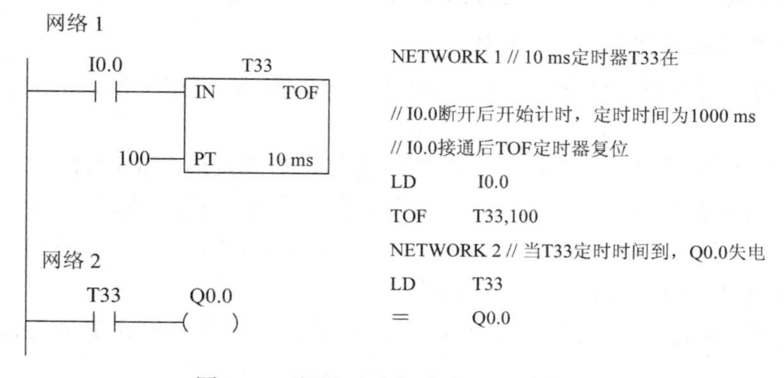

图 2-44 断开延时定时器(TOF)应用举例

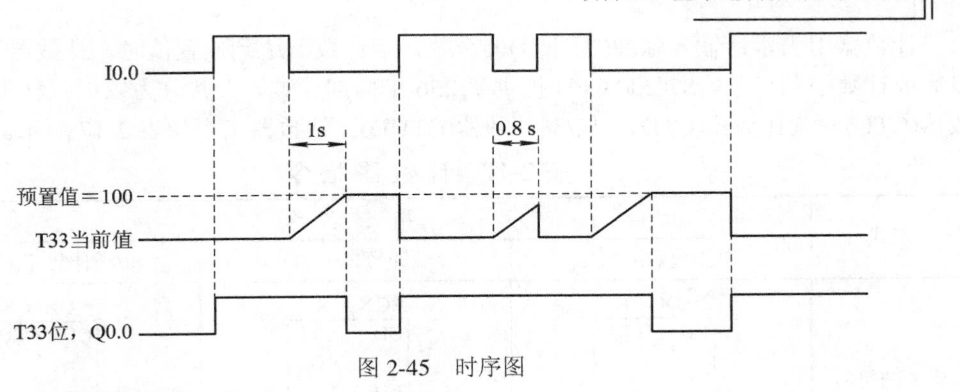

图 2-45　时序图

4. 定时器的应用

【例 2-2】　3 台电动机顺序启动。控制要求：电动机 Ml 启动 5 s 后电动机 M2 启动，电动机 M2 启动 5 s 后电动机 M3 启动；按下停止按钮时，3 台电动机无条件全部停止运行。

解：(1) 输入/输出分配：I0.1 表示启动按钮，I0.0 表示停止按钮，Q0.1 表示电动机 Ml，Q0.2 表示电动机 M2，Q0.3 表示电动机 M3。

(2) 梯形图方案设计：该题涉及时间的问题，所以可以采用分段延时和累计延时的方法。3 台电动机顺序启动的梯形图如图 2-46 所示。

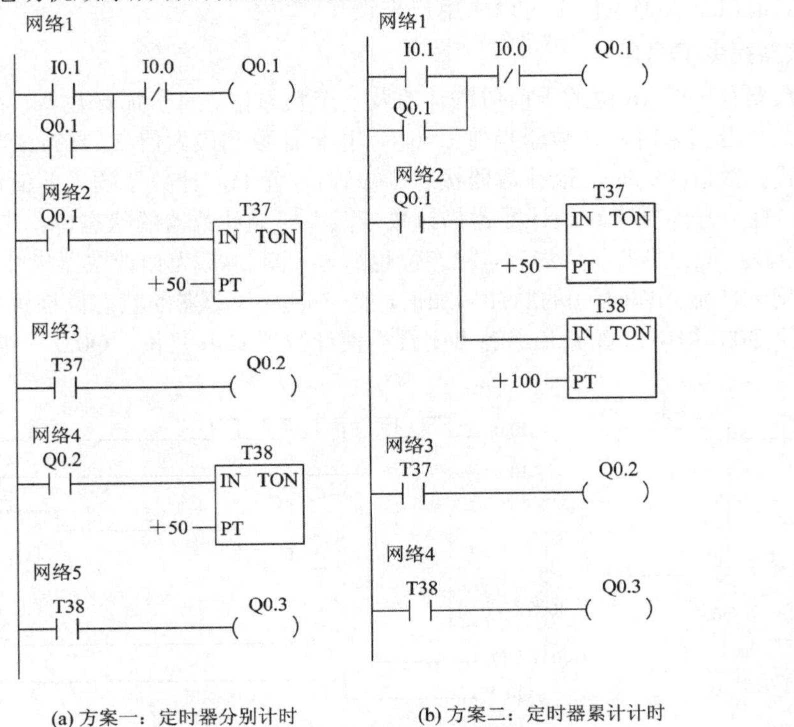

(a) 方案一：定时器分别计时　　(b) 方案二：定时器累计计时

图 2-46　3 台电动机顺序启动梯形图

2.12　计数器

(二) 计数器及其使用

S7-200 系列 PLC 的计数器如表 2-17 所示，它分内部信号计数器(简称内部计数器)和外部高速计数器(简称高速计数器)。

计数器用来累计输入脉冲(上升沿)的个数，当计数器达到预置值时，计数器发生动作，以完成计数控制任务。S7-200 CPU提供了256个内部计数器，共分为以下三种类型：加计数器(CTU)、减计数器(CTD)、加/减计数器(CTUD)。计数器指令如表2-17所示。

表2-17 计数器指令

形式	指令名称		
	加计数器(CTU)	减计数器(CTD)	加/减计数器(CTUD)
梯形图符号	C××× 方框：CU CTU，R，PV	C××× 方框：CD CTD，LD，PV	C××× 方框：CU CTUD，CD，R，PV
格式	CTU C×××，PV	CTD C×××，PV	CTUD C×××，PV

在表2-17中，C×××为计数器号，取C0～C255(因为每个计数器有一个当前值，不要将相同的计数器号码指定给一个以上计数器)；CU为增计数器信号输入端；CD为减计数器信号输入端；R为复位输入；LD为预置值装载信号输入(相当于复位输入)；PV为预置值。计数器的当前值是否掉电保持可以由用户来设置。

1．加计数器指令(CTU)

每个加计数器有一个16位的当前值寄存器及一个状态位。对于加计数器，在CU输入端，每当一个上升沿到来时，计数器当前值加1，直至计数到最大值(32 767)。当前计数值大于或等于预置计数值(PV)时，该计数器状态位被置位(置1)，计数器的当前值仍被保持。如果在CU端仍有上升沿到来时，计数器仍计数，但不影响计数器的状态位。当复位端(R)置位时，计数器被复位，即当前值清零，状态位也清零。图2-47为加计数器指令应用举例。加计数器C40对CU输入端(I0.0)的脉冲累加值达到3时，计数器的状态位被置1，C40常开触点闭合，使Q0.0得电，直至I0.1触点闭合，使计数器C40复位，Q0.0失电。

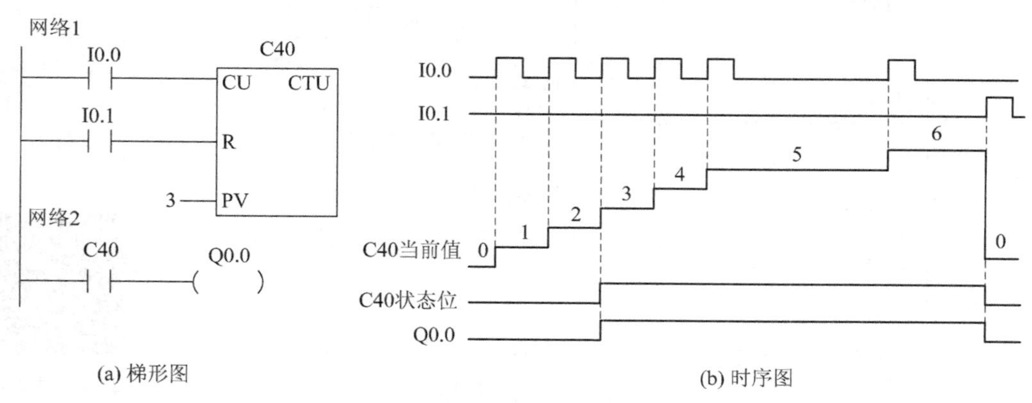

图2-47 加计数器指令应用举例

2．减计数器指令(CTD)

每个减计数器有一个16位的当前值寄存器及一个状态位。对于减计数器，当复位端LD输入脉冲上升沿信号时，计数器被复位，减计数器装入预设值(PV)，状态位清零，但是启动对 CD 的计数是在该脉冲的下降沿到来时刻。

当启动计数后，在 CD 输入端，每当一个上升沿到来时，计数器当前值减 1，当前计数值等于 0 时，该计数器状态位被置位，计数器停止计数。如果在 CD 端仍有上升沿到来，则计数器仍保持为 0，且不影响计数器的状态位。图 2-48 为减计数器指令应用举例。I0.1 的上升沿信号给 C1 复位端(LD)一个复位信号，使其状态位为 0，同时 C1 装入预置值 3。C1 的输入端 CD 累积脉冲达到 3 时，C1 的当前值减到 0，C1 的状态位置 1，使 Q0.0 得电，直至 I0.1 的下一个上升沿到来，C1 复位，状态位为 0，C1 再次装入预置值 3。

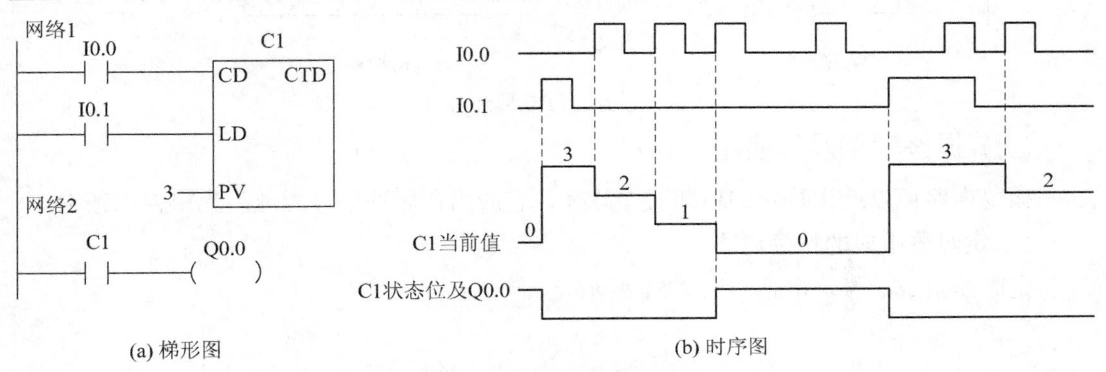

图 2-48　减计数器指令应用举例

3．加/减计数器指令(CTUD)

加/减计数器指令(CTUD)兼有加计数器和减计数器的双重功能，在每一个加计数输入(CU)的上升沿时加计数，在每一个减计数输入(CD)的上升沿时减计数。计数器的当前值保存当前计数值。在每一次计数器执行时，预置值 PV 与当前值作比较，当 CTUD 计数器当前值大于等于预置值 PV 时，计数器状态位置位；否则，计数器位复位。当复位端(R)接通或者执行复位指令后，计数器复位。当加减计数器达到最大值(32 767)时，加计数输入端的下一个上升沿导致当前计数值变为最小值(−32 768)。当达到最小值(−32 768)时，减计数输入端的下一个上升沿导致当前计数值变为最大值(32 767)。图 2-49 为加/减计数器指令应用举例。

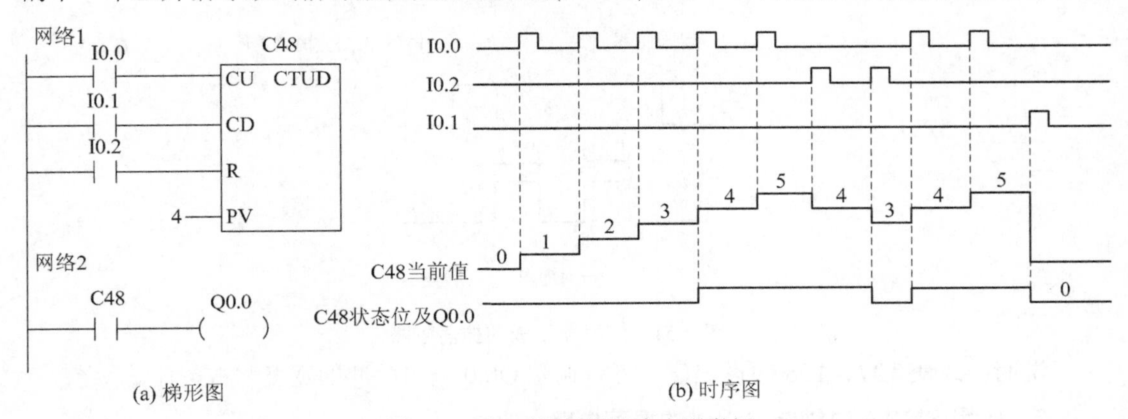

图 2-49　加/减计数器指令应用举例

4．计数器(C)的应用

计数器的应用如图 2-50 所示。

I0.3 的上升沿使计数器 C0 复位，C0 对 I0.4 输入的脉冲计数，当输入的脉冲数达到 6

个时，计数器C0的常开触点闭合，Q0.0得电。当I0.3再动作时，C0复位，Q0.0失电。

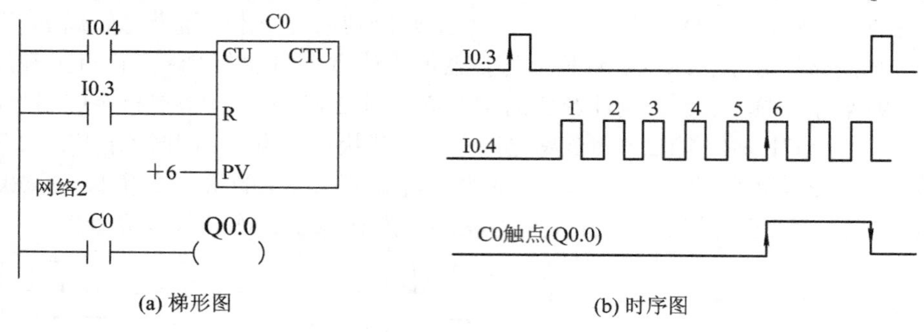

(a) 梯形图　　(b) 时序图

图2-50　计数器的应用

(三) 振荡电路及其应用

振荡电路可以产生特定的通断时序脉冲，它应用在脉冲信号源或闪光报警电路中。

1．定时器组成的振荡电路

定时器组成的振荡电路如图2-51所示。

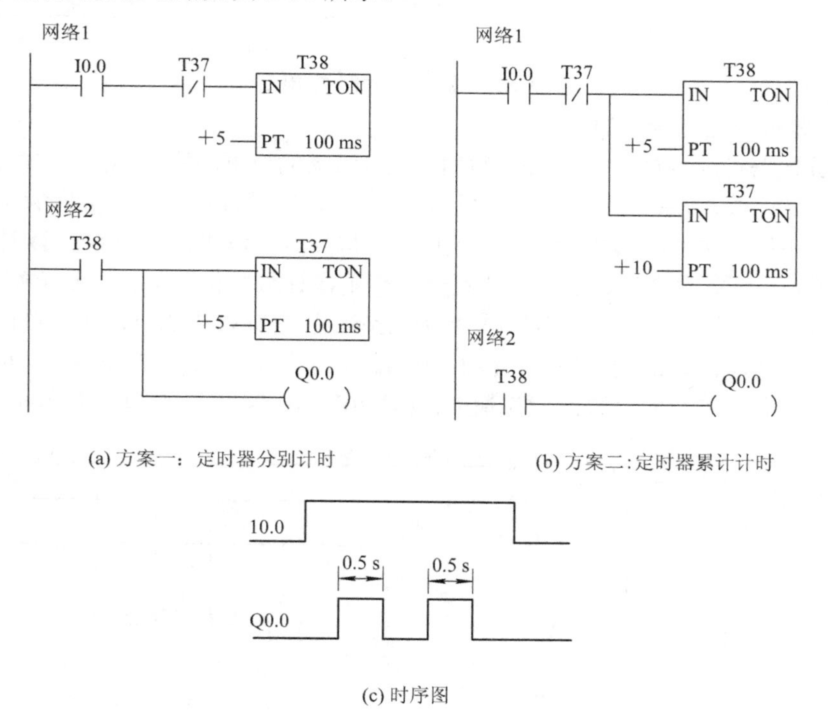

(a) 方案一：定时器分别计时　　(b) 方案二：定时器累计计时

(c) 时序图

图2-51　定时器组成的振荡电路

说明：改变T37、T38的设定值，可以调整Q0.0输出脉冲的宽度和占空比。

2．应用SM0.5时钟脉冲组成的振荡电路

应用SM0.5时钟脉冲组成的振荡电路如图2-52所示。

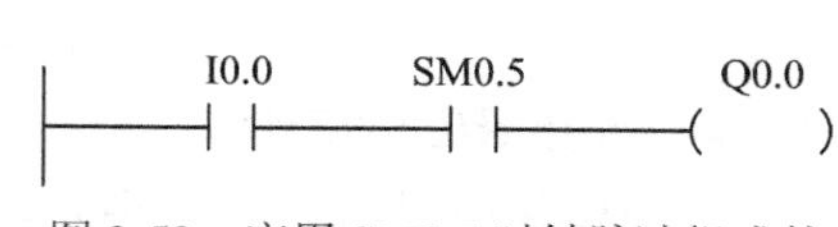

图2-52　应用SM0.5时钟脉冲组成的振荡电路

SM0.5为1 s的时钟脉冲，所以Q0.0输出的脉

冲宽度是 0.5 s。

3．振荡电路的应用

(1) 控制要求。两台电动机交替顺序控制。电动机 M1 工作 10 s 停下来，紧接着电动机 M2 工作 5 s 停下来，然后再交替工作；按下停止按钮，电动机 M1、M2 全部停止运行。

(2) 输入/输出分配。启动按钮：I0.0，停止按钮：I0.1；电动机 M1：Q0.1，电动机 M2：Q0.2。

(3) 梯形图方案设计。该梯形图可采用经验法进行设计，首先考虑启—保—停，然后考虑时序问题及自动交替，两种设计方案如图 2-53(a)和(b)所示。

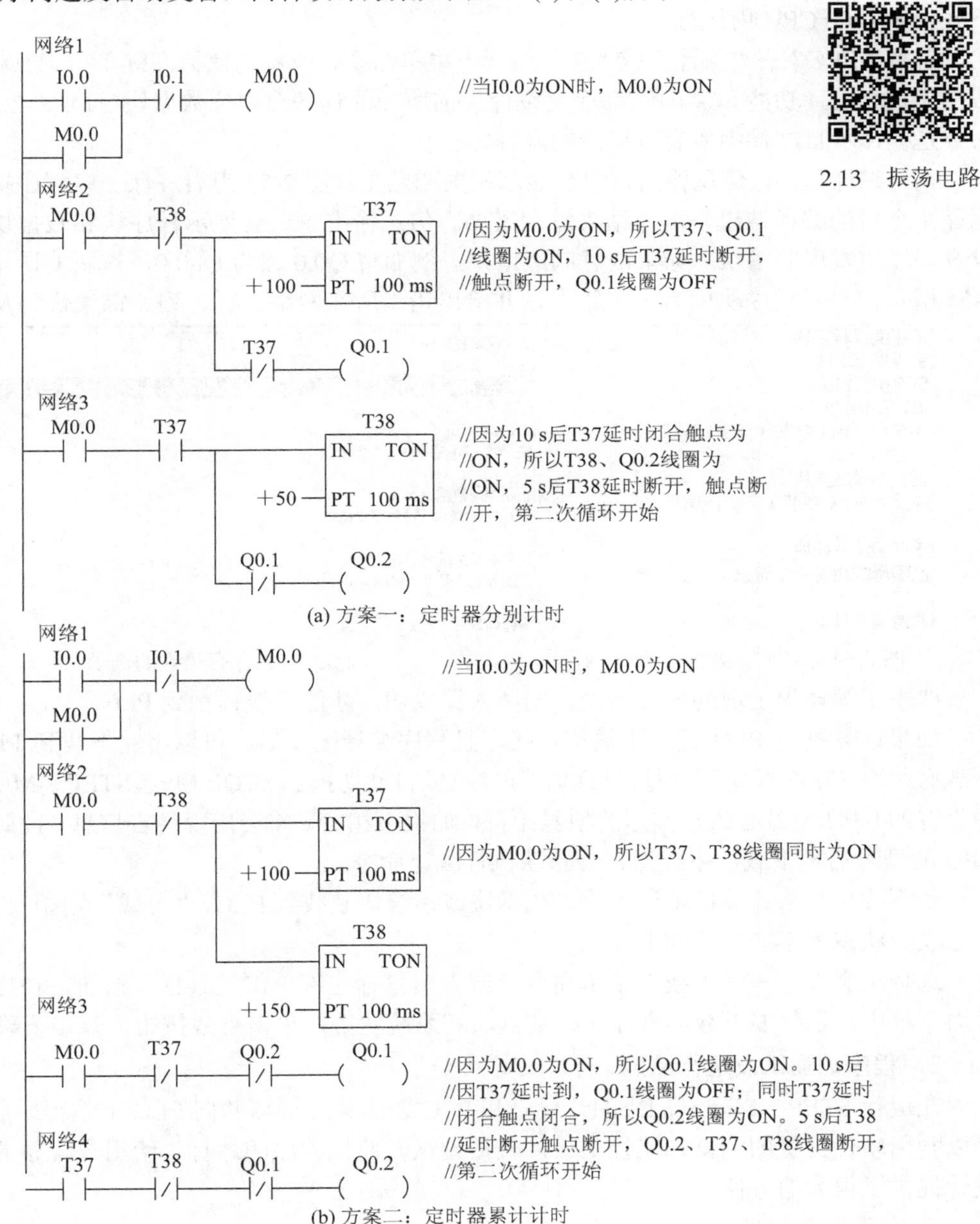

(a) 方案一：定时器分别计时

(b) 方案二：定时器累计计时

图 2-53　两台电动机交替顺序工作梯形图

(四) STEP 7-Micro/WIN 编程软件使用晋级

2.14 编程软件使用晋级

STEP 7-Micro/WIN 把每个 S7-200 PLC 系统的用户程序、系统设置等保存在一个项目文件中，扩展名为“mwp”。打开一个“*.mwp”文件即打开了相应的工程项目。

1．程序的编译和下载

在 STEP 7-Micro/WIN 中编辑的程序必须编译成 S7-200 CPU 能识别的机器指令，才能下载到 S7-200 CPU 内运行。

选择“PLC”→“编译”或“全部编译”菜单命令，或者用鼠标左键单击工具栏或按钮来执行编译功能。“编译”命令是编译当前所在的程序窗口或数据块窗口；“全部编译”命令是编译项目文件中所有可编译的内容。

执行编译后，在信息输出窗口会显示相关的结果。图 2-54 为启—保—停程序执行全部编译命令后的编译结果，编译结果没有错误。信息输出窗口会显示程序块和数据块的大小以及编译中发现的错误。如果故意制造错误，例如将 Q0.0 改为 Q80.0，重新编译结果如图 2-55 所示，显示程序块中有 1 个错误，并给出错误所在网络、行、列、错误代码及描述。

```
正在编译程序块...
主程序 (OB1)
SBR_0 (SBR0)
INT_0 (INT0)
块尺寸 = 24（字节），0个错误

正在编译数据块...
块尺寸 = 0（字节），0个错误

正在编译系统块...
已编译的块有 0个错误，0个警告

总错误数目：0
```

图 2-54 编译成功的例子

```
正在编译程序块...
主程序 (OB1)
网络 1，行 1，列 3：错误 37：（操作数 1）指令操作数的存储器寻址范围无效。
SBR_0 (SBR0)
INT_0 (INT0)
块尺寸 = 0（字节），1个错误

正在编译数据块...
块尺寸 = 0（字节），0个错误

正在编译系统块...
已编译的块有 0个错误，0个警告

总错误数目：1
```

图 2-55 编译有错误的例子

改正了编译中出现的所有错误，编译才算成功，才能下载程序到 PLC。

如果计算机与 PLC 建立了通信连接，且程序编译无误后，可以将它下载到 PLC 中。下载必须在 STOP 模式下进行。下载时 CPU 可以自动切换到 STOP 模式。STEP 7-Micro/WIN 中设置的 CPU 型号必须与实际的型号相符，如果不相符，将会出现警告信息，此时应修改 CPU 的型号后再下载。下载操作会自动执行编译命令。

“下载”是从计算机将程序块、数据块或系统块装载到 PLC，“上载”则相反。注意：符号表或状态表不能下载或上载。

选择“文件”→“下载”菜单命令，或者用鼠标左键单击工具栏按钮，在出现的下载对话框中，选择要下载的程序块、数据块和系统块等，单击下载按钮，开始下载。

2．程序的调试及运行监控

在运行 STEP 7-Micro/WIN 的计算机和 PLC 之间建立通信并向 PLC 下载程序后，用户可以利用软件提供的调试和监控工具，直接调试并监视程序的运行，给用户程序的开发和设计提供了很大的方便。

1) 有限次数扫描

可以指定 PLC 对程序执行有限次数扫描(从 1～65 535 次)。通过选择 PLC 运行的扫描次数，可以在程序改变进程变量时对其进行监控。第一次扫描时，SM0.1 数值为 1。有限次数扫描时，PLC 须处于停止(STOP)模式，当恢复正常程序操作时，将 PLC 切换回运行(RUN)模式。

(1) 执行单次扫描。

① PLC 必须处于停止模式。如果不是处于停止模式，应将 PLC 转换成停止模式。

② 从菜单条选择“调试”→“首次扫描”。

(2) 执行多次扫描。

① PLC 必须处于停止模式。如果不是处于停止模式，应将 PLC 转换成停止模式。

② 从菜单条选择“调试”→“多次扫描”，出现“执行扫描”对话框，输入所需的扫描次数，单击“确定”按钮，确认选择并取消对话框。

2) 梯形图程序状态的监控

程序经编辑、编译并下载到 PLC 后，将 S7-200 CPU 上的状态开关拨到 RUN 位置，单击菜单命令“调试”→“开始程序状态监控”，或按工具栏上的按钮，可以用程序状态监控功能监视程序运行的状况。

如果 S7-200 PLC 上的状态开关处于 RUN 或 TERM 位置，还可以在 STEP 7-Micro/WIN 软件中使用菜单命令“PLC”→“运行”和“PLC”→“停止”，或者用工具栏上的和按钮来改变 CPU 的运行状态。

利用梯形图编辑器可在 PLC 运行时监控程序中各元件的状态，并可监控操作数的数值。

在使用程序状态功能监控程序运行之前，必须选择是否使用“执行状态”。选择菜单“调试”→“使用执行状态”，进入执行状态，“执行状态”下显示的是程序段执行到此时每个元件的实际状态。如果未选中“执行状态”，将显示程序段中的元件在程序扫描周期结束时的状态。但由于屏幕刷新的速度取决于编程计算机和 S7-200 CPU 的通信速率及计算机的运行速度，所以梯形图的程序监控状态不能完全如实地显示变化迅速的元件的状态，但这并不影响使用梯形图来监控程序状态，而且梯形图监控也是编程人员的首选。

在 RUN 模式下，单击菜单命令“调试”→“开始程序状态监控”或者工具栏上的“程序状态监控”按钮，启动程序状态监控功能。之后，梯形图中各元件的状态将用不同颜色显示出来。变为蓝色的元件表示处于接通状态，如果有能流流入方框指令的使能输入端，且该指令被成功执行时，方框指令的方框将会变为蓝色；若定时器、计数器的方框变为绿色，则表示它们包含有效数据；红色方框表示执行指令时出现了错误；灰色表示无能流、指令被跳过、未调用或 PLC 处于 STOP 模式。

3. 状态表监控

使用状态表可以监控数据。在浏览条窗口中单击“状态表”图标，或选择“调试”→“开始状态表监控”菜单命令，可以打开状态表窗口。在状态表窗口的“地址”和“格式”列中分别输入要监控的变量地址和数据类型。

在程序编辑器中选择一个或几个网络，单击鼠标右键，在弹出的快捷菜单中单击“创建状态表”选项，能快速生成一个包含所选程序段内各元件的新状态表。

使用状态表不能监控常数、累加器和局部变量的状态，但可以按位或者按字两种形式来监控定时器和计数器的值。按位监控的是定时器和计数器的状态位，按字监控则显示定时器和计数器的当前值。

使用菜单命令"调试"→"开始状态表监控"，或者单击工具栏"状态表监控"按钮，启动状态表监控功能，在状态表的"当前值"列将会出现从PLC中读取的动态数据。当使用状态表时，可将光标移到某一个单元格单击，即实现相应的编辑操作。

如果状态表已经打开，则可使用菜单命令"调试"→"停止状态表"，或单击工具栏状态表按钮，即关闭状态表。

4．强制功能

S7-200 PLC提供了强制功能以方便程序的调试工作(例如，在现场不具备某些外部条件的情况下模拟工艺状态)。用户可以对所有的数字量I/O以及16个内部存储器数据V、M或模拟量I/O进行强制设置。

显示状态表并且使其处于监控状态，在新值列中写入希望强制成的数据，然后单击工具栏按钮，或者使用菜单命令"调试"→"强制"来强制设置数据。一旦使用了强制功能，则会在每次扫描时该数值均被重新应用于地址(强制值具有最高的优先级)，直至取消强制设置。

如果希望取消单个强制设置，则应该打开状态表窗口，在当前值栏中单击并选中该值，然后单击工具栏中的"取消强制"按钮，或使用菜单命令"调试"→"取消强制"来取消强制设置。

如果希望取消所有的强制设置，则应该打开状态表窗口，单击工具栏中的"全部取消强制"按钮，或者使用菜单命令"调试"→"全部取消强制"来取消所有强制设置。

打开状态表窗口，单击工具栏中的"读取全部强制"按钮，或者使用菜单命令"调试"→"读取全部强制"，状态表的当前值列会为所有被强制的地址显示强制符号，共有三种强制符号：明确强制、隐含强制或部分隐含强制。

5．状态趋势图

STEP 7-Micro/WIN提供两种PLC变量在线查看方式，即状态表形式和状态趋势图形式。后者的图形化监控方式可使用户更容易地观察变量的变化关系，能更加直观地观察数字量信号变化的逻辑时序，或者模拟量信号的变化趋势。

在状态表窗口中，按工具栏中的"趋势图"按钮，可以在状态表形式和状态趋势图形式之间进行切换；或者在当前显示的状态表窗口中单击鼠标右键，在弹出的下拉菜单中选择"查看趋势图"。

状态趋势图对变量的反应速度取决于计算机和PLC的通信速度以及图示的时间基准，在趋势图中单击鼠标右键可以选择图形更新的速率。

6．运行模式下的程序编辑

在运行(RUN)模式下编辑程序，可在对控制过程影响较小的情况下，对用户程序做少量的修改。在下载修改后的程序时，会立即影响系统的控制运行，所以使用时应特别注意，要确保系统的运行安全。可进行这种操作的PLC有CPU 224、CPU 226和CPU 226XM等。

操作步骤如下：

(1) 使用菜单命令"调试"→"运行模式下程序编辑"。因为RUN模式下只能编辑主机中的程序，如果主机中的程序与编程软件窗口中的不同，系统则会提示用户存盘。

(2) 屏幕弹出警告信息，单击“继续“按钮，所连接主机中的程序将会上载到编程主窗口，此时便可以在运行模式下进行编辑。

(3) 在运行模式下进行下载。在程序编译成功后，可使用“文件”→“下载”命令，或单击工具栏中的“下载”按钮，将程序块下载到PLC主机。

四、任务实施

1．I/O 分配

根据任务分析及前面电动机计数循环正反转的控制要求可知：PLC的输入信号有停止按钮SB(I0.0)、启动按钮SB1(I0.1)、热继电器常开触点FR(I0.2)。PLC的输出信号有正转接触器KM1(Q0.1)、反转接触器KM2(Q0.2)。定时用到定时器T37(正转3 s)、T38(停2 s)、T39(反转3 s)、T40(停2 s)。其I/O分配如图2-56所示。

2．硬件接线

主电路图与正反转电路图相同(参见图2-12)，PLC接线图如图2-56所示。

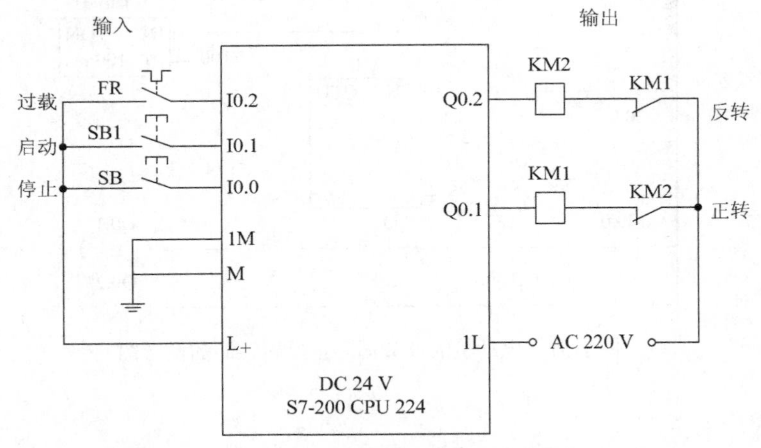

图2-56　电动机的计数循环正反转控制的I/O接线图

3．编程

本程序可采用经验法来编程。根据以上控制要求分析如下：该PLC控制是一个顺序控制，控制的时间可用累积定时的方法，而循环控制可用振荡电路来实现，至于循环的次数，可用计数器来完成。另外，正转接触器KM1得电的条件为按下启动按钮SB1或T40时间到，正转接触器KM1失电的条件为T37时间到；反转接触器KM2得电的条件为T38延时到，反转接触器KM2失电的条件为T39时间到；按下停止按钮SB、或热继电器FR动作、或计数器 C1 次数到，则整个系统停止工作。因此，整个设计可在启—保—停电路的基础上，再增加一个类似如图2-51所示的振荡电路和一个计数及复位电路来完成，其梯形图如图2-57所示。

用经验法设计梯形图时，没有一套固定的方法和步骤可以遵循，具有很大的试探性和随意性。修改某一局部电路时，可能对系统的其他部分产生意想不到的影响。另外，用经验法设计出的梯形图往往很难阅读，给系统的维修和改进带来了很大的困难。因此，对于复杂的控制系统，特别是复杂的顺序控制系统，一般采用步进顺控的编程方法。步进顺控设计法是一种先进的设计方法，很容易被初学者接受，对于有经验的工程师，这种方法也会提高设计的效率，并且程序的调试、修改和阅读也很方便。有关步进顺控的编程方法将在项目三中进行讲解。

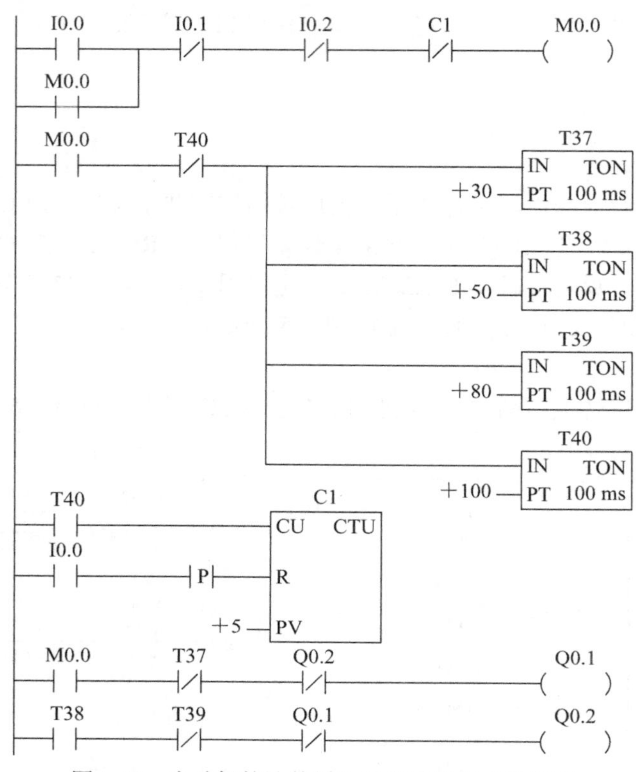

图 2-57　电动机的计数循环正反转控制的梯形图

4．调试

调试步骤如下：

(1) 输入程序。按照前面介绍的程序输入方法，用计算机输入程序。

(2) 静态调试。按图 2-56 所示的 PLC 的 I/O 接线图正确连接好输入设备，进行 PLC 的模拟静态调试(按下启动按钮 SB1 时，Q0.1 亮，3 s 后，Q0.1 灭，2 s 后，Q0.2 亮，再过 3 s，Q0.2 灭，等待 2 s 后，重新开始循环，完成 5 次循环后，自动停止；运行过程中，随时按下停止按钮 SB 时，整个过程停止；任何时间使 FR 动作，整个过程也立即停止)，并通过计算机监控，观察其是否与指示一致，否则应检查并修改程序，直至输出指示正确。

(3) 动态调试。按图 2-56 所示的 PLC 的 I/O 接线图正确连接好输出设备，进行系统的空载调试，观察交流接触器能否按控制要求动作(按下启动按钮 SB1 时，KM1 闭合，3 s 后，KM1 断开，2 s 后，KM2 闭合，再过 3 s，KM2 断开，等待 2 s 后，重新开始循环，完成 5 次循环后，自动停止；运行过程中，随时按下停止按钮 SB 时，整个过程停止；任何时间使 FR 动作，整个过程也立即停止)，并通过计算机进行监控，观察其是否与动作一致，否则应检查电路接线或修改程序，直至交流接触器能按控制要求动作；按图 2-12 所示的主电路接好电动机，进行带载动态调试。

(4) 其他测试。动态调试完成后，测试指令的读出、删除、插入、修改、监控、定时器及计数器设定值的修改等操作。

五、能力测试

1. 设计题目控制要求

(1) 设计一个能实现电动机正反转启动并能实现停止时能耗制动的 PLC 控制系统。其控制要求如下：

① 按 SB1，KM1 合，电动机正转；

② 按 SB2，KM2 合，电动机反转；

③ 按 SB，KM1 或 KM2 断开，KM3 合，能耗制动(制动时间为 T 秒)；

④ FR 动作，KM1 或 KM2 释放，电动机自由停车。

(2) 设计一个能实现电动机 Y/△启动的 PLC 控制系统。其控制要求如下：按下启动按钮 SB1，KM2(星形接触器)先闭合，KM1(主接触器)再闭合，5 s 后 KM2 断开，KM3(三角形接触器)闭合，启动期间有闪光信号，闪光周期为 1 s；具有过载保护和停止功能。

(3) 设计一个数码管从 0、1、2、…、9 依次循环显示的 PLC 控制系统。其控制要求如下：程序开始后显示 0，延时 1 s，显示 1，延时 1 s，显示 2、…、显示 9，延时 1 s，再显示 0，如此循环不止；按停止按钮时，程序无条件停止运行(数码管为共阴极接法)。

2. 根据控制要求完成设计与调试

(1) I/O 分配。

(2) 梯形图程序设计。

(3) 系统接线图设计。

(4) 系统调试。

2.15　应用案例

3. 自我评价与评价标准

(1) 设计梯形图(30 分)。

(2) 设计系统接线图(20 分)。

(3) 系统调试(30 分)。

(4) 总结基本指令及其应用的规律，并同学相互之间进行交流(20 分)。

六、研讨与练习

【研讨 1】　有时输入点十分宝贵，这时要求使用一个按钮能实现启动、停止控制。如何利用单按钮实现启动、停止控制？如图 2-58 所示是单按钮实现启动、停止控制的梯形图及时序图。

说明： I0.0 第一次闭合，Q0.1 立即接通，I0.0 第二次闭合，Q0.1 断开；M1.0 只在一个扫描周期内接通，即脉冲输出；关键的一点是 M1.1 的线圈在 M1.0 之后。

【研讨 2】　设计一个十字路口交通灯的 PLC 控制系统。其控制要求如下：自动运行时，按一下启动按钮，信号灯系统按图 2-59 所示的要求开始工作(绿灯闪烁的周期为 1 s)；按一下停止按钮(I0.2)，所有信号灯都熄灭；手动运行时，两个方向的黄灯同时闪烁，周期也是 1 s。

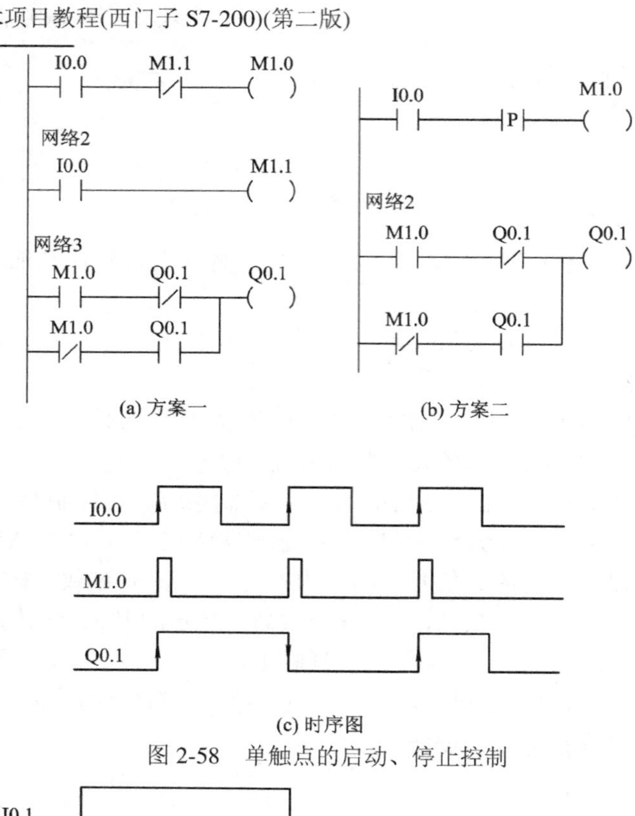

(a) 方案一　(b) 方案二

(c) 时序图

图 2-58　单触点的启动、停止控制

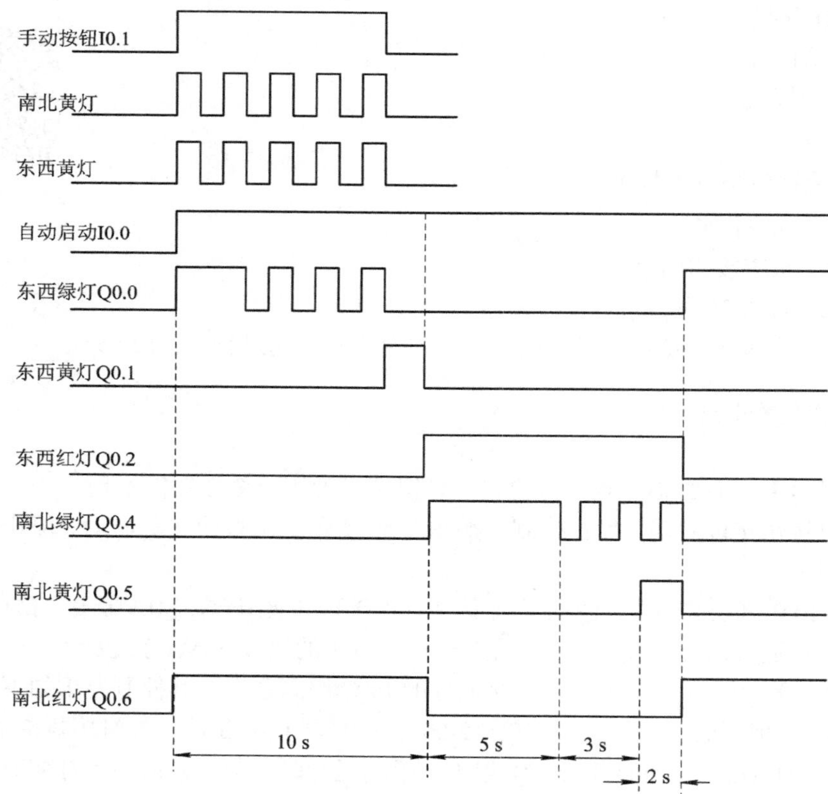

图 2-59　十字路口交通灯的时序图

说明：利用基本逻辑指令编程。根据上述的控制时序图，使用 8 个定时器分别累计各信号转换的时间；使用特殊辅助继电器 SM0.5 产生的脉冲(周期为 1 s)来控制闪烁信号，其梯形图如图 2-60 所示。

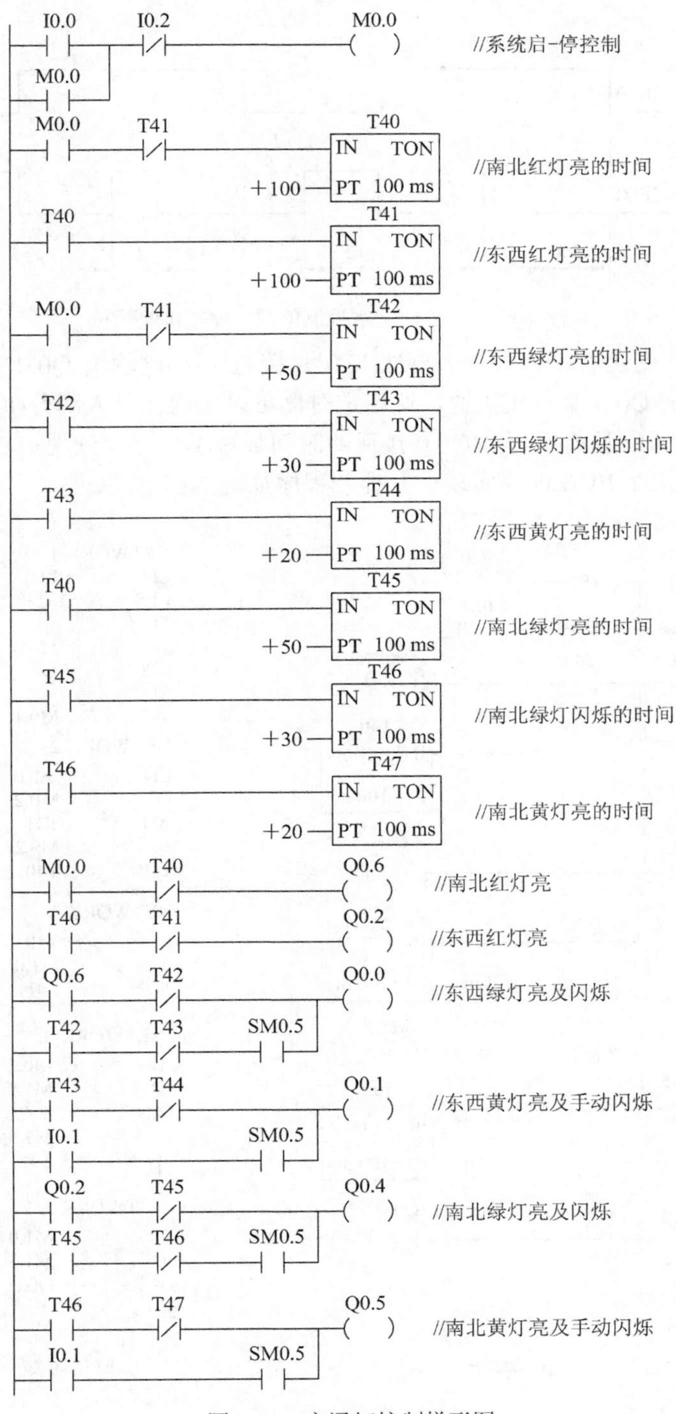

图 2-60　交通灯控制梯形图

【研讨 3】 某宾馆洗手间内控制水阀的控制要求为：当有人进去时，光电开关使 I0.0 接通，3 s 后 Q0.0 接通，使控制水阀打开，开始冲水，时间为 2 s；使用者离开后，再一次冲水，时间为 3 s。其控制要求可以用输入(I0.0)与输出(Q0.0)的时序图来表示，如图 2-61 所示。

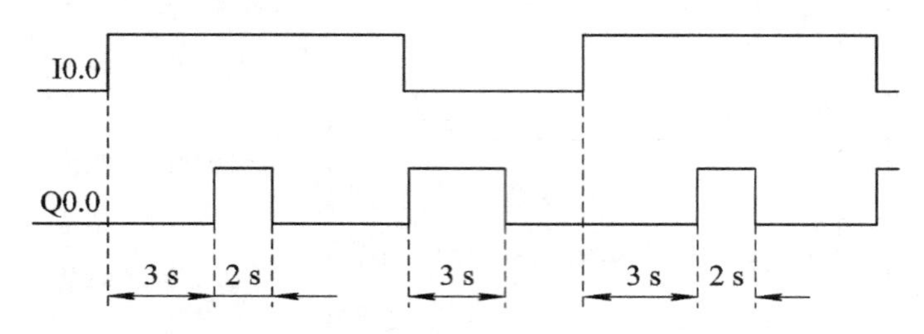

图 2-61 洗手间冲水控制的输入/输出时序图

说明： 从时序图上看，有人进去一次(I0.0 每接通一次)则输出 Q0.0 要接通 2 次。I0.0 接通后延时 3 s 则 Q0.0 第一次接通，这用定时器可以实现；当人离开(I0.0 的下降沿到来)时 Q0.0 第二次接通，且前后两次 Q0.0 接通的时间长短不一样，分别是 2 s 和 3 s，这需要使用 PLC 的微分指令 EU/ED 来实现。其控制程序如图 2-62 所示。

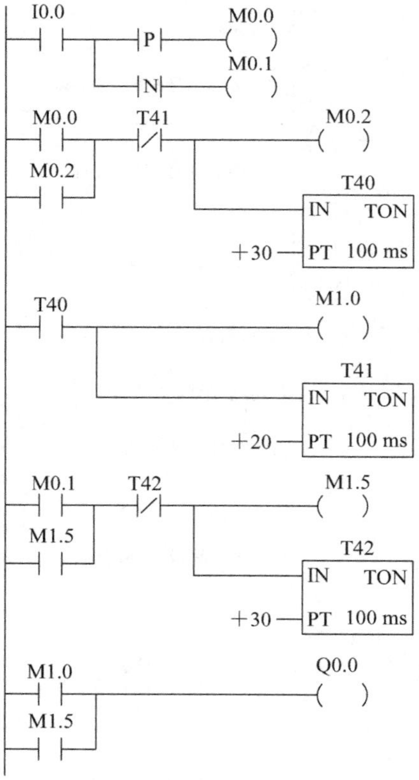

(a) 梯形图

```
NETWORK 1
LD      I0.0
LPS
EU
=       M0.0
LPP
ED
=       M0.1
NETWORK 2
LD      M0.0
O       M0.2
AN      T41
=       M0.2
TON     T40, +30
NETWORK 3
LD      T40
=       M1.0
TON     T41, +20
NETWORK 4
LD      M0.1
O       M1.5
AN      T42
=       M1.5
TON     T42, +30
NETWORK 5
LD      M1.0
O       M1.5
=       Q0.0
```

(b) 语句表

图 2-62 洗手间冲水控制程序

七、思考与练习

2.16　参考答案

1. 设计一个用 PLC 基本逻辑指令来控制红、绿、黄三组彩灯循环点亮的控制系统。其控制要求如下：

(1) 按下启动按钮，彩灯按规定组别进行循环点亮：①—②—③—④—⑤再回到①，循环次数 N 及点亮时间 T 由教师现场规定；

(2) 彩灯组别的规定如表 2-18 所示；

(3) 具有急停功能。

表 2-18　彩灯组别规定

组　别	红灯	绿灯	黄灯
①	灭	灭	亮
②	亮	亮	灭
③	灭	亮	灭
④	灭	亮	亮
⑤	灭	灭	灭

2. 有一条生产线，用光电感应开关 I0.1 检测传送带上通过的产品。有产品通过时 I0.1 为 ON；如果在连续 10 s 内没有产品通过，则会发出灯光报警信号；如果在连续的 20 s 内没有产品通过，则在灯光报警的同时会发出声音报警信号，用 I0.0 输入端的开关解除报警信号。请设计梯形图，并写出语句表程序。

3. 要求在 I0.0 从 OFF 变为 ON 的上升沿时，Q0.0 开始输出一个 2 s 的脉冲，之后自动 OFF，如图 2-63 所示。I0.0 为 ON 的时间可能大于 2 s，也可能小于 2 s。请设计梯形图程序。

4. 要求在 I0.0 从 ON 变为 OFF 的下降沿时，Q0.1 开始输出一个 1s 的脉冲，之后自动 OFF，如图 2-63 所示。I0.0 为 ON 或 OFF 的时间不限，请设计梯形图程序。

5. 用经验设计法设计图 2-64 要求的输入/输出关系的梯形图。

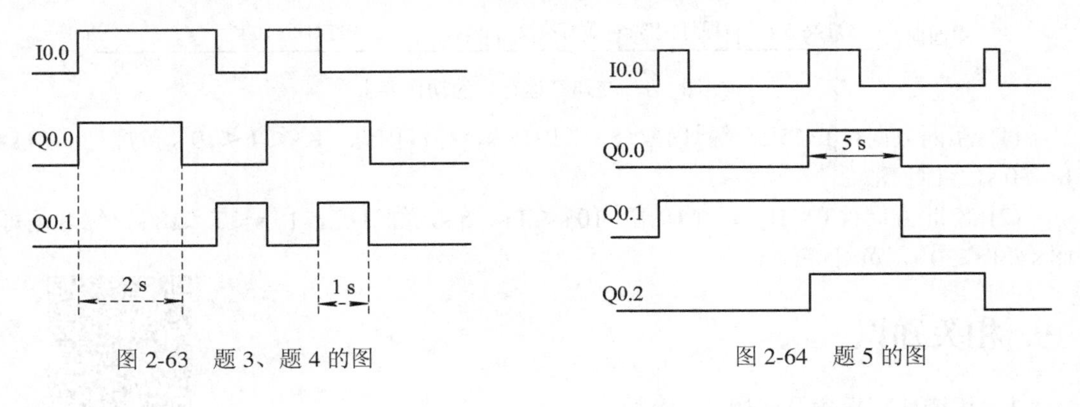

图 2-63　题 3、题 4 的图　　图 2-64　题 5 的图

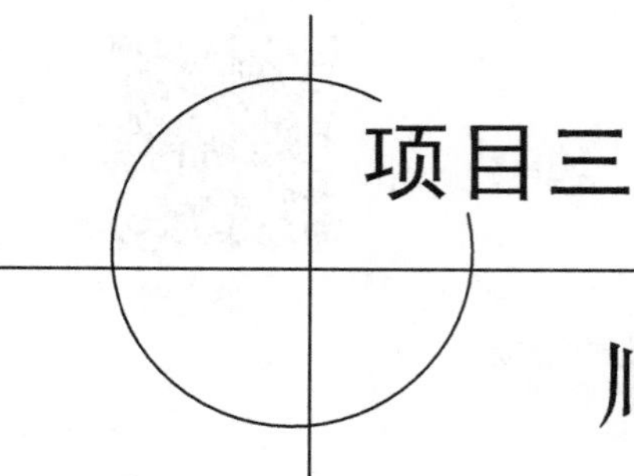

项目三

顺序控制指令及其应用

任务一　十字路口交通灯的 PLC 控制

一、任务目标

3.1　重点与难点

(1) 掌握传送比较指令及应用。

(2) 掌握顺序控制继电器指令。

(3) 掌握功能图画法及单一顺序结构程序编程方法。

二、任务分析

3.2　课件

设计一个十字路口交通灯的 PLC 控制系统，其控制要求如下：按下启动按钮，交通灯控制系统按图 3-1 所示的要求开始工作(绿灯闪烁的周期为 1 s)，并自动循环；按下停止按钮，所有交通灯都熄灭。

南北向　红灯亮 10 s　绿灯亮 5 s　绿灯闪 3 s　黄灯亮 2 s

东西向　绿灯亮 5 s　绿灯闪 3 s　黄灯亮 2 s　红灯亮 10 s

图 3-1　交通灯运行后的动作要求

(1) 东西方向：T＜5 s，绿灯亮，5 s≤T＜8 s，绿灯闪烁；8 s≤T＜10 s 黄灯亮；10 s≤T＜20 s，红灯亮。

(2) 南北方向：T＜10 s，红灯亮；10 s≤T＜15 s，绿灯亮，15 s≤T＜18 s，绿灯闪烁；18 s≤T＜20 s，黄灯亮。

三、相关知识

3.3　传送比较指令及应用

1．传送比较指令及应用

STEP 7 提供了丰富的传送和比较指令，可以满足用户的多种需要。

传送指令用于机内数据的流转与生成，可用于存储单元的清零、数据准备及初始化等场合。表 3-1 列出了字节传送指令(MOVB)、字传送指令(MOVW)、双字传送指令(MOVD)和实数传送指令(MOVR)。这些指令在不改变原值的情况下将 IN 输入的值传送到 OUT。

表 3-1　字节、字、双字、实数传送指令

类型	字节传送	字传送	双字传送	实数传送
梯形图符号	MOV_B EN　ENO IN　OUT	MOV_W EN　ENO IN　OUT	MOV_DW EN　ENO IN　OUT	MOV_R EN　ENO IN　OUT
指令格式	MOVB IN，OUT	MOVW IN，OUT	MOVD IN，OUT	MOVR IN，OUT
操作数的含义及范围	IN：IB、QB、VB、MB、SMB、SB、LB、AC、*VD、*AC、*LD、常数 OUT：QB、VB、MB、SMB、SB、LB、AC、*VD、*AC、*LD	IN：IW、QW、VW、MW、SMW、SW、T、C、LW、AIW、AC、*VD、*AC、*LD、常数 OUT：QW、VW、MW、SW、SMW、T、C、LW、AC、AQW、*VD、*AC、*LD	IN：ID、QD、VD、MD、SMD、SD、LD、AC、HC、&VB、&IB、&QB、&MB、&SB、&T、&C、*VD、*AC、*LD、常数 OUT：VD、ID、QD、MD、SMD、SD、LD、AC、*VD、*AC、*LD	IN：VD、ID、QD、MD、SD、SMD、LD、AC、常数、*VD、*AC、*LD OUT：VD、ID、QD、MD、SD、SMD、LD、AC、*VD、*AC、*LD

注：使 ENO = 0 的错误条件为 0006(间接寻址)。

以上 4 种指令为传送单个数据的指令，另外还有一次性多个连续字块的传送指令。针对快速数据传递(不刷新过程映像寄存器)，S7-200 PLC 还设有字节立即读写指令。

比较指令含数值比较及字符串比较，数值比较指令用于比较两个数值，字符串比较指令用于比较两个 ASCII 字符串的编码字符。比较指令在程序中用于建立控制节点。

数值比较含 IN1=IN2、1N1>=IN2、IN1<=IN2、IN1>IN2、IN1<IN2 和 IN1<>IN2 六种情况。被比较的数据可以是字节、整数、双字及实数。其中，字节比较是无符号的，整数、双字、实数的比较是有符号的。

比较指令以触点形式出现在梯形图及指令表中，因而有“LD”、“A”、“O”三种基本形式。对于梯形图指令，当比较结果为“真”时，指令使触点接通；对于语句表指令，当比较结果为“真”时，将栈顶值置“1”。

表 3-2 为字节比较指令的表达形式及操作数，整数、双字及实数比较指令未列出。

图 3-2 为传送指令和比较指令应用的例子。程序中比较触点为传送的条件，条件满足时传送指令完成数据的传送工作。

表 3-2　字节比较指令

<table>
<tr><td>触点基本类型</td><td>从母线取用比较触点</td><td>串联比较触点</td><td>并联比较触点</td></tr>
<tr><td rowspan="2">(以字节比较为例)
┤==B├
┤<>B├
┤>=B├
┤<=B├
┤ >B ├
┤ <B ├</td><td>LDB=　IN1，IN2
IN1
┤==B├
IN2</td><td>LD BIT
AB= IN1，IN2
N　IN1
┤├　┤==B├
IN2</td><td>LD BIT
OB= IN1，IN2
N
┤├
IN1
┤==B├
IN2</td></tr>
<tr><td>LDB=，LDB<
LDB>，LDB<>
LDB<=，LDB>=</td><td>AB=，AB<
AB>，AB<>
AB<=，AB>=</td><td>OB=，OB<
OB>，OB<>
OB<=，OB>=</td></tr>
<tr><td>操作数的含义及范围</td><td colspan="3">IN1、IN2：(BYTE)IB、QB、VB、MB、SMB、SB、LB、AC、*VD、*LD、*AC、常数
IN1、IN2：(INT)VW、IW、QW、MW、SW、SMW、LW、AIW、T、C、AC、*VD、*AC、*LD、常数
IN1、IN2：(DINT)ID、QD、VD、MD、SMD、SD、LD、AC、*VD、*LD、*AC、HC、常数
IN1、IN2：(REAL)ID、QD、VD、MD、SMD、SD、LD、AC、*VD、*LD、*AC、常数
OUT：(BOOL)I、Q、V、M、SM、S、T、C、L、能流</td></tr>
</table>

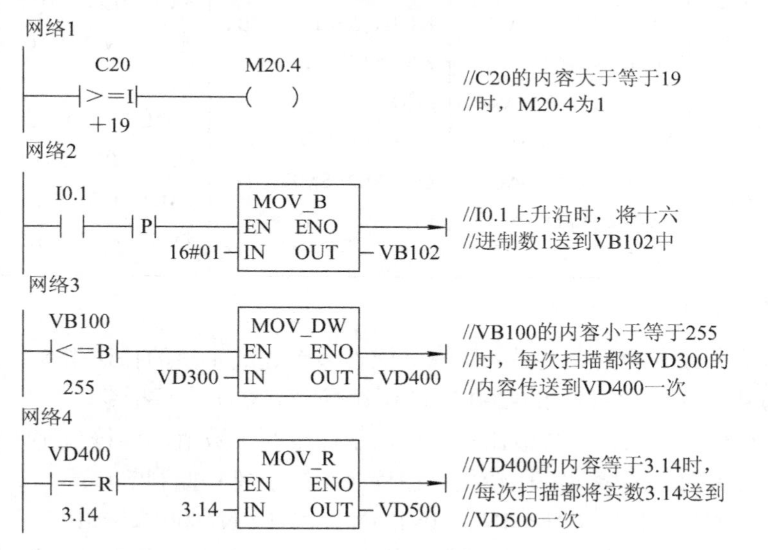

图 3-2　传送指令与比较指令应用实例

3.4　顺序控制继电器及指令

2.　顺序控制继电器存储(S)元件

顺序控制继电器位(S)用于组织机器操作或者进入等效程序段的步骤。顺序控制继电器指令(SCR)提供控制程序的逻辑分段，可以按位、字节、字或双字来存取 S 位。

位：S[字节地址].[位地址]，如 S3.1。

字节、字或双字：S[长度][起始字节地址]，例如 SD10。

3. 顺序控制继电器指令

顺序控制继电器指令又称 SCR，S7-200 系列 PLC 有三条顺控继电器指令，其指令格式和功能描述如表3-3所示。

表3-3　顺控继电器指令

梯形图符号	指令格式	功　能
n ├ SCR	LSCR，n	装载顺控继电器指令，将S位的值装载到SCR和逻辑堆栈中，实际是步指令的开始
n —(SCRT)	SCRT，n	使当前激活的S位复位，使下一个将要执行的程序段S置位，实际上是步转移指令
├—(SCRE)	SCRE	退出一个激活的程序段，实际上是步指令的结束

顺控继电器指令编程时应注意：

(1) 不能把S位用于不同的程序中。例如，S2.0已经在主程序中使用了，就不能在子程序中重复使用。

(2) 顺控继电器指令SCR只对状态元件S有效。

(3) 不能在SCR段中使用FOR、NEXT和END指令。

(4) 在SCR之间不能有跳入和跳出，即不能使用JMP和LBL指令。但注意，可以在SCR程序段附近和SCR程序段内使用跳转指令。

【例3-1】　用PLC控制一盏灯亮0.3 s后熄灭，再控制另一盏灯亮0.3 s后熄灭，重复以上过程。要求根据图3-3所示的功能图，使用顺控继电器指令编写程序。

解：在已知功能图的情况下，使用顺控指令编写程序很容易，程序梯形图如图3-4所示。

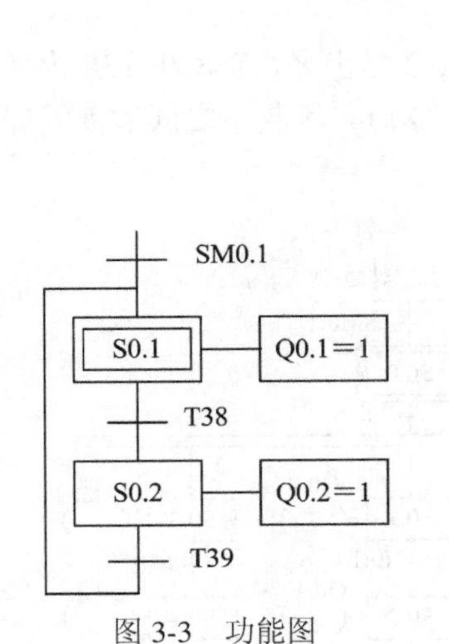

图3-3　功能图

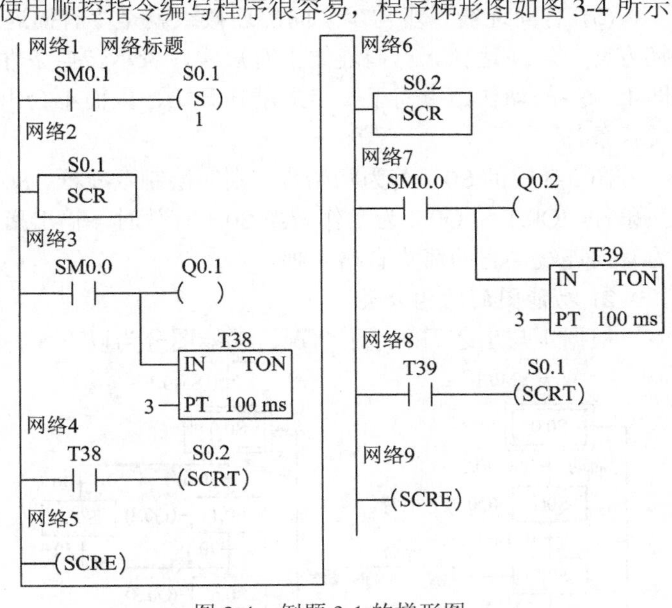

图3-4　例题3-1的梯形图

4. 功能图(SFC)

1) 功能图的画法

3.5　功能图及结构分类

功能图(SFC)是描述控制系统的控制过程、功能和特征的一种图解表示方法，它具有简单、直观等特点，不涉及控制功能的具体技术，是一种通用的语言，也是IEC(国际电工委员会)首选的编程语言，近年来在PLC的编程中已经得到了普及与推广。

功能图的基本思想是：设计者按照生产要求，将被控设备的一个工作周期划分成若干个工作阶段(简称“步”)，并明确表示每一步执行的输出，“步”与“步”之间通过设定的条件进行转换。在程序中，只要通过正确连接进行“步”与“步”之间的转换，即可完成被控设备的全部动作。

PLC执行功能图程序的基本过程是：根据转换条件选择工作“步”，进行“步”的逻辑处理。组成功能图程序的基本要素是步、转换条件和有向连线，如图3-3所示。

(1) 步。一个顺序控制过程可分为若干个阶段，也称为步或状态。系统初始状态对应的步称为初始步，初始步一般用双线框表示。在每一步中施控系统要发出某些“命令”，而被控系统要完成某些“动作”，“命令”和“动作”都称为动作。当系统处于某一工作阶段时，则该步处于激活状态，称为活动步。

(2) 转换条件。使系统由当前步进入下一步的信号称为转换条件。顺序控制设计法用转换条件控制代表各步的编程元件，使它们的状态按一定的顺序变化，然后用代表各步的编程元件去控制输出。不同状态的“转换条件”可以不同，也可以相同，当“转换条件”各不相同时，在功能图程序中每次只能选择其中一种工作状态(称为“选择序列”)；当“转换条件”都相同时，在功能图程序中每次可以选择多个工作状态(称为“并列序列”)。只有满足条件状态，才能进行逻辑处理与输出，因此，“转换条件”是功能图程序选择工作状态(步)的“开关”。

(3) 有向连线。步与步之间的连接线就是“有向连线”，“有向连线”决定了状态的转换方向与转换途径。有向连线上有短线，表示转换条件。当条件满足时，转换得以实现，即上一步的动作结束而下一步的动作开始，因而不会出现动作重叠。步与步之间必须要有转换条件。

图3-3中的S0.1若为初始步，则应绘制双线框。S0.1和S0.2是步名，T38和T39为转换条件，Q0.1和Q0.2为动作。当S0.1有效时，输出指令驱动Q0.1。步与步之间的连线即为有向连线，它的箭头省略未画。

2) 功能图的结构分类

根据步与步之间的进展情况，功能图分为以下3种结构，如图3-5所示。

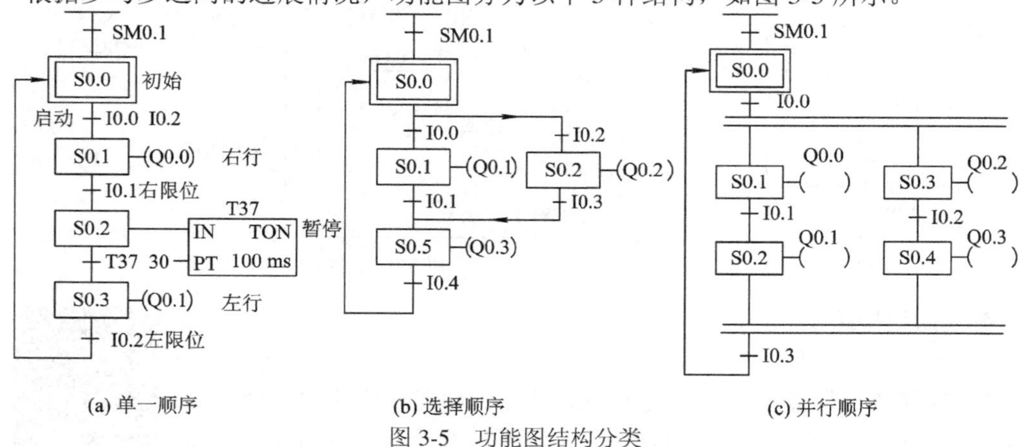

图3-5　功能图结构分类

(1) 单一顺序。单一顺序动作是一个接一个地完成，完成的各步中只连接一个转移，每个转移只连接一个步，如图 3-5(a)所示。

(2) 选择顺序。选择顺序是指某一步后有若干个单一顺序等待选择(每个单一顺序称为一个分支)，一般只允许选择进入一个顺序，转换条件只能标在水平线之下。选择顺序的结束称为合并，用一条水平线表示，水平线以下不允许有转换条件，如图 3-5(b)所示。

(3) 并行顺序。并行顺序是指在某一转换条件下同时启动若干个顺序，即转换条件的实现将会导致几个分支同时激活。并行顺序的开始和结束都用双水平线表示，如图 3-5(c)所示。

3) 功能图设计的注意事项

(1) 状态之间要有转换条件。状态之间缺少“转换条件”是不正确的，必要时转换条件可以简化。

(2) 转换条件之间不能有分支。

(3) 顺序功能图中的初始步对应于系统等待启动的初始状态，初始步是必不可少的。

(4) 顺序功能图中一般应有由步和有向连线组成的闭环。

5．跳转指令

与跳转相关的指令有下面两条：

(1) 跳转指令，其格式如下：

????
—(JMP)

3.6　跳转指令及应用

JMP 为跳转指令。“????”处的参数为跳转标号 n。功能是：当使能输入有效时，程序跳转到同一程序指定的标号(n)处向下执行。

(2) 标号指令，其格式如下：

????
—[LBL]

LBL 为标号指令。“????”处的参数为跳转标号 n，标记程序段，作为跳转指令执行时跳转到的目的位置，操作数 n 为 0～255 的字节型数据。

必须强调的是：跳转指令及标号必须同在主程序内或在同一子程序内。同一中断服务程序内，不可由主程序跳转到中断服务程序或子程序，也不可由中断服务程序或子程序跳转到主程序。

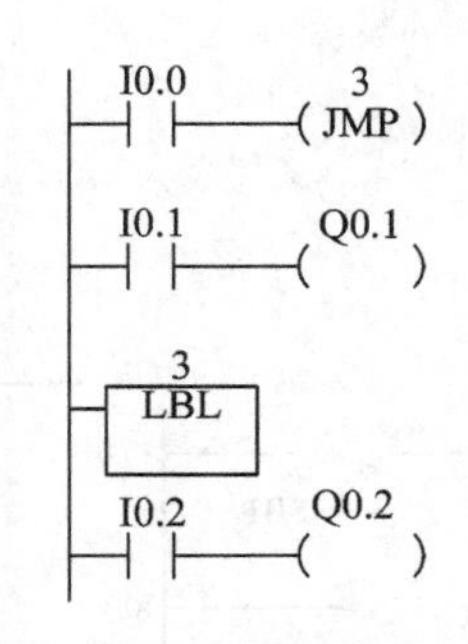

图 3-6　跳转指令示例

跳转指令示例如图 3-6 所示，当 JMP 条件满足(即 I0.0 为 ON)时，程序跳转执行 LBL 标号以后的指令，而在 JMP 和 LBL 之间的指令一概不执行，在这个过程中，即使 I0.1 接通也不会有 Q0.1 输出；当 JMP 条件不满足时，则当 I0.1 接通时 Q0.1 有输出。

四、任务实施

1．I/O 分配

在确定接线方案之前要确定 PLC 的型号，本系统的 PLC 选择 CPU 226CN。PLC 的 I/O 分配如表 3-4 所示。

表 3-4　交通灯控制系统 I/O 分配表

输　入			输　出		
名称	符号	输入点	名称	符号	输出点
启动按钮	SB1	I0.0	红灯(南北)	HL1	Q0.0
停止按钮	SB2	I0.1	黄灯(南北)	HL2	Q0.1
			绿灯(南北)	HL3	Q0.2
			红灯(东西)	HL4	Q1.0
			黄灯(东西)	HL5	Q1.1
			绿灯(东西)	HL6	Q1.2

2．硬件接线

交通灯控制系统的接线比较简单，如图 3-7 所示。

完成接线后要认真检查，在不带电的状态下，用万用表测试线路以确保接线正确，要特别注意线路中不允许有短路现象。

3．程序设计

交通灯控制系统程序可以用多种方式编写，下面分别用比较指令和顺序继电器指令完成程序设计。

(1) 利用比较指令编写交通灯控制程序。前面用基本指令编写了交通灯的控制程序，相对比较复杂，初学者不易掌握，但对照图 3-1，用比较指令编写程序就非常容易了。交通灯控制程序如图 3-8 所示。

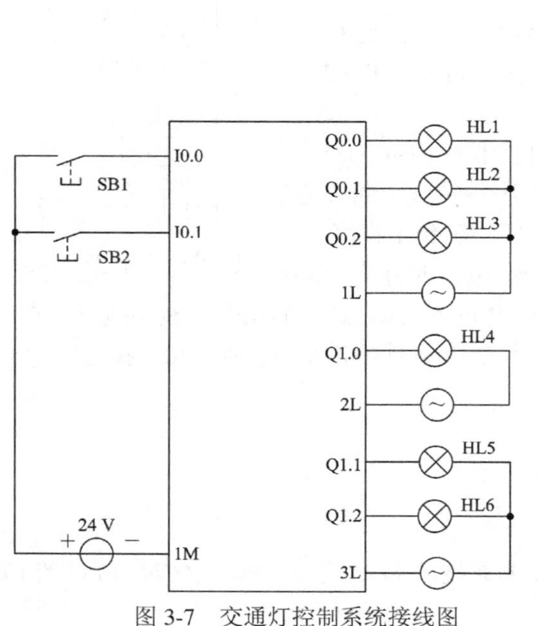

图 3-7　交通灯控制系统接线图

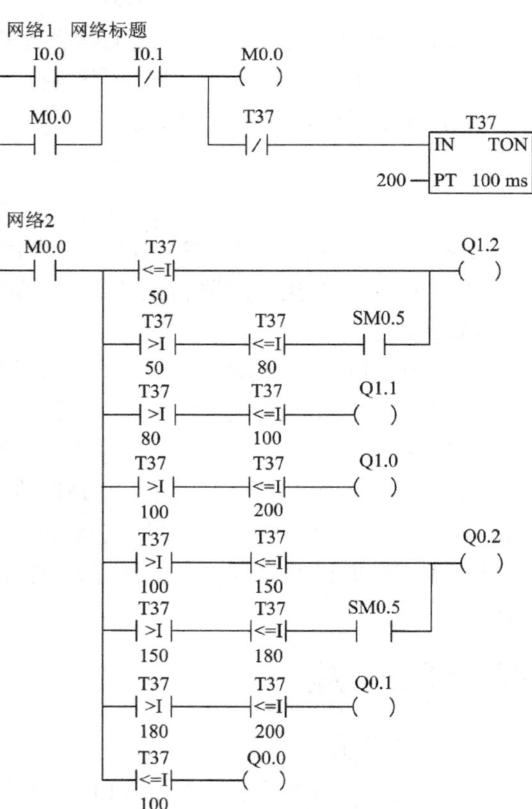

图 3-8　使用比较指令的交通灯控制程序

(2) 用顺序控制继电器指令编写交通灯控制程序。将交通灯控制过程分为一个停止状态和六个工作状态，使用顺序控制继电器编写控制程序更易于掌握，具体程序如图 3-9 所示。

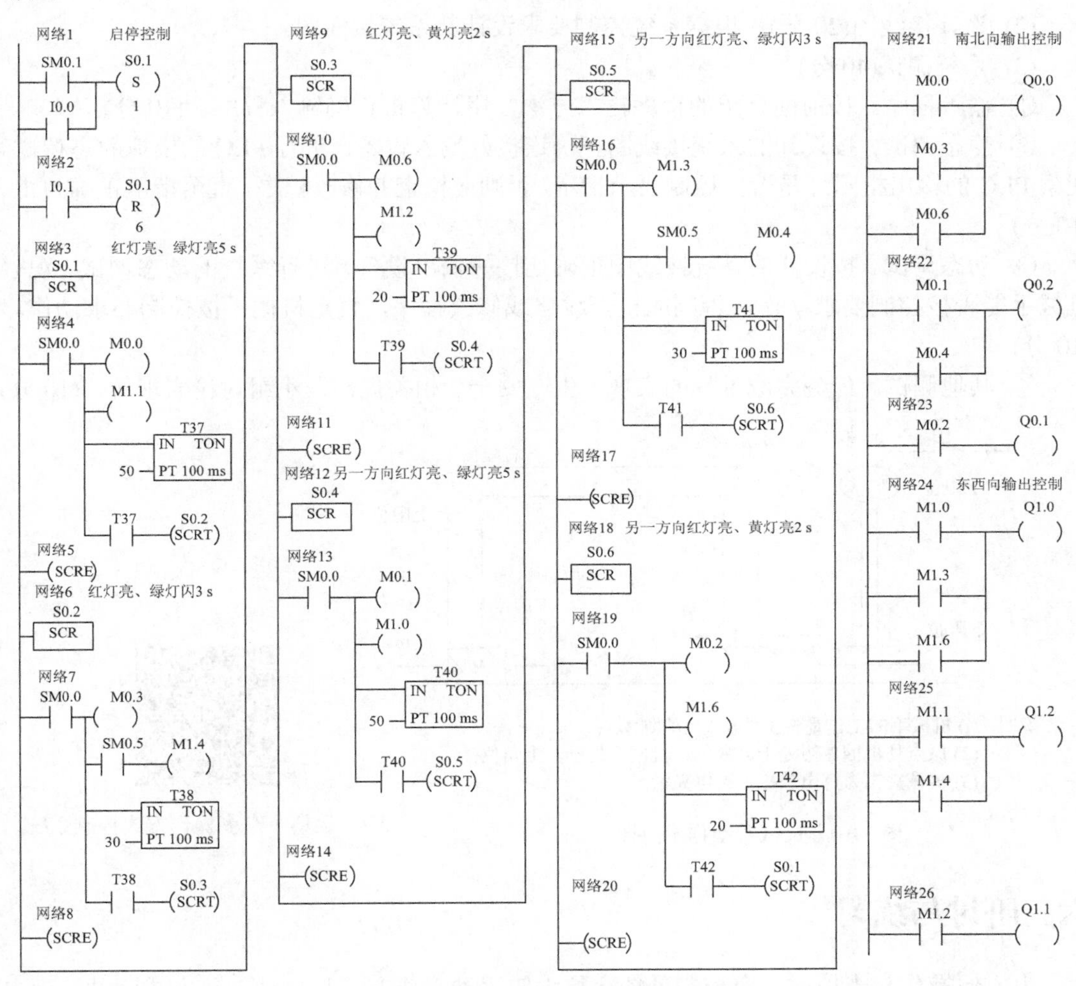

图 3-9　使用顺序控制继电器的交通灯控制

4．系统调试

按照输入/输出接线图接好外部各线，输入程序，运行调试，观察结果。

五、能力测试

设计一个用 PLC 控制的将工件从 A 点移到 B 点的机械手的控制系统。其控制要求：运行时，在原点位置按启动按钮，机械手按图 3-10 所示连续工作一个周期。一个周期的工作过程如下：原点→下降→夹紧(T)→上升→右移→下降→放松(T)→上升→左移到原点，时间 T 由教师现场规定。

系统的 I/O 分配为　I0.1：停止；I0.2：启动；I0.3：上限位；I0.4：下限位；I0.5：左

限位；I0.6：右限位；Q0.0：夹紧/放松；Q0.1：上升；Q0.2：下降；Q0.3：左移；Q0.4：右移；Q0.5：原点指示。

(1) 设计程序(40分)。根据系统控制要求及PLC的I/O分配，试设计其状态转移图。

(2) 设计接线图(20分)。根据系统控制要求设计其系统接线图。

(3) 系统调试(40分)。

① 输入程序。按前面介绍的程序输入方法，用计算机正确输入程序。(10分)

② 静态调试。按设计的系统接线图正确连接好输入设备，进行PLC的模拟静态调试。观察PLC的输出指示灯是否按控制要求指示，否则应检查并修改程序，直至指示正确为止。(10分)

③ 动态调试。按设计的系统接线图正确连接好输出设备，进行系统的动态调试。观察机械手能否按控制要求动作，否则应检查线路或修改程序，直至机械手按控制要求动作。(10分)

④ 其他测试。任务完成过程的表现、生产安全、相关提问及小组讨论表现等。(10分)

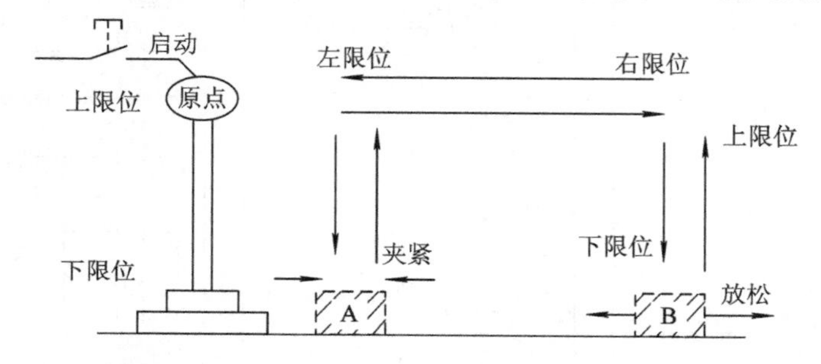

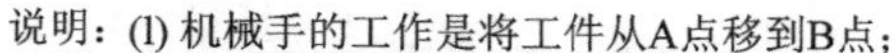
说明：(1) 机械手的工作是将工件从A点移到B点；
(2) 原点处机械夹钳处于夹紧位，机械手处于左上角位；
(3) 机械夹钳为有电放松，无电夹紧。

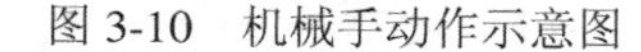
图3-10 机械手动作示意图

3.7 运料小车多操作方式控制系统

六、研讨与练习

为方便操作与维护，一个控制系统往往设定手动工作方式与自动工作方式两种，而自动工作方式又分为单步、单周期与连续工作方式。

手动工作方式：利用按钮对每一步动作进行单独控制。

单步工作方式：按自动工作循环的工序，每按一下按钮，系统将会完成一步动作后自动停止。

单周期工作方式：按下启动按钮，自动完成一个周期的动作后停止。

连续工作方式：按下启动按钮，自动连续的执行周期动作。

下面以运料小车控制为例对多种操作方式的控制系统加以说明。

如图3-11所示，当小车处于后端时，按下启动按钮，小车向前运行，行至前端压下前限位开关，翻斗门打开装货，7 s后，关闭翻斗门，小车向后运行，行至后端，压下后限位开关，打开小车底门卸货，5 s后底门关闭，完成一次动作。

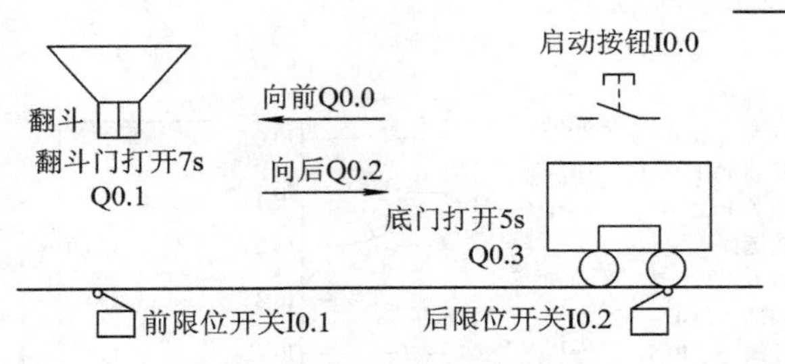

图 3-11　送料小车控制示意图

要求控制送料小车的运行，并具有以下几种运行方式。

(1) 手动操作：用各自的控制按钮，一一对应地接通或断开各负载的工作方式。

(2) 单周期操作：按下启动按钮，小车往复运行一次后，停在后端等待下次启动。

(3) 连续操作：按下启动按钮，小车自动连续往复运动。

说明：程序总结构图如图 3-12 所示，其中包括手动程序和自动程序两个程序块，由跳转指令选择执行。当运行方式选择开关接通手动操作方式(如图 3-12 所示)时，I0.3 输入映像寄存器置位为 1，I0.4、I0.5 输入映像寄存器置位为 0。在图 3-12 中，I0.3 常闭触点断开，执行手动程序，I0.4、I0.5 常闭触点均为闭合状态，跳过自动程序不执行。若运行方式选择开关接通单周期或连续操作方式时，图 3-12 中的 I0.3 触点闭合，I0.4、I0.5 触点断开，使程序跳过手动程序而选择执行自动程序。

手动操作方式的梯形图程序如图 3-13 所示。

I/O 分配及外部接线图如图 3-14 所示。

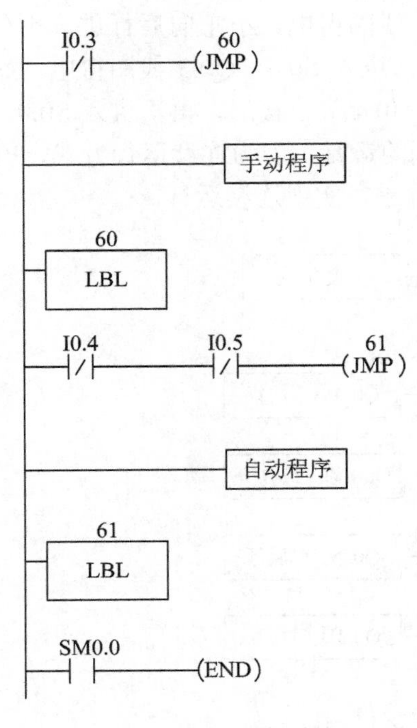

图 3-12　程序总结构图

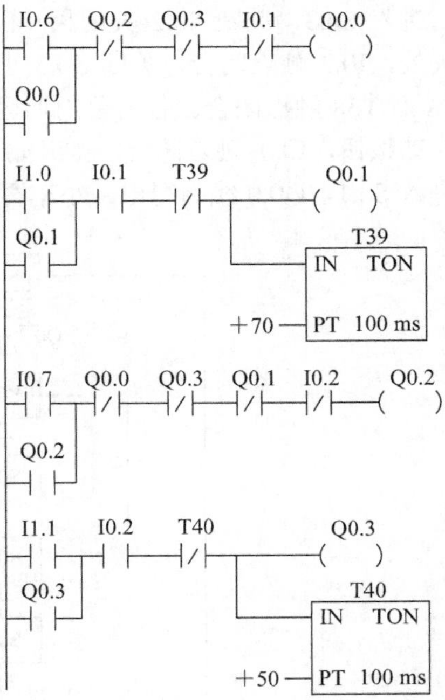

图 3-13　手动操作方式的梯形图

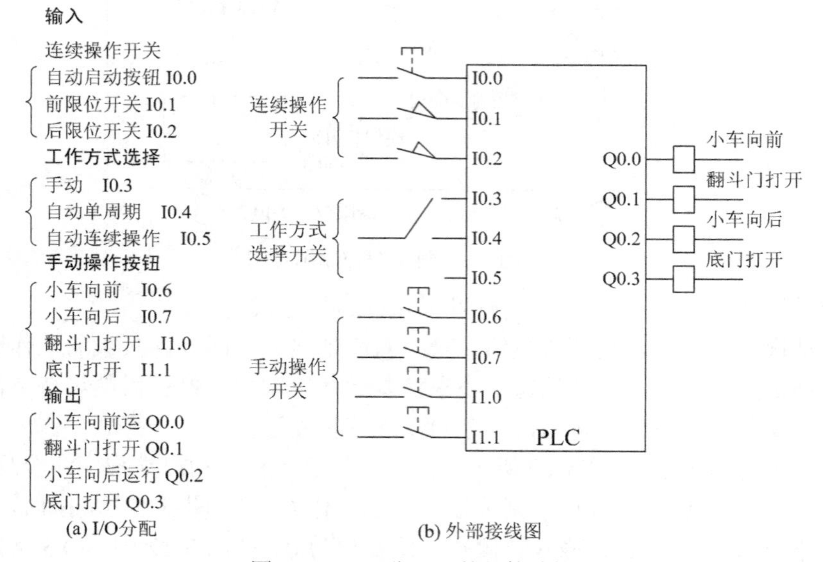

图3-14 I/O分配及外部接线图

自动运行方式的功能流程图如图3-15所示。在PLC进入RUN状态前就选择了单周期或连续操作方式时，程序一开始运行初始化脉冲SM0.1，使S0.0置位为1，此时若小车在后限位开关处，且底门关闭，I0.2常开触点闭合，Q0.3常闭触点闭合，按下启动按钮，I0.0触点闭合，则进入S0.1，关断S0.0，Q0.0线圈得电，小车向前运行，小车行至前限位开关处，I0.1触点闭合，进入S0.2，关断S0.1，Q0.1线圈得电，翻斗门打开装料，7 s后，T37触点闭合进入S0.3，关断S0.2(关闭翻斗门)，Q0.2线圈得电，小车向后行进，小车行至后限位开关处，I0.2触点闭合，关断S0.3(小车停止)，进入S0.4，Q0.3线圈得电，底门打开卸料，5 s后T38触点闭合。若为单周期运行方式，I0.4触点接通，再次进入S0.0，此时如果按下启动按钮，I0.0触点闭合，则开始下一周期的运行，若为连续运行方式，I0.5触点接通，进入S0.1，Q0.0线圈得电，小车再次向前行进，实现连续运行。

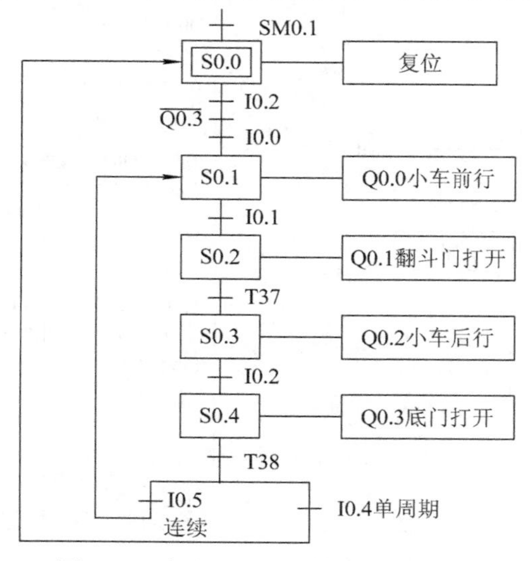

图3-15 自动运行方式的功能流程图

七、思考与练习

1．简述划分步的原则。

2．简述顺序控制指令的功能。

3．设计一个用 PLC 步进顺控指令来控制数码管循环显示数字 0、1、2…9 的控制系统。其控制要求如下：程序开始后显示 0，延时 T 秒，显示 1，延时 T 秒，显示 2，…，显示 9，延时 T 秒，再显示 0，如此循环不止；按停止按钮时，程序无条件停止运行；需要连接数码管。

4．液体混合装置示意图如图 3-16 所示，上限位、下限位和中限位液位传感器被液体淹没时为 ON；阀 A、阀 B 和阀 C 为电磁阀，线圈通电时打开，线圈断电时关闭。开始时容器是空的，各阀门均关闭，各传感器均为 OFF。按下启动按钮后，打开阀 A，液体 A 流入容器，中限位开关变为 ON 时，关闭阀 A，打开阀 B，液体 B 流入容器。当液面到达上限位传感器时，关闭阀 B，电动机 M 开始运行，搅动液体，60 s 后停止搅动，打开阀 C，放出混合液，当液面降至下限位传感器之后再过 5 s，容器放空，关闭阀 C，打开阀 A，又开始下一周期的工作。按下停止按钮，在当前工作周期的工作结束后，才停止工作(停在初始状态)。

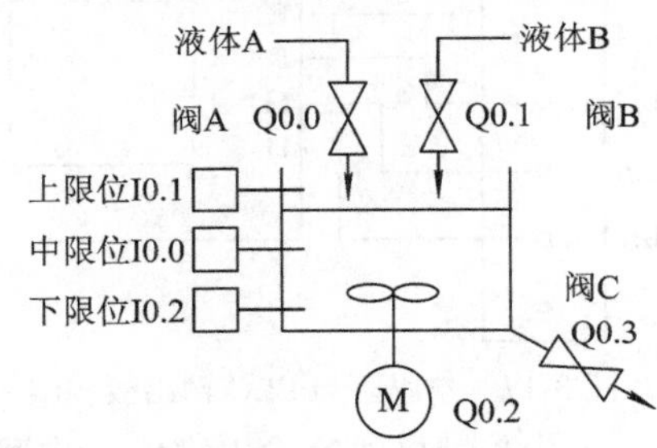

图 3-16　液体混合装置示意图

画出 PLC 的外部接线图，并编写控制系统的梯形图程序。

任务二　数码管单、双数循环显示的 PLC 控制

一、任务目标

(1) 进一步掌握顺序控制继电器指令。

(2) 掌握选择序列结构程序编程方法。

(3) 掌握数码管显示原理及译码指令。

二、任务分析

按下单数显示按钮 SB1，数码管每隔 1 s 显示 1、3、5、7、9 等 5 个数字一次；按下双数显示按钮 SB2，数码管每隔 1 s 显示 2、4、6、8、0 等 5 个数字一次；任何时间按下停止按钮 SB3，数码管立刻停止显示。

要使系统显示数字，首先要解决数码管与 PLC 的联接及如何驱动数码管的显示问题，

然后根据任务要求解决在按下不同按钮后进行不同显示的问题，下面分别进行相关基础知识的介绍。

三、相关知识

(一) 数码管显示与译码指令

数码管是工控系统中最常用的显示装置，其具体电路与显示原理有关。当 PLC 的每一个输出点控制数码管的一个笔画时，用 7 个输出点就可以控制数码管的数字显示。数码管有共阳极和共阴极两种接法，采用共阳极接法时，数码管与 PLC 的输出接线如图 3-17 所示。

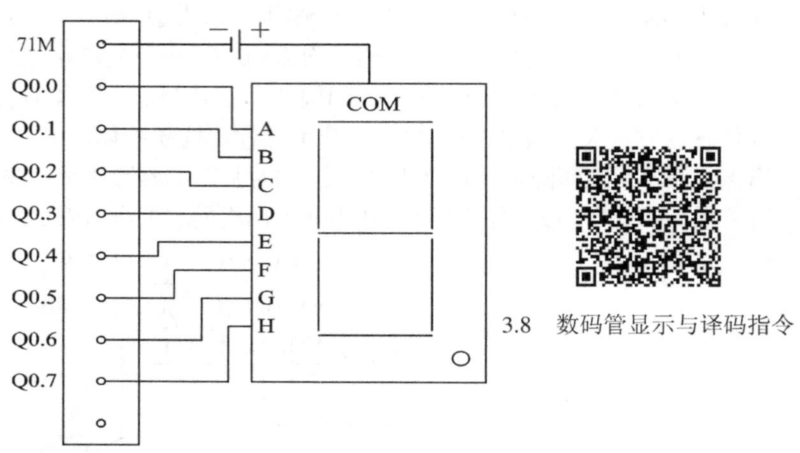

图 3-17　数码管与 PLC 输出接线图

若要使数码管正常显示，可以采用驱动各输出完成，也可采用七段显示译码指令 SEG 完成。现将几条译码和编码指令介绍如下。

1) 七段显示译码指令

七段显示器的 A～G 段分别对应于字节的第 0 位～第 6 位，字节的某位为 1 时，其对应的段亮；字节的某位为 0 时，其对应的段暗。将字节的第 7 位补 0，则构成与七段显示器相对应的 8 位编码，称为七段显示码。数字 0～9、字母 A～F 与七段显示码的对应如图 3-18 所示。

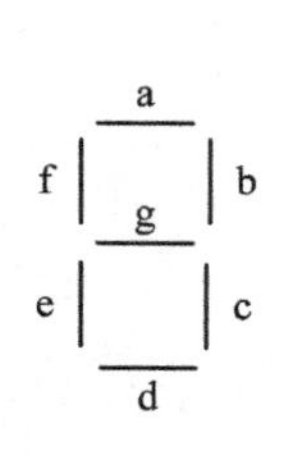

IN	段显示	(OUT) - g f e　d c b a	IN	段显示	(OUT) - g f e　d c b a
0	0	0 0 1 1　1 1 1 1	8	8	0 1 1 1　1 1 1 1
1	1	0 0 0 0　0 1 1 0	9	9	0 1 1 0　0 1 1 1
2	2	0 1 0 1　1 0 1 1	A	A	0 1 1 1　0 1 1 1
3	3	0 1 0 0　1 1 1 1	B	b	0 1 1 1　1 1 0 0
4	4	0 1 1 0　0 1 1 0	C	C	0 0 1 1　1 0 0 1
5	5	0 1 1 0　1 1 0 1	D	d	0 1 0 1　1 1 1 0
6	6	0 1 1 1　1 1 0 1	E	E	0 1 1 1　1 0 0 1
7	7	0 0 0 0　0 1 1 1	F	F	0 1 1 1　0 0 0 1

图 3-18　与七段显示码对应的代码

七段译码指令 SEG 将输入字节 16#0～F 转换成七段显示码。指令格式如表 3-5 所示。

表 3-5　七段显示译码指令

梯形图符号	指令格式	功能及操作数
SEG EN ENO ???? IN OUT ????	SEG IN，OUT	功能：根据输入字节(IN)的低 4 位确定的十六进制数(16#0～F)，产生相应的七段显示码，送入输出字节 OUT IN：VB，IB，QB，MB，SB，SMB，LB，AC，常数 OUT：VB，IB，QB，MB，SMB，LB，AC IN/OUT 的数据类型：字节

程序如图 3-19 所示。程序运行结果为 AC1 中的值为 16#3F(2#00111111)。

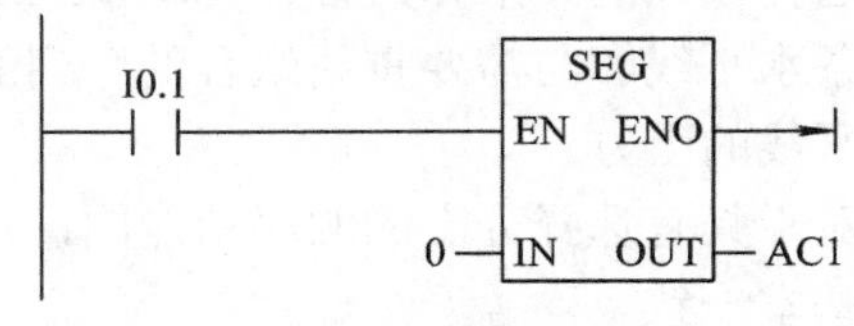

图 3-19　七段显示程序

2) 译码和编码指令

译码和编码指令的格式和功能如表 3-6 所示。

表 3-6　译码和编码指令的格式和功能

梯形图符号	DECO EN ENO ???? IN OUT ????	ENCO EN ENO ???? IN OUT ????
操作数及数据类型	IN：VB，IB，QB，MB，SMB，LB，SB，AC，常数。数据类型：字节 OUT：VW，IW，QW，MW，SMW，LW，SW，AQW，T，C，AC。数据类型：字	IN：VW，IW，QW，MW，SMW，LW，SW，AIW，T，C，AC，常数。数据类型：字 OUT：VB，IB，QB，MB，SMB，LB，SB，AC。数据类型：字节
功能及说明	译码指令根据输入字节(IN)的低 4 位表示的输出字的位号，将输出字的相对应的位，置位为 1，输出字的其他位均置位为 0	编码指令将输入字(IN)最低有效位(其值为 1)的位号写入输出字节(OUT)的低 4 位

译码编码指令应用举例，如图 3-20 所示。

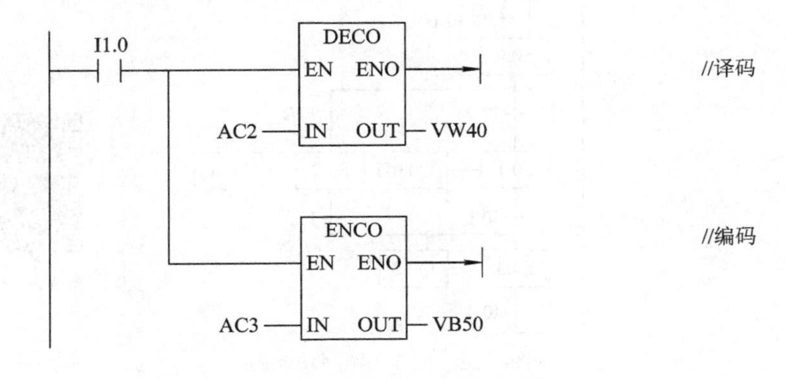

图 3-20　译码编码指令应用举例

若(AC2) = 2，执行译码指令，将输出字 VW40 的第二位置 1，VW40 中的二进制数为 2#0000000000000100；若(AC3) = 2#0000000000000100，执行编码指令，输出字节 VB50=2。

(二) 选择顺序的程序设计

选择序列是指在某一步后有若干个单序列(图 3-21(a))等待选择，一次只能选择一个序列进入，如图 3-21 所示。选择序列的开始部分称为分支，转换符号只能标在选择序列开始的水平线之下，如图 3-21(b)所示。如果步 3 是活动步，当转换条件 d 满足时，从步 3 进展为步 6。与之类似，步 3 也可以进展为步 4，但是一次只能选择一个序列，如图 3.21(b)所示。

选择序列的结束称为合并，如图 3-21(b)所示。几个选择序列合并到一个公共序列上时，用一条水平线和与需要重新组合的序列的数量相同的转换符号表示，转换符号只能标在结束水平线的上方。

对于具有选择分支的顺序功能图，使用顺序控制指令进行编程的方法与单序列的编程方法基本一致。

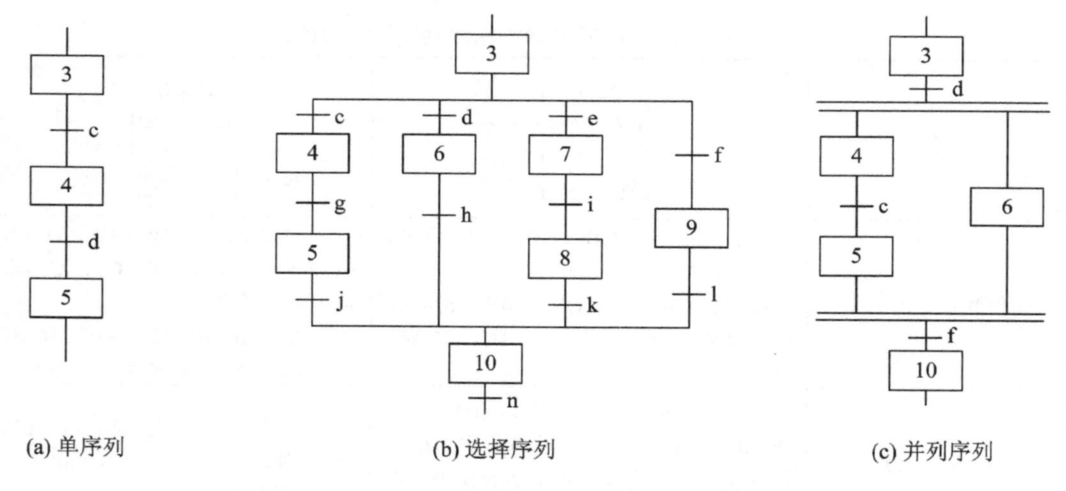

图 3-21 单序列、选择序列和并列序列

【例 3-2】 如图 3-22 所示顺序功能图，使用顺序控制指令设计出梯形图程序。

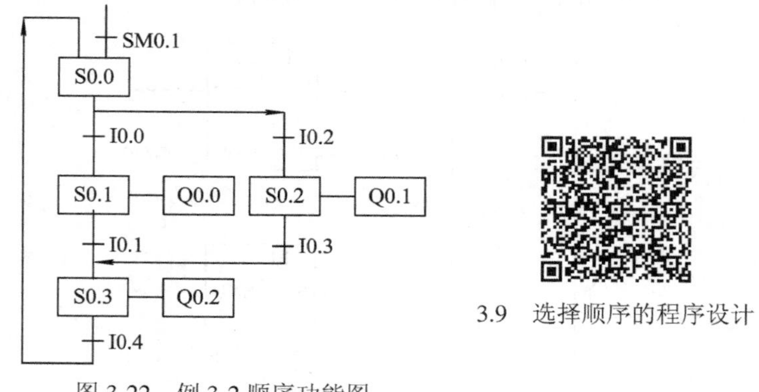

图 3-22 例 3-2 顺序功能图

解： 对应的梯形图程序如图 3-23 所示。

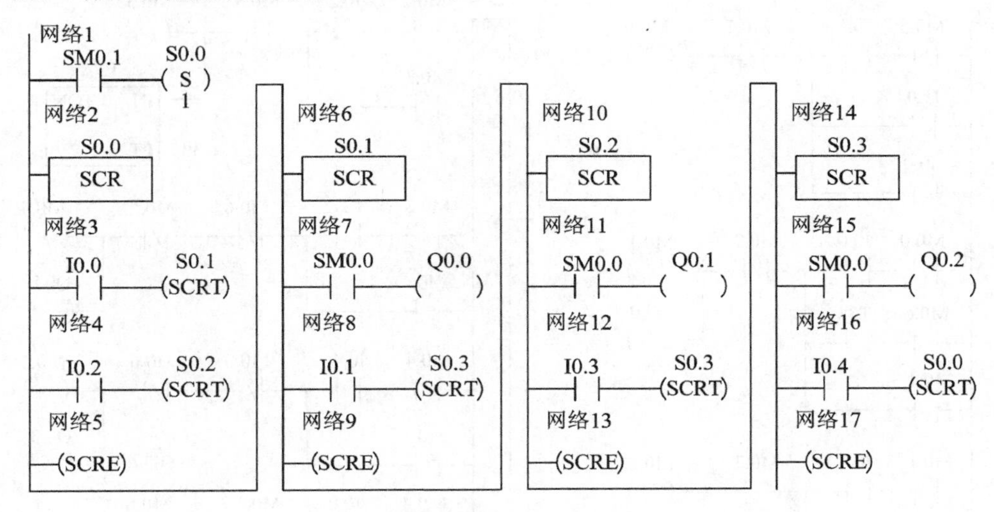

图 3-23　例 3-2 梯形图

(三) 用基本指令实现分支程序设计

1. 启—保—停电路的编程方法

对选择序列和并行序列编程的关键在于对它们的分支和合并处理，转换实现的基本规则是设计复杂顺控系统梯形图的基本规则。如图 3-24 所示是一个自动门控制系统的顺序功能图，图 3-25 是对应的梯形图。下面以此为例来讲解选择序列的编程方法。

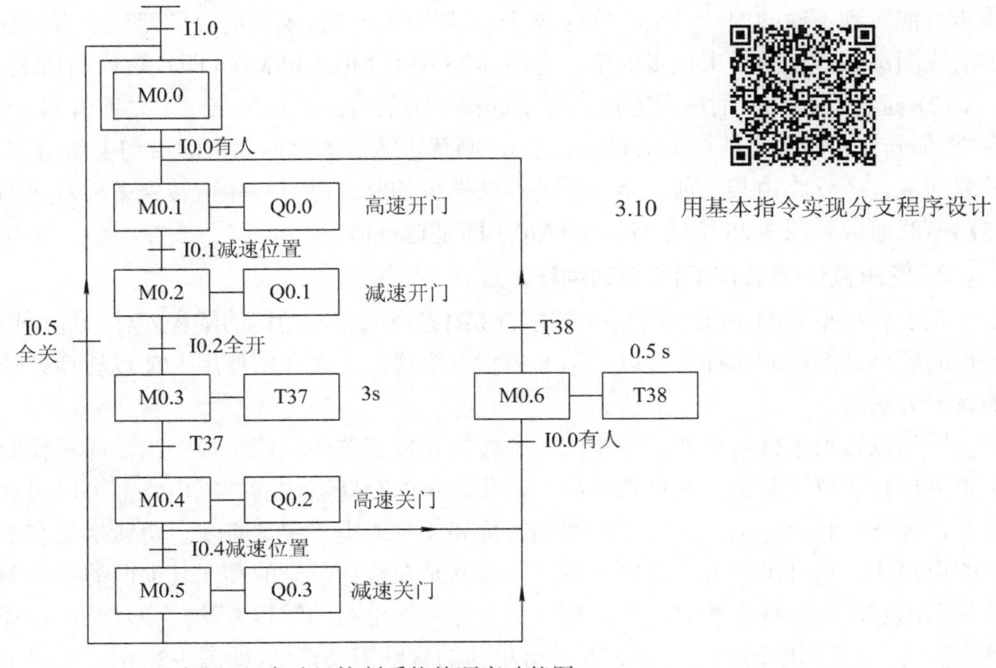

图 3-24　自动门控制系统的顺序功能图

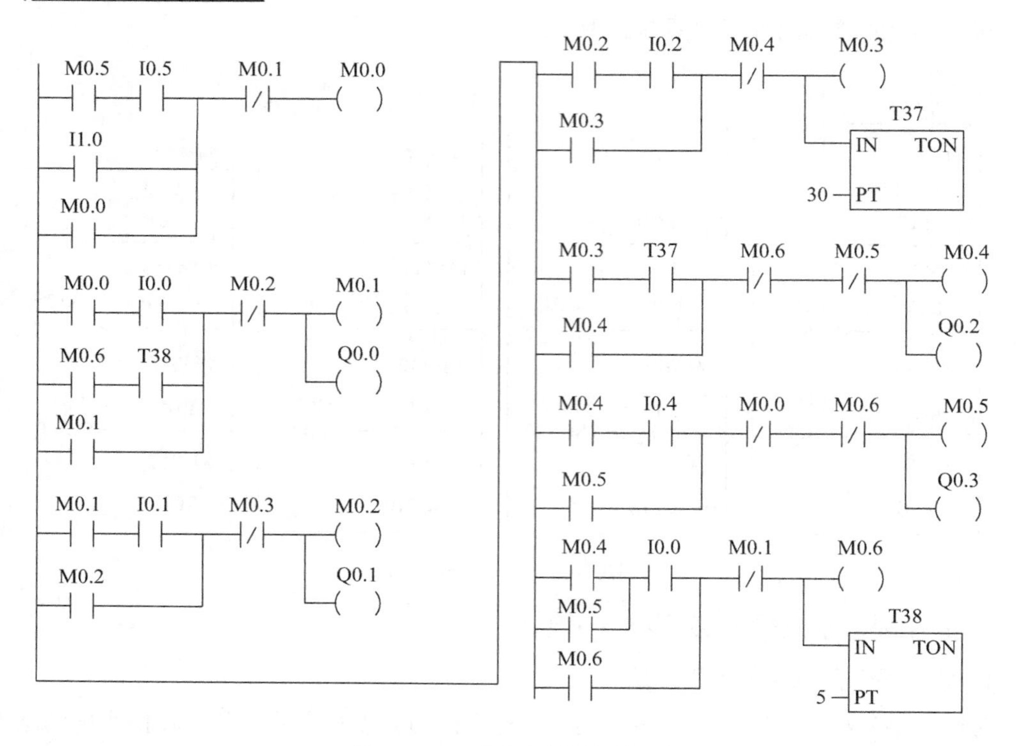

图3-25 自动门控制系统梯形图

(1) 选择序列分支的编程方法。如果某一步的后面有一个由N条分支组成的选择序列，该步可能转到不同的N个步，应将这N个后续步对应的代表步的存储器位的常闭触点与该步的线圈串联，作为结束该步的条件。图3-25中的M0.4和M0.5即是这样的情况。

(2) 选择序列合并的编程方法。对于选择序列的合并，如果某一步之前有N个转换(即有N条分支在该步之前合并后进入该步)，则代表该步的存储器位的启动电路由N条支路并联而成，各支路由某一前级步对应的存储器位的常开触点与相应转换条件对应的触点或电路串联而成。图3-25中的M0.0和M0.1即是这种情况。

2. 使用置位/复位(S/R)指令的编程方法

几乎各种型号的PLC都有置位/复位(S/R)指令或相同功能的编程元件。能用逻辑指令实现的顺序功能控制同样也可以利用S/R指令实现。下面介绍使用S/R以转换条件为中心的编程方法。

所谓以转换条件为中心，是指同一种转换在梯形图中只能出现一次，而对辅助存储器可重复进行置位、复位。在任何情况下，代表步的存储器位的控制电路都可以用这一方法设计，每一个转换对应一个这样的控制置位和复位的电路块，有多少个转换就有多少个这样的电路块。这种编程方法特别有规律，尤其是在设计复杂的顺序功能图的梯形图时，更能显示出它的优越性。相对而言，使用启—保—停电路的编程方法较为复杂，选择序列的分支与合并、并列序列的分支与合并都有单独的规则需要记忆。如图3-26所示给出了图3-24所示的自动门控制系统在利用以转换为中心的编程方法时所得到的梯形图。

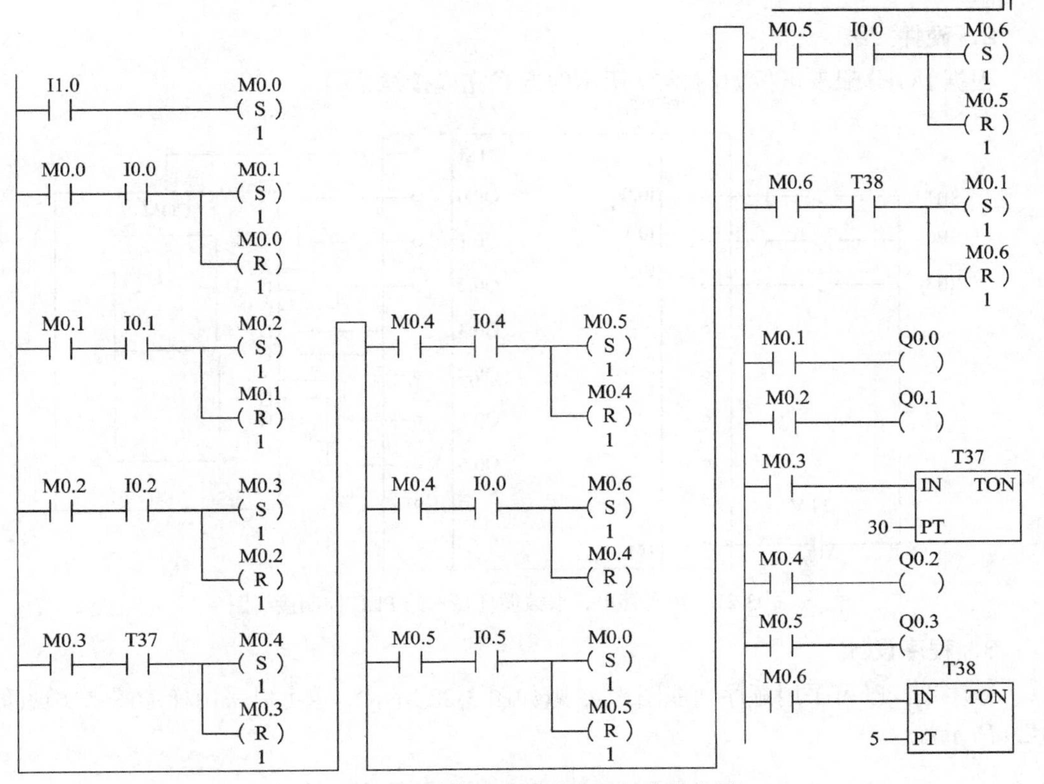

图 3-26　以转换为中心的自动门的梯形图

四、任务实施

1．I/O 分配

本系统 PLC 采用 S7-200 224 XP si DC/DC/DC 型号，输入有单数选择开关(SB1)、双数选择开关(SB2)及停止开关(SB3)，输出为 Q0.0～Q0.6，分别控制数码管的 A～G，其 I/O 分配如表 3-7 所示。

表 3-7　数码管单、双数循环显示的 PLC 控制 I/O 分配表

输　入			输　出		
符号	功能	地址	符号	功能	地址
SB1	单数启动	I0.0	A	驱动	Q0.0
SB2	双数启动	I0.1	B	驱动	Q0.1
SB3	停止	I0.2	C	驱动	Q0.2
			D	驱动	Q0.3
			E	驱动	Q0.4
			F	驱动	Q0.5
			G	驱动	Q0.6

2．硬件接线

根据 I/O 分配表可按如图 3-27 所示的方式完成接线。

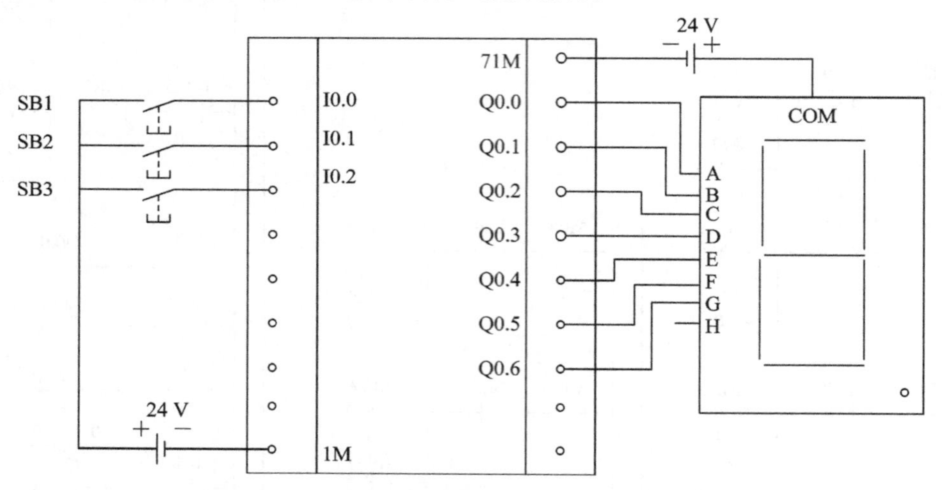

图 3-27　数码管单、双数循环显示的 PLC 控制接线图

3．程序设计

程序设计既可采用顺序功能图来实现(如图 3-28 所示)，也可以采用梯形图来实现(如图 3-29 所示)。

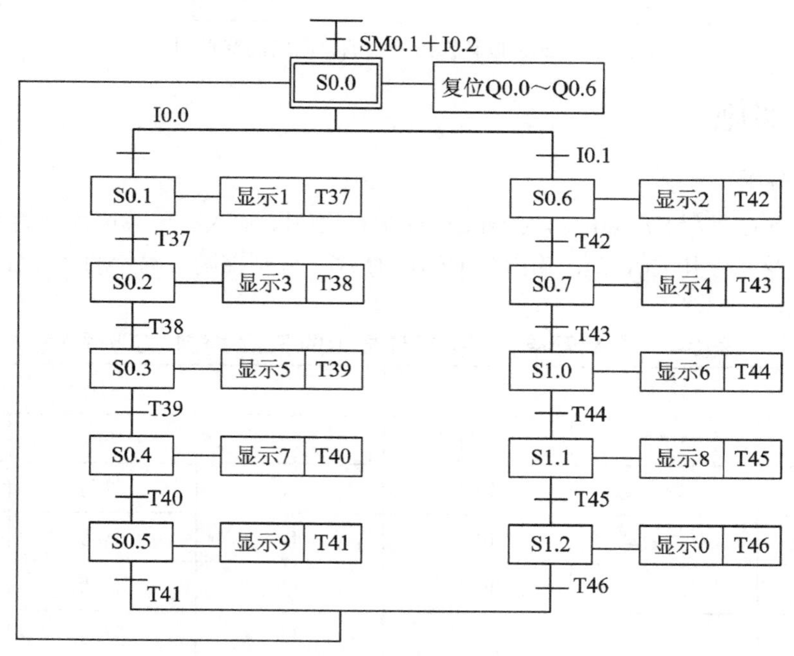

图 3-28　数码管单、双数循环显示顺序功能图

4．系统调试

按照输入/输出接线图接好外部各线，输入程序，运行调试，观察结果。

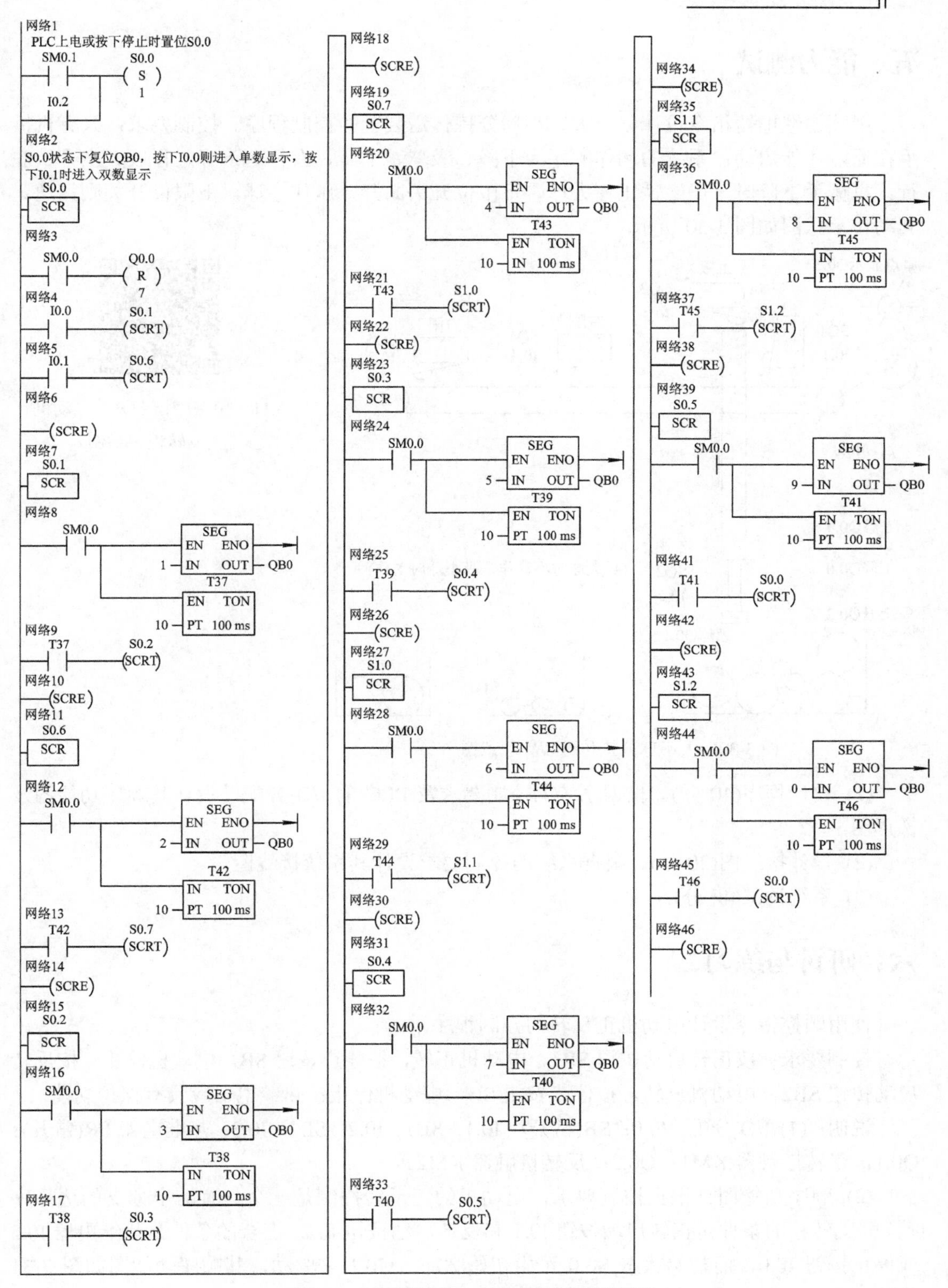

图 3-29　数码管单、双数循环显示梯形图

五、能力测试

用顺控继电器指令设计一个大、小球分拣传送装置的控制程序。控制要求：只有机械手在原点才能启动；系统的动作顺序为下降、吸球、上升、右行、下降、释放、上升、左行；机械手下降时，电磁铁压住大球，下限位开关断开，压住小球，下限位开关则接通。其动作示意图如图 3-30 所示。

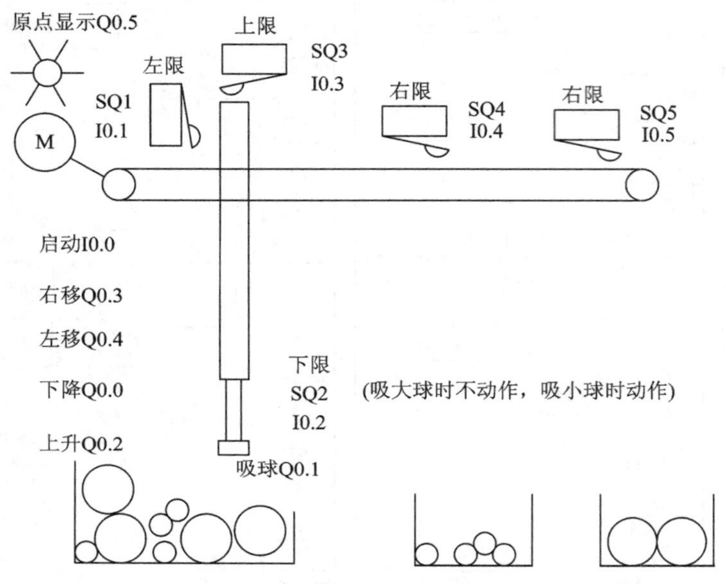

图 3-30 大小球分拣传送装置示意图

3.11 用顺序指令设计电动机正反转程序举例

(1) 设计程序(40 分)。根据系统的控制要求及 PLC 的 I/O 分配，设计其顺序功能图及梯形图。

(2) 设计接线图(20 分)。根据系统的控制要求设计其系统接线图。

(3) 系统调试(40 分)。

六、研讨与练习

使用顺控指令设计电动机正反转的控制程序。

控制要求：按正转启动按钮 SB1，电动机正转，按停止按钮 SB，电动机停止；按反转启动按钮 SB2，电动机反转，按停止按钮 SB，电动机停止；热继电器应具有保护功能。

说明：(1) I/O 分配。I0.0：SB(常开)；I0.1：SB1；I0.2：SB2；I0.3：热继电器 FR(常开)；Q0.1：正转接触器 KM1；Q0.2：反转接触器 KM2。

(2) 顺序功能图。根据控制要求，电动机的正反转控制是一个具有两个分支的选择序列，分支转移的条件是正转启动按钮 I0.1 和反转启动按钮 I0.2，汇合的条件是热继电器 I0.3 或停止按钮 I0.0，而初始状态 S0.0 可由初始脉冲 SM0.1 来驱动，其顺序功能图如图 3-31 所示。

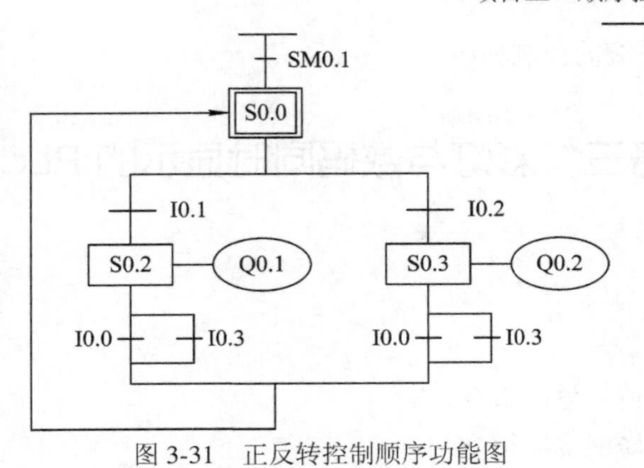

图 3-31　正反转控制顺序功能图

七、思考与练习

1．冲床机械手运动的示意图如图 3-32 所示。初始状态时机械手在最左边，I0.4 为 ON；冲头在最上面，I0.3 为 ON；机械手松开(Q0.0 为 OFF)。按下启动按钮 I0.0，Q0.0 变为 ON，工件被夹紧并保持，2 s 后 Q0.1 被置位，机械手右行，直到碰到 I0.1，以后将顺序完成以下动作：冲头下行，冲头上行，机械手左行，机械手松开，延时 1 s 后，系统返回初始状态，各限位开关和定时器提供的信号是各步之间的转换条件。画出 PLC 的外部接线图，并编制系统的控制程序。

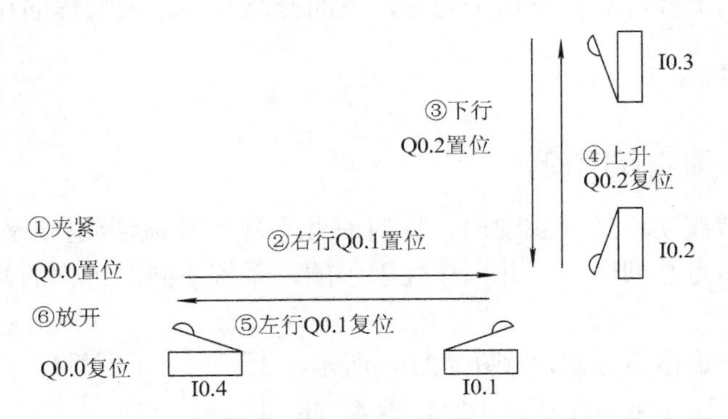

图 3-32　习题 1 图

2．初始状态时，图 3-33 所示的压钳和剪刀在上限位置，I0.0 和 I0.1 为 1 状态。按下启动按钮 I1.0，工作过程如下：首先板料右行(Q0.0 为 1 状态)至限位开关(I0.3 为 1 状态)，然后压钳下行(Q0.1 为 1 状态并保持)。压紧板料后，压力继电器 I0.4 为 1 状态，压钳保持压紧，剪刀开始下行(Q0.2 为 1 状态)。剪断板料后，I0.2 变为 1 状态，压钳和剪刀同时上行(Q0.3 和 Q0.4 为 1 状态，Q0.1 和 Q0.2 为 0 状态)，它们分别碰到限位开关 I0.0 和 I0.1 后，分别停止上行，均停止后，又开始下一周期的工作，剪完 5 块料后停止工作，并停在初始状态。试画出 PLC 的外

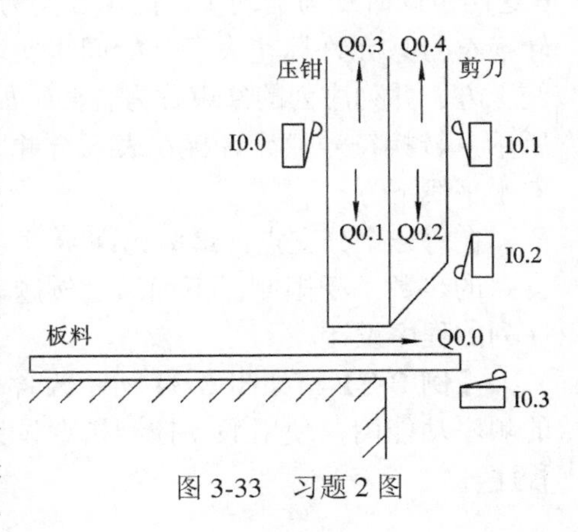

图 3-33　习题 2 图

部接线图，并编制系统的控制程序。

任务三　彩灯与数码同时显示的 PLC 控制

一、任务目标

3.12　并列序列的程序设计

(1) 熟练掌握置位与复位指令。
(2) 熟练掌握顺序继电器指令。
(3) 掌握并列序列结构程序编程方法。

二、任务分析

按下启动按钮 SB1，系统同时控制彩灯与数码管显示。彩灯每隔 1 s 变换一种花色，总共有 5 种花色，同时数码管对应每种花色依次显示数字 1、2、3、4、5 各一次。按下停止按钮 SB2，系统立刻停止所有显示。

要使彩灯与数字配合显示，首先要解决彩灯与数码管同时受 PLC 控制的问题，采用并列序列编程的方法十分容易解决这个问题，下面介绍并列序列编程的相关基础知识。

三、相关知识

(一) 并列序列的程序设计

并列序列是指在某一转换实现时，同时有几个序列被激活(也就是同步实现)，这些同时被激活的序列称为并列序列。并列序列表示的是系统中同时工作的几个独立部分的工作状态。

并列序列的开始称为分支，如图 3-21(c)所示，当步 3 是活动步，且转换条件 d 满足时，步 4、步 6 这两步同时变为活动步，而步 3 变为非活动步。转换符号只允许标在表示开始同步实现的双水平线上方。并列序列的结束称为合并，如图 3-21(c)所示，转换符号只允许标在表示合并同步实现的双水平线下方。

在每一个分支点，最多允许 8 条支路，每条支路的步数不受限制。下面通过例题来说明并列序列的程序设计。

【例 3-3】　如图 3-34 所示为含有并列序列的顺序功能图，使用顺序控制指令设计出梯形图程序。

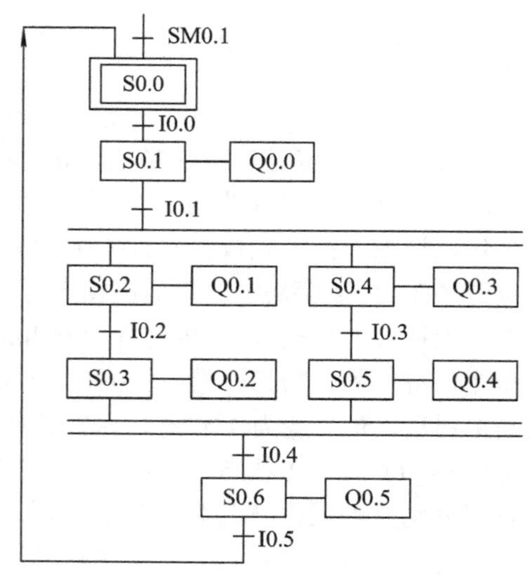

图 3-34　例 3-3 的顺序功能图

解：对应的梯形图程序如图 3-35 所示。在此需要注意并行序列的开始(步 S0.1：网络 5～8)和合并处(步 S0.3(网络 13～15)和步 S0.5(网络 20～22)以及网络 23)的编程方法。

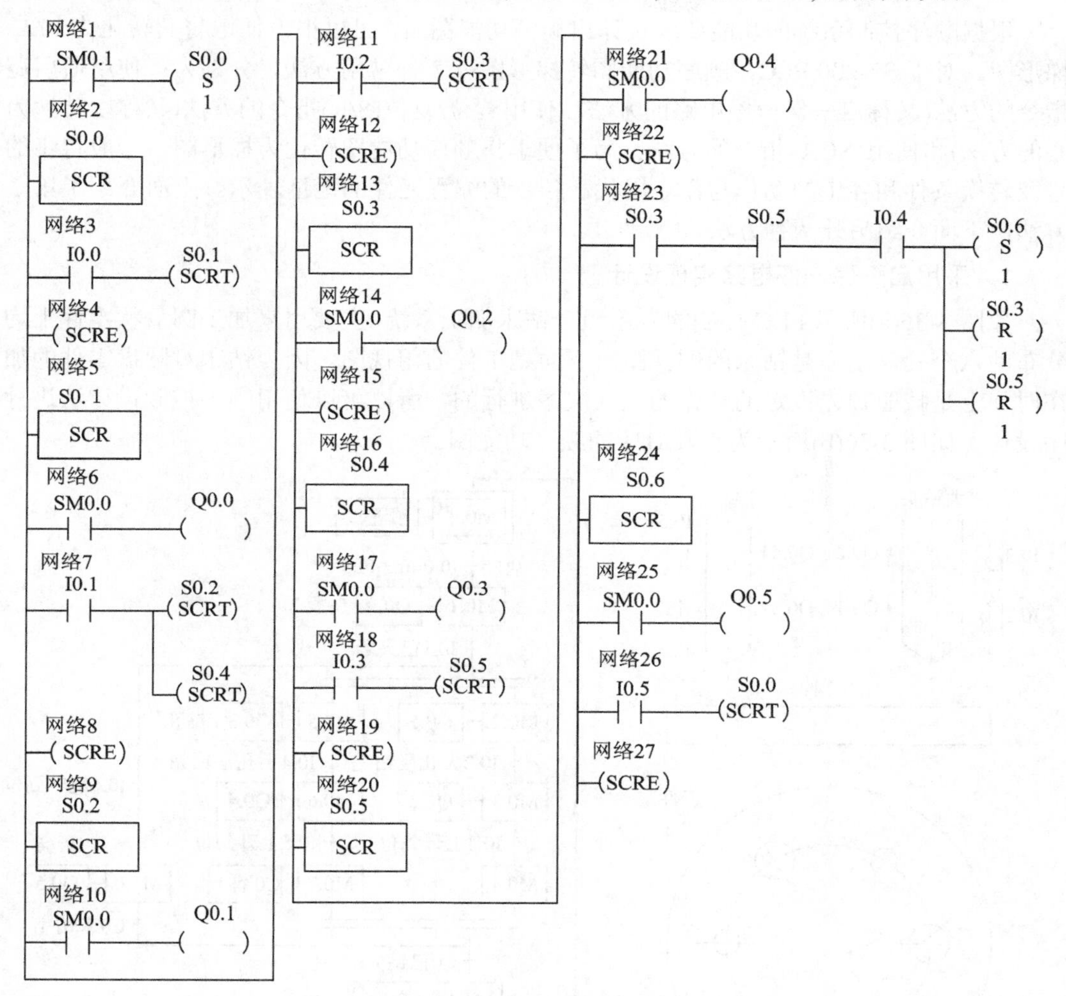

图 3-35　例 3-3 的梯形图

绘制顺序功能图时应注意以下几个问题。

(1) 两个步不能直接连接，必须用一个转换将它们隔开。

(2) 两个转换也不能直接相连，必须用一个步将它们隔开。

(3) 顺序功能图中初始步是必不可少的，一般对应系统等待启动的初始状态。

(4) 自动控制系统应具有封闭性，即能多次重复执行同一工艺过程，因此在顺序功能图中一般应有由步和有向连线组成的闭合的环。在自动单周期操作时，完成一次工艺过程的全部操作之后，应从最后一步返回到初始步，系统停留在初始状态；在自动连续循环工作方式时，将从最后一步返回到下一工作周期开始运行的第一步。

(5) 只有当某一步所有的前级步都是活动步时，该步才有可能变成活动步。PLC 开始进入 RUN 方式时各步均处于“0”状态，因此必须要有初始化信号，将初始步预置为活动步，否则顺序功能图中永远不会出现活动步，系统将无法工作。

(二) 用基本指令实现并列序列程序设计

根据顺序控制系统的功能要求设计出顺序功能图后，可以很方便地将其转化为 PLC 的梯形图。对于 S7-200 PLC，顺序功能图转梯形图有 3 种常用方法，分别为：使用通用逻辑指令的方法(又称启—保—停电路的方法)、使用置位/复位(S/R)指令的方法(又称以转换为中心的方法)和使用 SCR 指令的方法。为了便于将顺序功能图转化为梯形图，一般将步的代号及转换条件和各步的动作与命令用代表各步的编程元件的地址表示。上面介绍了第三种方法，下面介绍另外两种方法。

1. 采用启—保—停电路实现设计

如图 3-36(a)所示 PLC 控制的专用组合钻床加工系统，主要用来加工圆盘状零件上均匀分布的六个孔，上面是钻床的侧视图，下面是工件的俯视图。因为钻床对圆盘零件的加工在时间上是按照预先设定的动作的先后次序进行的，所以可以使用顺序控制设计法进行程序设计，如图 3-36(b)所示为与其对应的顺序功能图。

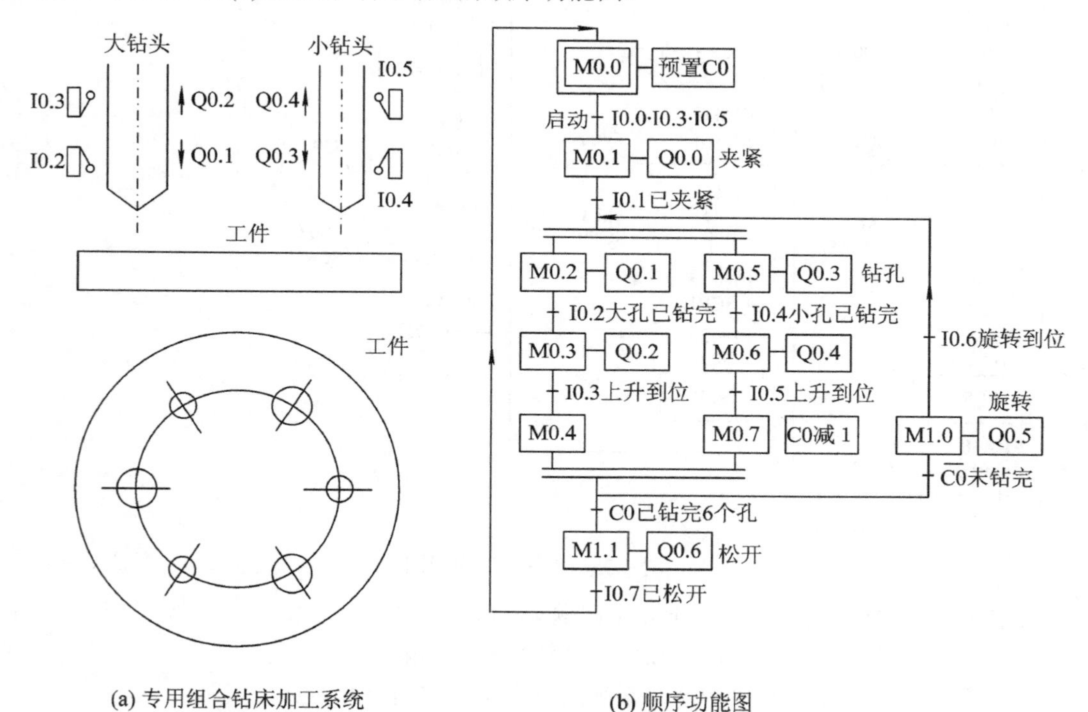

图 3-36 专用组合钻床加工系统和顺序功能图

在进入自动运行之前，系统处于初始状态，两个钻头应在最上面位置，上限位开关 I0.3 和 I0.5 为 ON，计数器 C0 的初始值设定为 3。在图 3-36(b)的顺序功能图中用存储器位 M 来代表各步。

3.13 用基本指令实现并列序列程序设计

该组合钻床加工系统的工作过程如下：操作人员放好工件后，按下启动按钮 I0.0，则系统开始对工件进行加工(为了保证系统确实处于初始状态，在初始步到下一步的转换条件中加上了 I0.3 和 I0.5 这两个条件)，此时系统由初始步 M0.0 转到步 M0.1。在 M0.1 这一步，Q0.0 有输出，使钻床将待加工的工件夹紧。工件被夹紧后，压力继电器 I0.1 为 ON，由步 M0.1 同时转到步 M0.2 和步 M0.5，并列序列开始。在步 M0.2 和步 M0.5 成为活动步后，Q0.1 和 Q0.3 为 ON，钻床的大、小钻头同时向下对工件进行加工。当大钻头加工到由下限位开关 I0.2 设定的深度后，钻头停止向下，转入步 M0.3，Q0.2 为 ON，大钻头开始向上提升，上升到上限位开关 I0.3 时，大钻头停止上升，进入等待步 M0.4。当小钻头加工到由下限位开关 I0.4 设定的深度后，钻头停止向下，转入步 M0.6，Q0.4 为 ON；小钻头开始向上提升,上升到上限位开关 I0.5 时，小钻头停止上升，进入等待步 M0.7，同时计数器 C0 的当前值减 1，因为是加工第一组工件，C0 不为 0，其对应的常闭触点闭合，转到步 M1.0。在步 M1.0，Q0.5 有输出，使工件旋转，旋转到 120° 时，I0.6 为 ON，工作台停止旋转，又返回到步 M0.2 和步 M0.5，开始钻第二对孔。三对孔都钻完后，计数器 C0 的当前值变为 0，其对应的常开触点闭合，进入步 M1.1，Q0.6 有输出使工件松开。松开到位时，限位开关 I0.7 为 ON，系统返回初始步 M0.0，等待操作人员按启动按钮，进行下一个工作循环。

在图 3-36(b)所示的顺序功能图中，既有单序列又有选择序列和并列序列。为了加快速度，要求大、小两个钻头向下加工工件和向上提升的过程同时进行，所以采用并列序列来描述。在步 M0.1 之后，有一个并列序列的分支，由 M0.2～M0.4 和 M0.5～M0.7 组成的两个单序列分别描述。此后两个单序列内部各步的状态转换是相互独立的。两个单序列中的最后一步都成为活动步时，并列序列才可能结束，但是两个钻头一般不会同时提升到位，所以设置了等待步 M0.4 和 M0.7。当限位开关 I0.3 和 I0.5 都为 ON 时(表示两个钻头都已提升到位)，并列序列将会立即结束。

并列序列结束后，有一个选择序列的分支。没有加工完 6 个工件孔时，转换条件 $\overline{\text{C0}}$ 成立，如果两个钻头都提升到位，将从步 M0.4 和步 M0.7 转到步 M1.0。如果工件全部加工完毕，转换条件 C0 成立，将从步 M0.4 和 M0.7 转换到步 M1.1。当步 M0.1 为活动步，且转换条件 I0.1 成立，将转换到步 M0.2 和步 M0.5；当步 M1.0 为活动步，且转换条件 I0.6 成立时，也会转换到步 M0.2 和步 M0.5。

其具体梯形图程序如图 3-37 所示。

在顺序控制中，各步按照顺序先后接通和断开，犹如电动机按顺序地接通和断开，因此可以像处理电动机的启动、保持、停止那样，用典型的启—保—停电路解决顺序控制的问题。

(1) 控制电路的编程方法。设计启—保—停电路的关键是确定它的启动和停止条件。根据转换实现的基本规则，转换实现的条件是它的前级步为活动步，并且满足相应的转换条件。

(2) 输出电路的编程方法。下面介绍输出电路的编程方法。因为步是根据输出状态的变化来划分的，所以梯形图中输出部分的编程极为简单，分为以下两种情况来处理：

① 某一输出线圈仅在某一步中为“1”状态，此时可以直接将线圈与对应步的存储器位线圈并联输出或直接单独用输出线圈进行输出。

② 某一输出线圈在几步中都为“1”状态，此时应将代表各有关步的存储器位的常开触点并联，驱动该输出继电器的线圈。

(3) 并列序列分支的编程方法。并列序列中各单序列的第一步应同时变为活动步。

(4) 并列序列合并的编程方法。当并列序列处于合并时，该转换实现的条件是合并前所有的前级步都是活动步且满足转换条件。

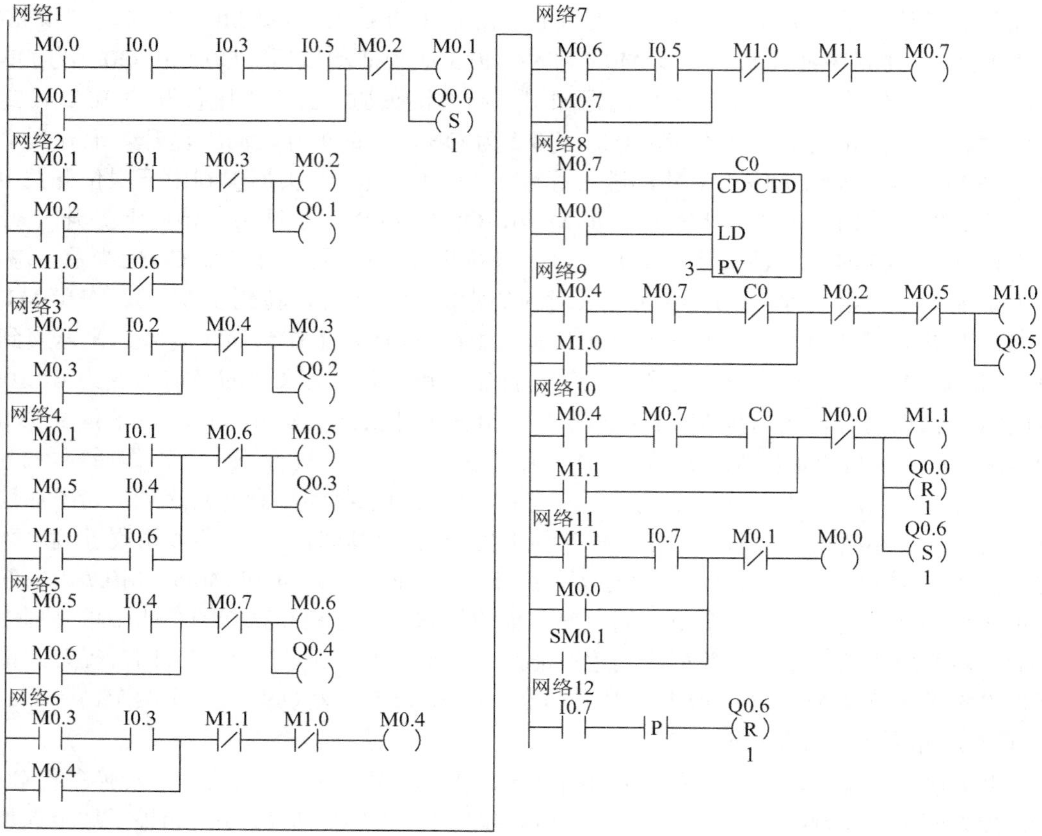

图 3-37 采用启—保—停电路实现设计的梯形图

2. 采用以转换为中心的设计方法

对应图 3-36(b)所示的组合钻床控制系统的顺序功能图，如图 3-38 所示的梯形图是对应的用以转换为中心的方法编制的。

使用这种编程方法时一定要注意，不能将输出继电器的线圈与置位和复位指令并联，而应根据顺序功能图，用代表步的存储器位的常开触点或它们的并联电路来驱动输出继电器的线圈。这是因为前级步和转换条件对应的串联电路的接通时间只有一个扫描周期，转换条件满足后，前级步马上被复位，下一个扫描周期的该串联电路就会断开，而输出线圈至少应在某一步为活动步时所对应的全部时间内被接通。

在并列序列的分支中，只要转换条件成立，所有的后续步都同时成为活动步，同时前级步变为非活动步，所以需要将代表前级步的存储器位和转换条件的常开触点串联作为控制电路，在输出中将所有后续步置位，前级步复位。在并列序列的合并中，因为只有所有前级步是活动步且转换条件成立时，后续步才变为活动步，同时所有前级步变为非活动步，所以需要将所有代表前级步的存储器位和转换条件的常开触点串联作为控制电路，在输出中将后续步置位，所有前级步复位。

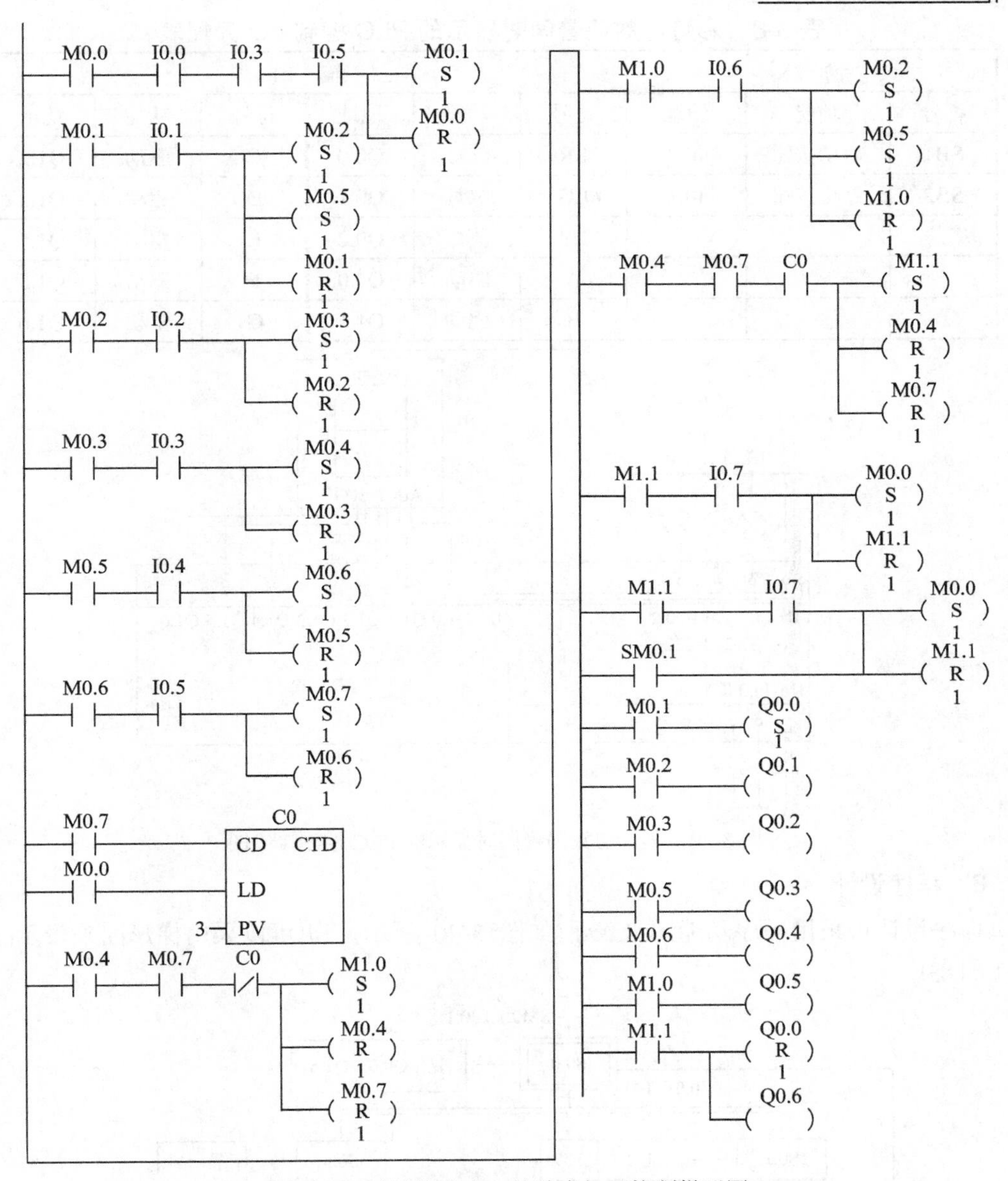

图 3-38　以转换为中心的钻床加工控制梯形图

四、任务实施

1. I/O 分配

本系统 PLC 采用 S7-200 222 型号，并扩展一个 EM222 数字量输出。输入有启动按钮 SB1 和停止按钮 SB2，三种彩灯(LR、LG、LY)输出分别为 Q0.0～Q0.2，数码管的 A～G 分别使用输出 Q1.0～Q1.6，其 I/O 分配如表 3-8 所示。

2. 硬件接线

根据 I/O 分配表按图 3-39 所示方式完成接线。

表 3-8 彩灯与数码管同时显示的 PLC 控制 I/O 分配表

输入			输出					
符号	功能	地址	符号	功能	地址	符号	功能	地址
SB1	启动按钮	I0.0	LR	红灯	Q0.0	C	驱动	Q1.2
SB2	停止按钮	I0.1	LG	绿灯	Q0.1	D	驱动	Q1.3
			LY	黄灯	Q0.2	E	驱动	Q1.4
			A	驱动	Q1.0	F	驱动	Q1.5
			B	驱动	Q1.1	G	驱动	Q1.6

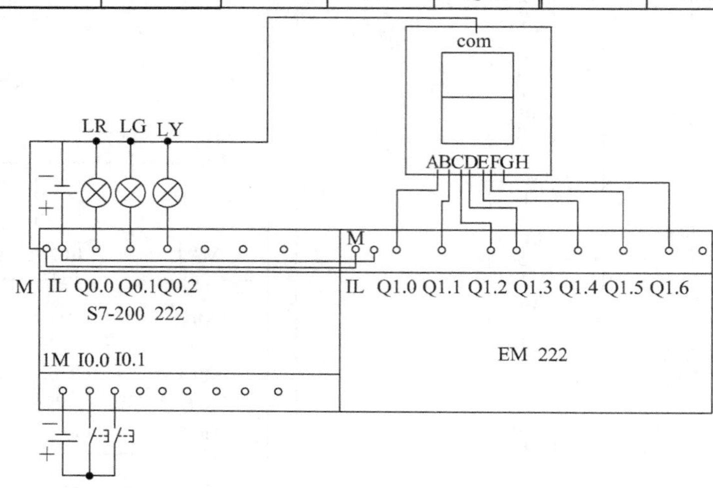

图 3-39 彩灯与数码管同时显示的 PLC 控制接线图

3. 程序设计

程序设计可采用顺序功能图来表示(如图 3-40 所示)，也可以采用梯形图来表示(如图 3-41 所示)。

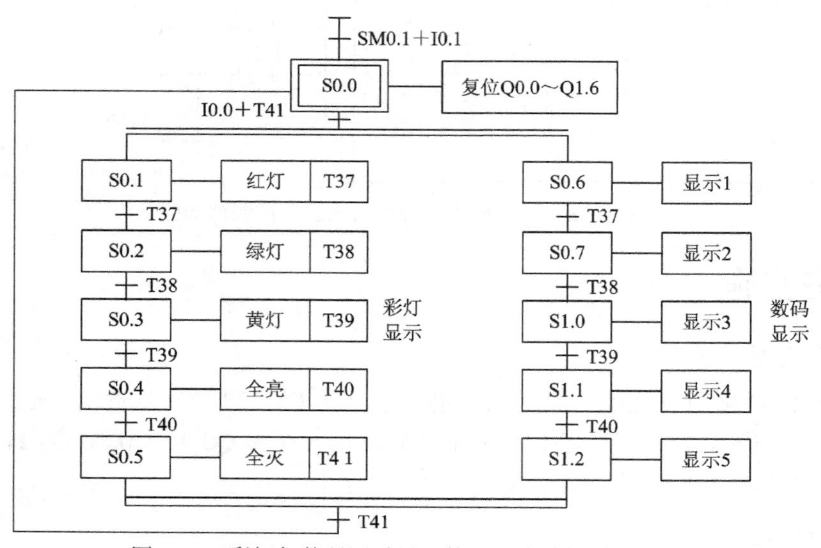

图 3-40 彩灯与数码同时显示的 PLC 控制顺序功能图

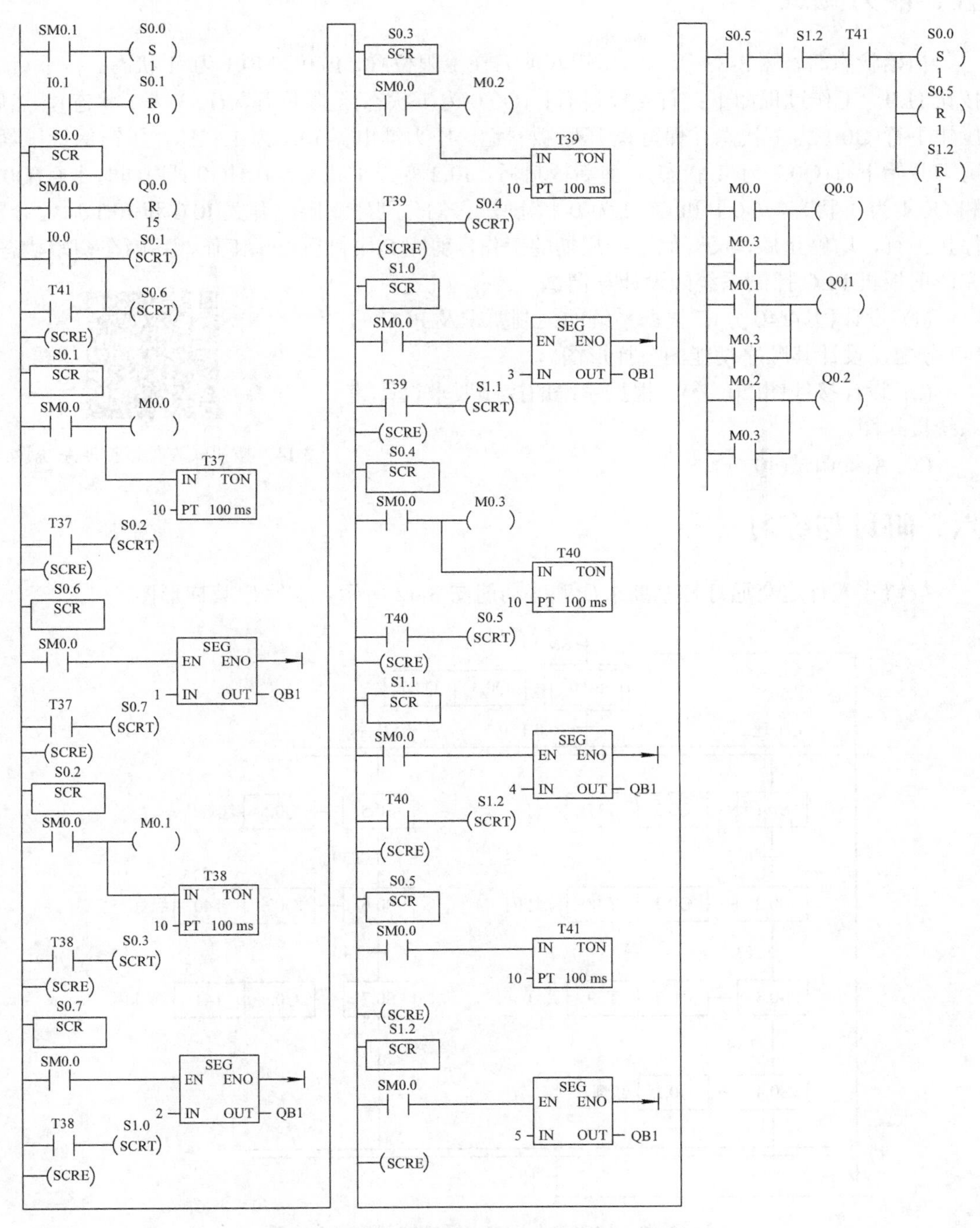

图 3-41　彩灯与数码同时显示的 PLC 控制梯形图

4．系统调试

按照输入/输出接线图接好外部各线，输入程序，运行调试，观察结果。

五、能力测试

初始状态时，图 3-33 所示的压钳和剪刀在上限位置，I0.0 和 I0.1 为 1 状态。按下启动按钮 I1.0，工作过程如下：首先板料右行(Q0.0 为 1 状态)至限位开关(I0.3 为 1 状态)，然后压钳下行(Q0.1 为 1 状态并保持)。压紧板料后，压力继电器 I0.4 为 1 状态，压钳保持压紧，剪刀开始下行(Q0.2 为 1 状态)。剪断板料后，I0.2 变为 1 状态，压钳和剪刀同时上行(Q0.3 和 Q0.4 为 1 状态，Q0.1 和 Q0.2 为 0 状态)，它们分别碰到限位开关 I0.0 和 I0.1 后，分别停止上行，均停止后，又开始下一周期的工作，剪完 5 块料后停止工作，并停在初始状态。完成剪板机 PLC 控制系统的设计与调试。

(1) 设计程序(40 分)。根据系统的控制要求及 PLC 的 I/O 分配，设计其顺序功能图及梯形图。

(2) 设计接线图(20 分)。根据系统的控制要求设计其系统接线图。

(3) 系统调试(40 分)。

3.14　按钮式人行道控制系统设计

六、研讨与练习

按钮式人行道交通灯控制要求如顺序功能图 3-42 所示，试写出其梯形图。

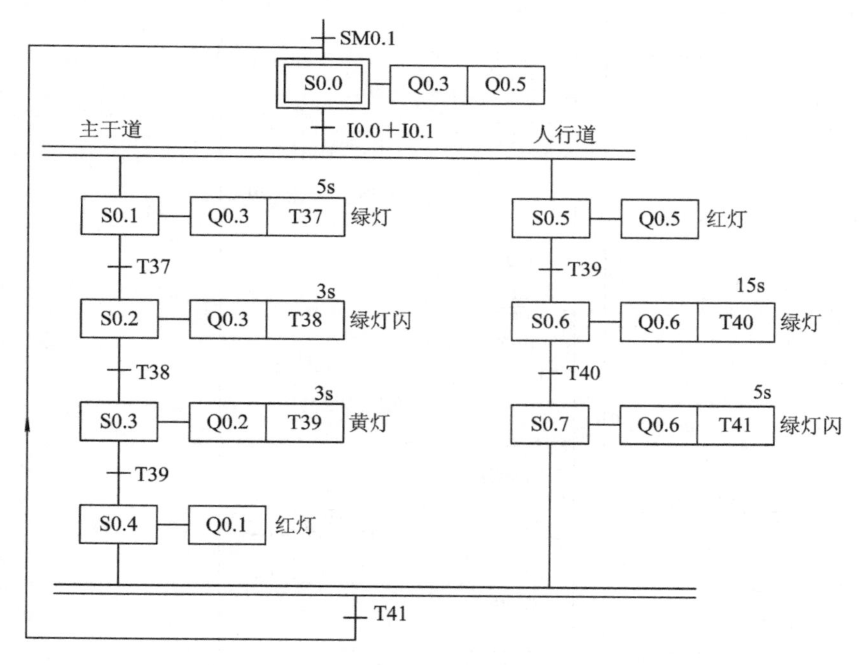

图 3-42　按钮式人行道交通灯控制顺序功能图

说明：按钮式人行道控制是一个并列序列的顺序控制，初始状态 S0.0 由初始脉冲激活，初始状态下主干道上绿灯亮，人行道红灯亮。当人行道上有人按下启动按钮(I0.0 或 I0.1 接通)，2 个单序列同时往下进行，当 T41 定时时间到，则整个并列序列过程完成。具体梯形图如图 3-43 所示。

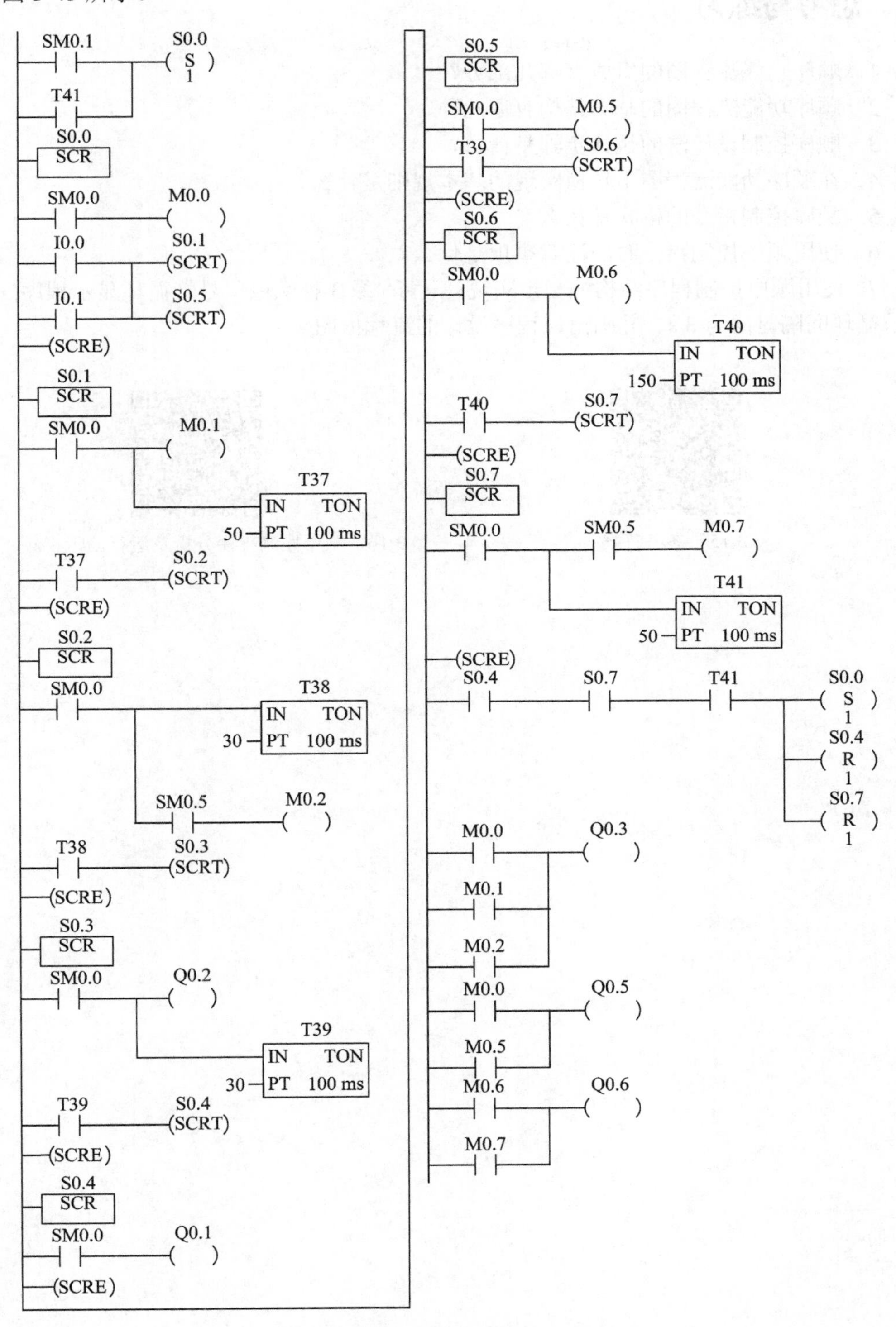

图 3-43　按钮式人行道交通灯控制梯形图

七、思考与练习

1．顺序功能流程图的组成有哪几部分？

2．顺序功能流程图的基本结构有哪几种？

3．顺序控制设计法的设计步骤是什么？

4．在顺序功能流程图中转换实现的基本规则是什么？

5．顺序控制指令的格式是什么？

6．使用顺序控制指令时的注意事项是什么？

7．使用顺序控制程序结构编写出实现红、黄、绿3种颜色信号灯循环显示程序(三步)，要求循环间隔时间为3 s，并画出该程序设计的流程框图。

3.15　参考答案

3.16　顺序控制程序分析及运行演示视频

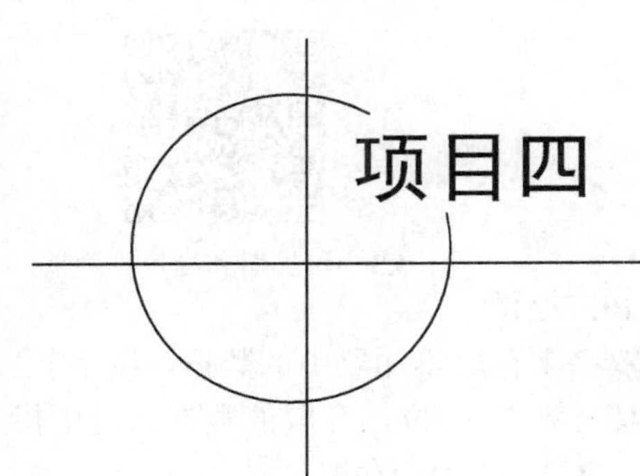

项目四 功能指令及其应用

任务一 8站小车的呼叫控制系统设计

一、任务目标

4.1 重点与难点

(1) 掌握累加器AC和高速计数器HC的使用方法。
(2) 掌握传送、数学运算和数据转换指令及其编程方法。
(3) 会应用功能指令编写较复杂的控制程序。

二、任务分析

用功能指令设计一个8站小车呼叫的控制系统。其控制要求如下：小车所停位置号小于呼叫号时，小车右行至呼叫号处停车；小车所停位置号大于呼叫号时，小车左行至呼叫号处停车；小车所停位置号等于呼叫号时，小车原地不动；小车运行时呼叫无效；具有左行、右行定向指示和原点不动指示。

4.2 课件

8站小车呼叫的示意图如图4-1所示。

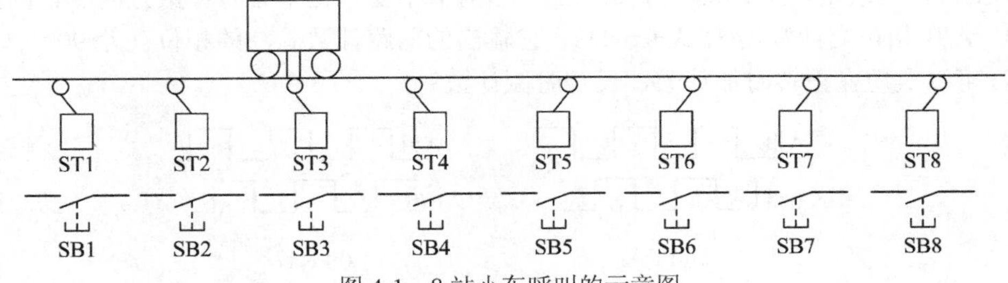

图4-1 8站小车呼叫的示意图

由于该任务较复杂，因而需要进行输入信号的判别，并需要进行呼叫信号与小车所停位置的比较，及确定小车的运行与显示，所以下面先学习传送指令及相关知识，然后再解决该任务。

三、相关知识

4.3 累加器和高速计数器

(一) 累加器AC和高速计数器HC

1. 累加器(AC)

累加器是可以像存储器那样使用的读/写单元，CPU 提供了4个32位累加器(AC0～AC3)，可以按字节、字和双字来存取累加器中的数据。按字节、字只能存取累加器的低8位或低16位，按双字能存取全部的32位，存取的数据长度由指令决定。例如，在指令“MOVW AC2，VW100”中，AC2按字(W)存取。

2. 高速计数器(HC)

高速计数器用来累计比CPU的扫描速率更快的事件，计数过程与扫描周期无关。其当前值和预置值为 32 位有符号整数，当前值为只读数据。高速计数器的地址由区域标示符HC和高速计数器号组成，例如HC2。

(1) 高速计数器占用的输入端子。S7-200 PLC有6个高速计数器，其占用的输入端子如表 4-1 所示。各高速计数器不同的输入端有其专用的功能，如：时钟脉冲端、方向控制端、复位端、启动端等。

表 4-1 高速计数器占用的输入端子

高速计数器	使用的输入端子	高速计数器	使用的输入端子
HSC0	I0.0、I0.1、I0.2	HSC3	I0.1
HSC1	I0.6、I0.7、I1.0、I1.1	HSC4	I0.3、I0.4、I0.5
HSC2	I1.2、I1.3、I1.4、I1.5	HSC5	I0.4

(2) 高速计数器的工作模式。S7-200 PLC的高速计数器的工作模式分为以下4大类：

① 无外部方向输入信号的单相加/减计数器(模式 0～2)。可以用高速计数器的控制字节的第3位来控制加计数或减计数。该位为1时是加计数，为0时是减计数。

② 有外部方向输入信号的单相加/减计数器(模式 3～5)。方向输入信号为 1 时是加计数，为0时是减计数。

③ 有加计数时钟脉冲和减计数时钟脉冲输入的双相计数器(模式6～8)。若加、减计数脉冲的上升沿出现的时间间隔小于0.3 ms，当前值不变，也不会有计数方向变化的指示。

④ A/B相正交计数器(模式9～11)。它输出的两路计数脉冲的相位互差90°(如图4-2所示)，可以实现在正转时加计数，反转时减计数。

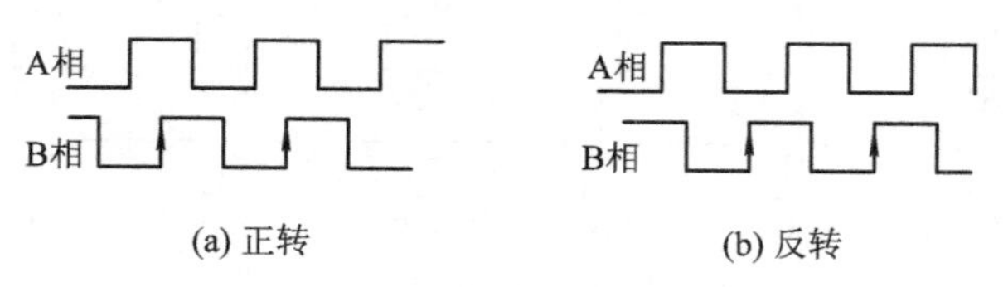

图 4-2 A、B相型编码器的输出波形

A/B相正交计数器有1倍频(1×)模式和4倍频(4×)模式(如图4-3所示)。需要增加测量的精度时，可以采用4倍频模式，即分别在A、B相波形的上升沿和下降沿计数，在时钟脉冲的每一周期可以计数4次，但是被测信号的最高频率会相应降低。

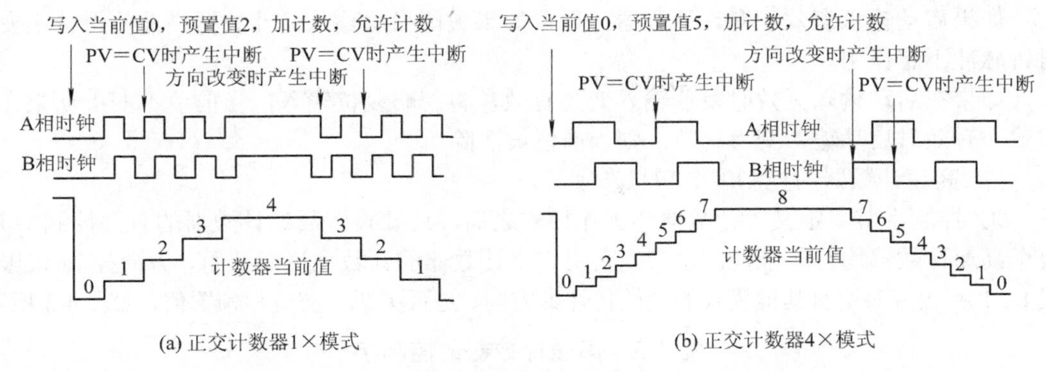

(a) 正交计数器1×模式　　(b) 正交计数器4×模式

图 4-3　正交计数器 1×模式和正交 4×模式操作举例

A/B 相计数器的两个时钟脉冲可以同时工作在最大速率，全部计数器可以同时以最大速率运行，互不干扰。

根据有无外部硬件复位输入和启动输入，上述 4 类工作模式又可以各分为 3 种，因此 HSC1 和 HSC2 有 12 种工作模式；HSC0 和 HSC4 因为没有启动输入，所以只有 8 种工作模式；HSC3 和 HSC5 只有时钟脉冲输入，所以只有 1 种工作模式。外部输入端子与高速计数器工作模式关系如表 4-2 所示。

表 4-2　外部输入端子与高速计数器工作模式关系

模　式	计数器或中断描述	输 入 点			
—	HSC0	I0.0	I0.1	I0.2	—
—	HSC1	I0.6	I0.7	I1.0	I1.1
—	HSC2	I1.2	I1.3	I1.4	I1.5
—	HSC3	I0.1	—	—	—
—	HSC4	I0.3	I0.4	I0.5	—
—	HSC5	I0.4	—	—	—
0	带内部方向输入信号的单相加/减计数器	时钟	—	—	—
1		时钟	—	复位	—
2		时钟	—	复位	启动
3	带外部方向输入信号的单相加/减计数器	时钟	方向	—	—
4		时钟	方向	复位	—
5		时钟	方向	复位	启动
6	带加减计数时钟脉冲输入的双相计数器	加时钟	减时钟	—	—
7		加时钟	减时钟	复位	—
8		加时钟	减时钟	复位	启动
9	A/B 相正交计数器	A 相时钟	B 相时钟	—	—
10		A 相时钟	B 相时钟	复位	—
11		A 相时钟	B 相时钟	复位	启动

如果复位输入信号有效，将清除计数当前值并保持清除状态，直至复位信号关闭。

如果启动输入有效，允许计数器计数；如果关闭启动输入，计数器当前值保持不变，时钟脉冲不起作用。

如果在启动输入无效时复位输入变为有效，将忽略复位输入，当前值不变；如果在复位输入有效时启动输入变为有效，则当前值被清除。

(3) 高速计数器的控制字节和状态字节。

① 控制字节。定义了计数器和工作模式之后，还要设置高速计数器的有关控制字节。每个高速计数器均有一个控制字节，它决定了计数器的计数允许或禁用，方向控制(仅限模式0、1和2)或对所有其他模式的初始化计数方向、是否更新当前值和预置值，如表4-3所示。

表4-3　高速计数器的控制字节

HSC0	HSC1	HSC2	HSC3	HSC4	HSC5	说　明
SM37.0	SM47.0	SM57.0	SM137.0	SM147.0	SM157.0	复位有效电平控制；0=复位信号高电平有效；1=低电平有效
SM37.1	SM47.1	SM57.1	SM137.1	SM147.1	SM157.1	启动有效电平控制；0=启动信号高电平有效；1=低电平有效
SM37.2	SM47.2	SM57.2	SM137.2	SM147.2	SM157.2	正交计数器计数速率选择；0=4x计数速率；1=1x计数速率
SM37.3	SM47.3	SM57.3	SM137.3	SM147.3	SM157.3	计数方向控制位；0=减计数；1=加计数
SM37.4	SM47.4	SM57.4	SM137.4	SM147.4	SM157.4	向HSC写入计数方向；0=无更新；1=更新计数方向
SM37.5	SM47.5	SM57.5	SM137.5	SM147.5	SM157.5	向HSC写入新预置值；0=无更新；1=更新预置值
SM37.6	SM47.6	SM57.6	SM137.6	SM147.6	SM157.6	向HSC写入初始值；0=无更新；1=更新初始值
SM37.7	SM47.7	SM57.7	SM137.7	SM147.7	SM157.7	HSC指令执行允许控制；0=禁用HSC；1=启动HSC

② 设置初始值与预置值。每个高速计数器都有一个32位当前值区和一个32位预置值区。当前值与预置值为符号整数。为了向高速计数器装入新的当前值(相当于计数的起始值)与预置值，必须先设置控制字节，令其第五位和第六位为1，允许更新预置值和当前值，新当前值和新预置值写入特殊内部标志位存储区，然后执行HSC指令，将新数值传输到高速计数器。表4-4为HSC的当前值与预置值的特殊存储器。

表4-4　HSC0～HSC5的当前值与预置值

要装入值	HSC0	HSC1	HSC2	HSC3	HSC4	HSC5
当前值区	SMD38	SMD48	SMD58	SMD138	SMD148	SMD158
预置值区	SMD42	SMD52	SMD62	SMD142	SMD152	SMD162

③ 状态字节。每个高速计数器都有一个状态字节，其中的状态位表示当前计数方向以及当前值是否大于或等于预置值。每个高速计数器状态字节的状态位如表 4-5 所示。

表 4-5 高速计数器状态字节的状态位

HSC0	HSC1	HSC2	HSC3	HSC4	HSC5	说 明
SM36.5	SM46.5	SM56.5	SM136.5	SM146.5	SM156.5	当前计数方向状态位；0=减计数；1=加计数
SM36.6	SM46.6	SM56.6	SM136.6	SM146.6	SM156.6	当前值等于预置值状态位；0=不相等；1=等于
SM36.7	SM46.7	SM56.7	SM136.7	SM146.7	SM156.7	当前值大于预置值状态位；0=小于或等于；1=大于

(4) 高速计数器的指令及使用。

① 高速计数器的指令。高速计数器的指令有两条，如表 4-6 所示。

表 4-6 高速计数器指令格式

梯形图符号	HDEF: EN ENO; ???? HSC; ???? MODE	HSC: EN ENO; ???? N
功能说明	高速计数器定义指令 HDEF：指定高速计数器的工作模式	高速计数器指令 HSC：配置和控制高速计数器
操作数	HSC：高速计数器的编号，为常量(0～5)，数据类型为字节；MODE：工作模式，为常量(0～11)，数据类型为字节	N：高速计数器的编号，为常量(0～5)，数据类型为字

a. 高速计数器定义指令 HDEF：指定高速计数器(HSC×)的工作模式。工作模式的选择即选择高速计数器的输入脉冲、计数方向、复位和启动功能。每个高速计数器只能用一条高速计数器定义指令。

b. 高速计数器指令 HSC：根据高速计数器控制位的状态和按照 HDEF 指令指定的工作模式来控制高速计数器。

② 高速计数器指令的使用。

a. 在执行 HDEF 指令之前，必须将高速计数器控制字节的位设置成需要的状态，否则将采用默认设置。默认设置为：复位和启动输入高电平有效，正交计数速率选择 4 倍速模式。执行 HDEF 指令后，就不能再改变计数器的设置，除非 CPU 进入停止模式。

b. 当执行 HSC 指令时，CPU 将会检查控制字节和有关的当前值和预置值。

(二) 传送指令及编程

1．字节、字、双字和实数的传送

传送指令(如表 4-7 和图 4-4 所示)将输入(IN)的数据传送到输出(OUT)指定的输出地址，传送过程不改变数据的原始值。

表 4-7 传 送 指 令

梯形图	语句表	描述	梯形图	语句表	描述
MOV_B	MOVB IN, OUT	传送字节	MOV_BIW	BIW IN, OUT	字节立即写
MOV_W	MOVW IN, OUT	传送字	BLKMOV_B	BMB IN, OUT, N	传送字节块
MOV_DW	MOVD IN, OUT	传送双字	BLKMOV_W	BMW IN, OUT, N	传送字块
MOV_R	MOVR IN, OUT	传送实数	BLKMOV_D	BMD IN, OUT, N	传送双字块
MOV_BIR	BIR IN, OUT	字节立即读	SWAP	SWAP IN	字节交换

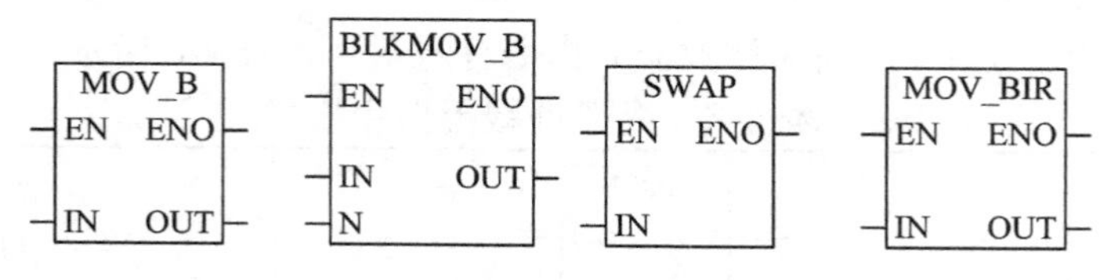

图 4-4 数据传送指令梯形图

指令助记符中最后的 B、W、DW(或 D)和 R(不包括 BIR)分别表示操作数为字节(Byte)、字(Word)、双字(Double Word)和实数(Real)。梯形图中的指令助记符与语句表中的指令助记符可能有较大的差别(如表 4-7 所示)。

2. 字节立即读写指令

(1) 字节立即读 MOV_BIR(Move Byte Immediate Read)指令读取 1 个字节的物理输入 IN，并将结果写入 OUT 指定的输出地址，但是并不刷新输入过程映像寄存器。

(2) 字节立即写 MOV_BIW(Move Byte Immediate Write)指令将输入 IN 中的 1 个字节的数值写入物理输出 OUT 指定的物理输出地址，同时刷新相应的输出过程映像区。

这两条指令的 IN 和 OUT 都是字节变量。

3. 字节、字、双字的块传送指令

块传送指令将从地址 IN 开始的 N 个数据传送到从地址 OUT 开始的 N 个单元，N = 1～255，N 为字节变量。以块传送指令“BMB VB20，VB100，4”为例，执行后 VB20～VB23 中的数据被传送到 VB100～VB103 中。

4. 字节交换指令

字节交换 SWAP(Swap Bytes)指令用来交换输入字 IN 的高字节与低字节位。

5. 数据传送指令应用举例

【例 4-1】 将 VB100、VW102、VD104、VD108 中存储的数据分别传送到 VB200、VW202、VD204、VD208 中。

解： 传送以上数据的梯形图程序如图 4-5 所示。

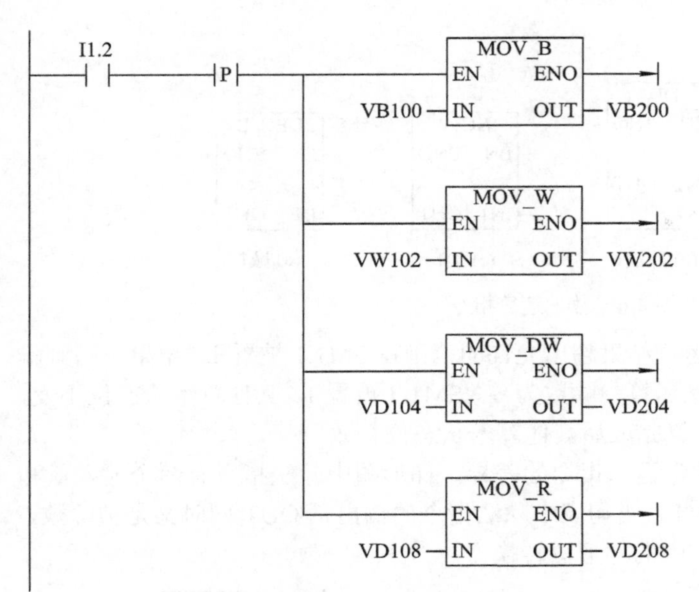

图 4-5　例 4-1 的梯形图

4.4　数学运算指令及编程

(三)　数学运算指令及编程

1. 加、减、乘、除指令

在梯形图中，整数、双整数与浮点数的加、减、乘、除指令(如表 4-8 所示)分别执行下列运算：

IN1+IN2 = OUT，IN1−IN2 = OUT，IN1*IN2 = OUT，IN1/IN2 = OUT

表 4-8　加、减、乘、除指令

梯形图	语句表		描述	梯形图	语句表		描述
ADD_I	+I	IN1, OUT	整数加法	DIV_DI	/D	IN1, OUT	双整数除法
SUB_I	−I	IN1, OUT	整数减法	ADD_R	+R	IN1,OUT	实数加法
MUL_I	*I	IN1, OUT	整数乘法	SUB_R	−R	IN1, OUT	实数减法
DIV_I	/I	IN1, OUT	整数除法	MUL_R	*R	IN1, OUT	实数乘法
ADD_DI	+D	IN1, OUT	双整数加法	DIV_R	/R	IN1, OUT	实数除法
SUB_DI	−D	IN1, OUT	双整数减法	MUL	MUL	IN1, OUT	整数乘法产生双整数
MUL_DI	*D	IN1, OUT	双整数乘法	DIV	DIV	IN1, OUT	带余数的整数除法

在语句表中，整数、双整数与浮点数的加、减、乘、除指令分别执行下列运算：

IN1 + OUT = OUT，OUT−IN1 = OUT，IN1*OUT = OUT，OUT/IN1 = OUT

这些指令影响 SM1.0(零)、SM1.1(溢出)、SM1.2(负)和 SM1.3(除数为 0)。

整数(Integer)、双整数(Doub1e Integer)和实数(浮点数，Real)运算指令的运算结果分别为整数、双整数和实数，除法不保留余数。运算结果如果超出允许的范围，溢出位被置 1。

整数乘法产生双整数指令 MUL(如图 4-6(a)所示)将两个 16 位整数相乘，产生一个 32 位乘积。在语句表的 MUL 指令中，32 位变量 OUT 的低 16 位被用作乘数。

带余数的整数除法指令 DIV(如图 4-6(b)所示)将两个 16 位整数相除，产生一个 32 位结果，高 16 位为余数，低 16 位为商。在语句表的 DIV 指令中，32 位变量 OUT 的低 16 位被用作被除数。

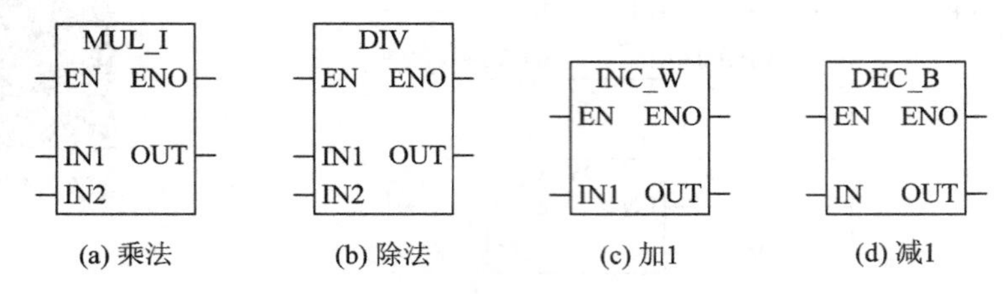

(a) 乘法 (b) 除法 (c) 加1 (d) 减1

图 4-6 数学运算指令

如果在乘除法运算中有溢出(运算结果超出允许的范围)，SM1.1 被置 1，结果不写到输出，其他状态位均置 0。如果在除法运算中除数为零，SM1.3 被置 1，其他算术状态位不变，原始输入操作数也不变；否则，运算完成后其他算术状态位有效。

应注意梯形图与语句表中的数学运算指令的差异，梯形图中除法指令有两个输入量和一个输出量，操作为 IN1/IN2 = OUT。语句表中除法指令的输出量 OUT 同时又是被除数，其操作为 OUT/IN = OUT。将图 4-7 中的梯形图转换为语句表后将会增加一条数据传送指令：

```
LD      I0.1
MOVW    VW0，VW6
DIV     VW2，VD4
```

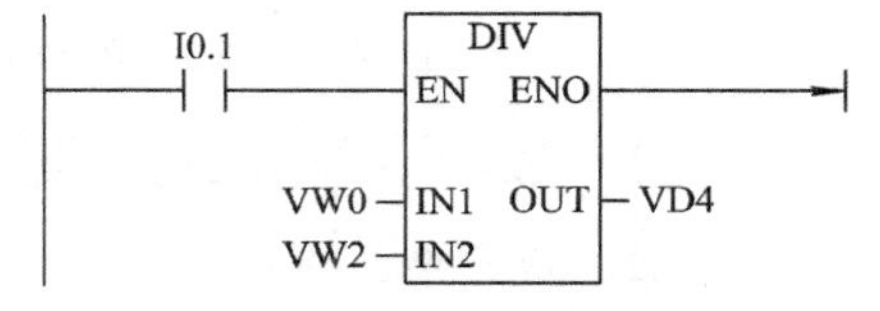

图 4-7 除法指令

在上面的程序中，应注意 VD4 的低位字为 VW6。

一个浮点数占 4 个字节，浮点数可以很方便地表示小数、很大的数和很小的数，用浮点数还可以实现函数运算。用浮点数做乘法、除法和函数运算时，有效位数(即尾数的位数)保持不变。整数不能用于函数运算，整数运算的速度比浮点数运算要快一些。

输入 PLC 的数和从 PLC 输出的数往往都是整数，例如，用拨码开关和用模拟量模块输入 PLC 的数，以及 PLC 输出给七段显示器和模拟量输出模块的数都是整数。在进行浮点数运算之前，需要将整数转换为浮点数。在 PLC 输出数据之前，需要将浮点数转换为整数，因此使用浮点数比较麻烦。

【例 4-2】 用模拟电位器调节定时器 T37 的设定值，要求定时范围为 5 s～20 s。

解：CPU 221 和 CPU 222 有 1 个模拟电位器，其他 CPU 有两个模拟电位器。CPU 将电位器的位置转换为 0～255 的数字值，然后存入两个特殊存储器字节 SMB28 和 SMB29 中，分别对应电位器 0 和电位器 1 的值。可以用小螺丝刀来调整电位器的位置。

要求在输入信号 I0.4 的上升沿，用电位器 0 来设置定时器 T37 的设定值，设定的时间范围为 5 s～20 s，即从电位器读出的数字 0～255 对应于 5 s～20 s。设读出的数字为 N，100 ms 定时器的设定值(以 0.1s 为单位)为

$$(200 - 50) \times N/255 + 50 = 150 \times N/255 + 50$$

为了保证运算的精度，应先乘后除。N 的最大值为 255，使用整数乘整数得双整数的乘法指令 MUL。乘法运算的结果可能大于一个字能表示的最大正数 32767，所以需要使用双字除法指令“/D”。运算结果为双字，但是不会超过一个字的长度，所以只用商的低位字来提供 T37 的设定值。下面是实现上述要求的梯形图程序(如图 4-8 所示)。累加器可以存放

字节、字和双字，在数学运算时使用累加器来存放操作数和运算的中间结果比较方便。

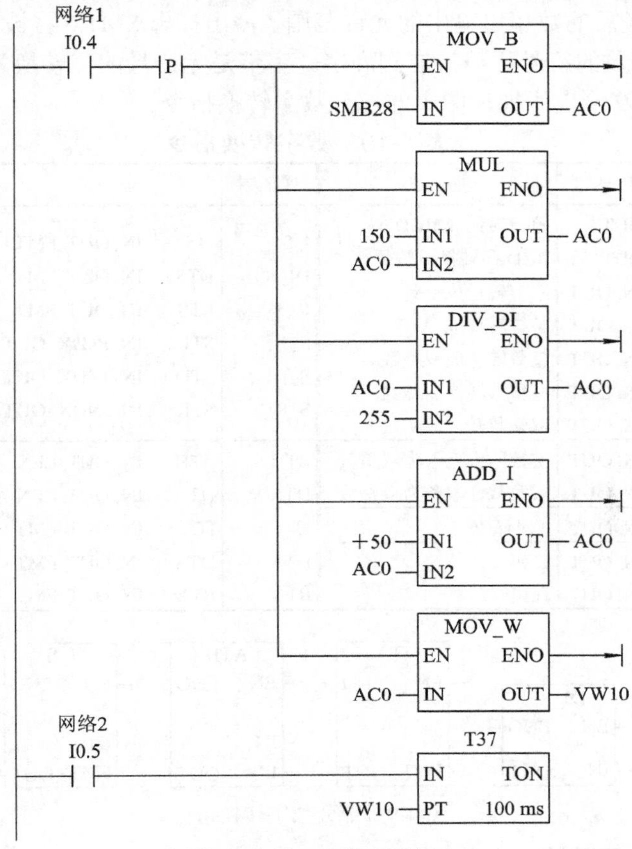

图 4-8　例 4-2 梯形图程序

2. 加 1 与减 1 指令

在梯形图中，加 1(Increment)和减 1(Decrement)指令(如表 4-9 所示)分别执行 IN+1 = OUT 和 IN−1 = OUT。在语句表中，加 1 指令和减 1 指令分别执行 OUT + 1 = OUT 和 OUT−1 = OUT。加 1 与减 1 指令如图 4-6(c)、(d)所示。

表 4-9　加 1 减 1 指令

梯形图	语句表	描　述	梯形图	语句表	描　述
INC_B	INCB　IN	字节加 1	DEC_W	DECW　IN	字减 1
DEC_B	DECB　IN	字节减 1	INC_D	INCD　IN	双字加 1
INC_W	INCW　IN	字加 1	DEC_D	DECD　IN	双字减 1

字节加 1、减 1 操作是无符号的，其余的操作是有符号的。这些指令影响标志位 SM1.0(零)、SM1.1(溢出)、SM1.2(负)和 SM1.3(除数为 0)。

(四) 数据转换指令及编程

1. 数字转换指令

表 4-10 中的前 7 条指令属于数字转换指令，包括字节(B)与整数(I)之间(数值范围为 0～255)、整数与双整数(DI)之间、

4.5　数据转换指令及编程

BCD码与整数之间的转换指令，以及双整数转换为实数(R)的指令。BCD码的允许范围为0～9999，如果转换后的数超出输出的允许范围，溢出标志SM1.6将被置为1。整数转换为双整数时，有符号数的符号位被扩展到高字。字节是无符号的，转换为整数时没有扩展符号位的问题。图4-9给出了梯形图中的部分数字转换指令。

表4-10 数字转换指令

梯形图	语句表		描 述	梯形图	语句表		描 述
I_BCD	IBCD	OUT	整数转换成BCD码	I_S	ITS	IN, OUT, FMT	整数→字符串
BCD_I	BCDI	OUT	BCD码转换成整数	DI_S	DTS	IN, OUT, FMT	双整数→字符串
B_I	BTI	IN, OUT	字节转换成整数	R_S	RTS	IN, OUT, FMT	实数→字符串
I_B	ITB	IN, OUT	整数转换成字节	S_I	STI	IN, INDX, OUT	子字符串→整数
I_DI	ITD	IN, OUT	整数转换成双整数	S_DI	STD	IN, INDX, OUT	子字符串→双整数
DI_I	DTI	IN, OUT	双整数转换成整数	S_R	STR	IN, INDX, OUT	子字符串→实数
DI_R	DTR	IN, OUT	双整数转换成实数				
ROUND	ROUND	IN, OUT	实数四舍五入为双整数	ATH	ATH	IN, OUT, LEN	ASCII码→十六进制数
TRUNC	TRUNC	IN, OUT	实数截位取整为双整数	HTA	HTA	IN, OUT, LEN	十六进制数→ASCII码
SEG	SEG	IN, OUT	7段译码	ITA	ITA	IN, OUT, FMT	整数→ASCII码
DECO	DECO	IN, OUT	译码	DTA	DTA	IN, OUT, FMT	双整数→ASCII码
ENCO	ENCO	IN, OUT	编码	RTA	RTA	IN, OUT, FMT	实数→ASCII码

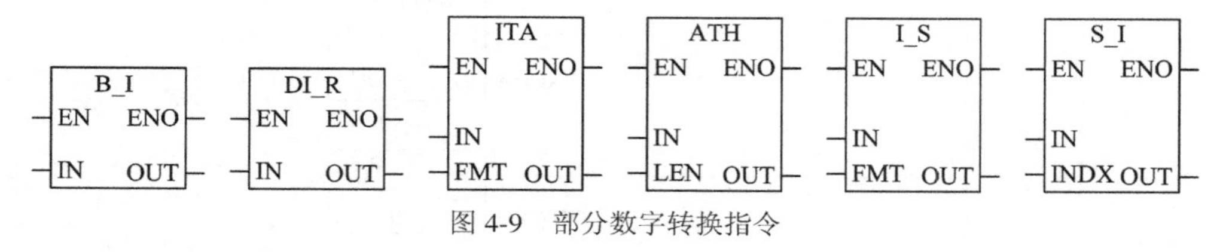

图4-9 部分数字转换指令

2. 实数转换为双整数的指令

指令ROUND将实数(IN对应的数)四舍五入后转换成双整数，如果小数部分≥0.5，则整数部分加1。截位取整指令TRUNC将m位整数(IN对应的数)转换成m位带符号整数，小数部分被舍去。

如果转换后的数超出双整数的允许范围，则溢出标志SM1.1被置为1。

3. 数字转换指令举例

【例4-3】 用实数运算求直径为9876 mm的圆的周长，并将结果转换为整数。

解：
```
LD      I0.0
ITD     +9876，AC1       //9876装入AC1，整数转换为双整数
DTR     AC1，AC1         //双整数转换为实数9876.0
*R      3.14159，AC1     //乘以π得31 026.34
ROUND   AC1，VD4         //转换为整数31 026
```

四、任务实施

1. I/O分配

为了便于区别，工位依1～8编号并各设一个限位开关。为了呼车，每个工位设一呼车

按钮，系统设启动及停机按钮各 1 个，小车设正、反转接触器各 1 个。系统设呼车指示灯各 1 盏，但并连接于某一输出口上。系统布置示意图如图 4-1 所示。

根据控制要求，绘制系统工作流程图如图 4-10 所示。为了实现图中功能，选择 S7-222 基本单元 1 台及 EM222 扩展单元 2 台组成系统。可编程的端口及机内器件安排如表 4-11 所示。

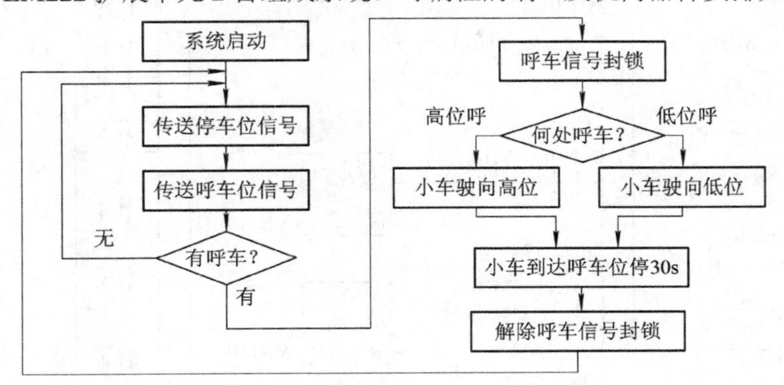

图 4-10　呼车系统工作流程图

表 4-11　呼车系统输入/输出端口安排表

限位开关(停车号)		呼号按钮(呼车号)		其　他	
ST1	I2.0	SB1	I1.0	Q0.2	可呼车指示
ST2	I2.1	SB2	I1.1	Q0.1	电动机正转接触器
ST3	I2.2	SB3	I1.2	Q0.0	电动机反转接触器
ST4	I2.3	SB4	I1.3	M10.1	呼车封锁中间继电器
ST5	I2.4	SB5	I1.4	M10.2	系统启动中间继电器
ST6	I2.5	SB6	I1.5	I0.0	系统启动按钮
ST7	I2.6	SB7	I1.6	I0.1	系统停止工作按钮
ST8	I2.7	SB8	I1.7		

2．硬件接线

根据系统控制要求及 PLC 的 I/O 分配，其系统接线图如图 4-11 所示。

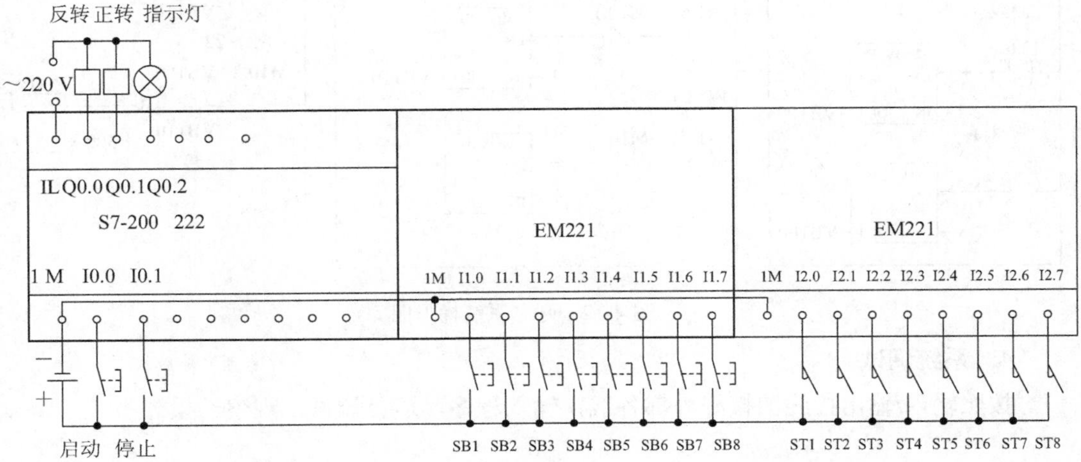

反转 正转 指示灯

~220 V

IL Q0.0 Q0.1 Q0.2

S7-200　222

EM221　　EM221

1 M　I0.0　I0.1　　1M　I1.0　I1.1　I1.2　I1.3　I1.4　I1.5　I1.6　I1.7　　1M　I2.0　I2.1　I2.2　I2.3　I2.4　I2.5　I2.6　I2.7

启动　停止　　SB1　SB2　SB3　SB4　SB5　SB6　SB7　SB8　　ST1　ST2　ST3　ST4　ST5　ST6　ST7　ST8

图 4-11　呼车系统 PLC 接线图

3．程序设计

程序的编制将使用传送比较类指令。其基本原理为分别传送停车工位号及呼车工位号并比较后决定台车的运动方向，其梯形图程序如图 4-12 所示。

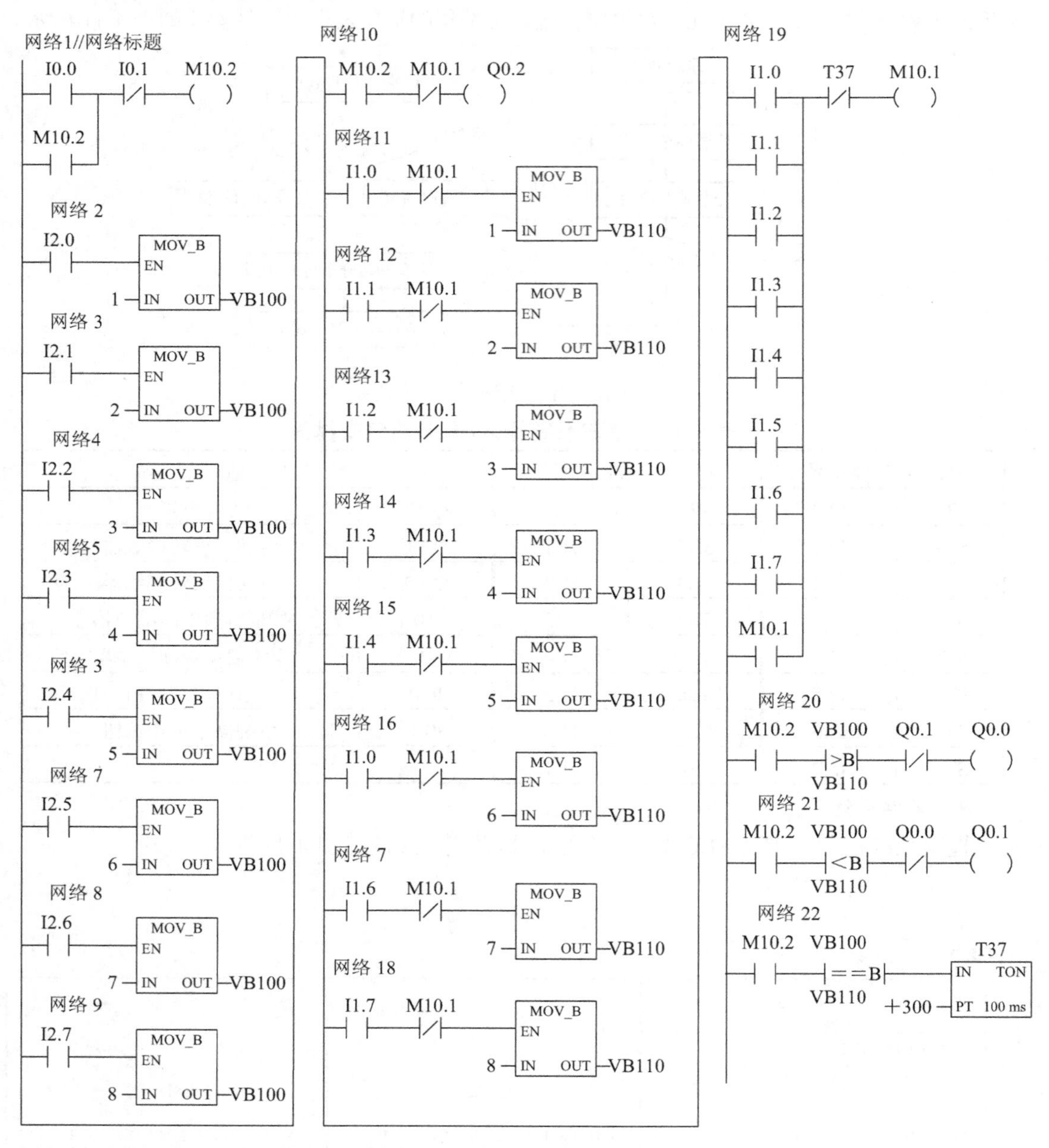

图 4-12 呼车系统梯形图

4．系统调试

按照输入/输出接线图接好外部各线，输入程序，运行调试，观察结果。

五、能力测试

设计一个九秒钟倒计时钟。接通控制开关、数码管显示“9”，随后每隔 1 s，显示数字减 1，减到“0”时，启动蜂鸣器报警，断开控制开关停止显示。I/O 分配如下：I0.0 为控制开关；Q0.0～Q0.6 接七段数码管；Q1.0 接蜂鸣器。

(1) 设计程序(40 分)。根据系统控制要求及 I/O 分配，设计梯形图。

(2) 设计接线图(20 分)。根据系统控制要求及 I/O 分配，设计系统接线图。

(3) 系统调试(40 分)。

① 程序输入。按设计的梯形图输入程序。(10 分)

② 静态调试。按设计的系统接线图正确连接好输入电路，进行模拟静态调试，观察 PLC 输出指示灯动作情况是否正确，否则检查程序，直到正确为止。(10 分)

③ 动态调试。按设计的系统接线图正确连接好输出电路，进行动态调试，观察模拟板上发光二极管的动作是否正确，否则检查线路连接及 I/O 接口。(10 分)

④ 其他测试。测试过程中的表现、安全生产、相关提问等。(10 分)

六、研讨与练习

在 I0.0 的上升沿，将 VD0 中的 0～99.99 Hz 的浮点数格式的频率值转换为以 0.01 Hz 为单位的 4 位 BCD 码后，传送给 QW0，通过译码芯片和七段显示器显示频率值。每个译码芯片的输入为 1 位 BCD 码。编写出语句表程序，QW0 的哪 4 位对应于 BCD 码的个位值？

语句表程序如下：

```
LD      I0.0
EU                          //在 I0.0 的上升沿
MOVR    100.0，VD4
*R      VD0，VD4            //乘以 100
ROUND   VD4，VD8            //四舍五入转换为整数
MOVW    VW10，VW12          //VD8 的低位字送 VW12
IBCD    VW12                //转换为 BCD 码
MOVW    VW12，QW0
```

QW0 由 QB0 和 QB1 组成，其中 QB0 的低四位对应 BCD 码的个位值。

七、思考与练习

在 M0.0 的上升沿，用 3 个拨码开关来设置定时器的时间，每个拨码开关的输出占用 PLC 的 4 位数字量输入点，个位拨码开关接 I1.0～I1.3，I1.0 为最低位；十位和百位拨码开关分别接 I1.4～I1.7 和 I0.0～I0.3。设计梯形图，读入拨码开关输出的 BCD 码，转换为二进制数后存放在 VW10 中，作为接通延时定时器 T33 的时间设定值。T33 在 M0.1 为 ON 时开始定时。

任务二　步进电动机的 PLC 控制

一、任务目标

(1) 熟悉步进电动机的工作原理及使用知识。

(2) 掌握脉冲输出指令的功能及应用。

(3) 掌握程序结构及子程序编程方法。

二、任务分析

设计某一两相混合式步进电动机带动的直线左右运动控制系统。要求按下启动按钮，步进电动机先反转左行，左行过程包括加速、匀速和减速 3 个阶段，在加速阶段，要求在 4000 个脉冲以内从 200 Hz 增到最大频率 1000 Hz；匀速阶段持续 20 000 个脉冲，频率 1000 Hz；减速阶段要求在 4000 个脉冲以内，从 1000 Hz 减到 200 Hz，反转左行完成后再正转右行，正转过程与反转过程相同。在正转或反转过程中，如果按下停止按钮，则停止运行；如果反转左行过程中碰到左限位开关，则停止左行并开始正转右行；若正转右行过程中碰到右限位开关，则停止运行；如果按下启动按钮时就在左限位开关处，则只进行右行过程，右行完成后，系统停止运行。系统停止运行后，再按启动按钮，又会重复上述过程。要求设计、实现该控制系统，并形成相应的设计文档。

该项目中，硬件部分主要包括 PLC、步进电动机及步进电动机驱动器等。软件部分需要掌握 PLC 的子程序及调用和高速脉冲输出指令的运用。完成该项目设计的重点在于对步进电动机及步进电动机驱动器的选择，以及对 S7-200 PLC 数据传送、子程序调用以及高速脉冲输出指令的使用等内容。

三、相关知识

4.6　步进电动机的基础知识

(一) 步进电动机的基本知识

1．步进电动机的工作原理及使用

步进电动机是将电脉冲信号转换为相应的角位移或直线位移的一种特殊执行电动机。每输入一个电脉冲信号，电动机就转动一个角度，它的运动形式是步进式的，所以称为步进电动机。

1) 步进电动机的工作原理

下面以一台最简单的三相反应式步进电动机为例，简单介绍步进电动机的工作原理。

图 4-13 是一台三相反应式步进电动机的原理图。定子铁芯为凸极式，共有 3 对(6 个)磁极，每两个空间相对的磁极上绕有一相控制绕组。转子用软磁性材料制成，也是凸极结构，只有 4 个齿，齿宽等于定子的极宽。

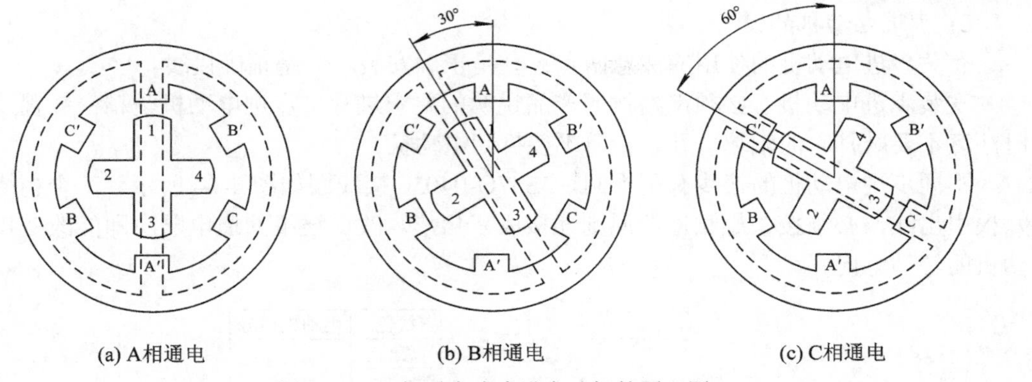

(a) A相通电　(b) B相通电　(c) C相通电

图 4-13　三相反应式步进电动机的原理图

当 A 相控制绕组通电，其余两相均不通电时，电机内建立以定子 A 相极为轴线的磁场。由于磁通具有力图走磁阻最小路径的特点，使转子齿 1、3 的轴线与定子 A 相极轴线对齐，如图 4-13(a)所示。若 A 相控制绕组断电、B 相控制绕组通电时，转子在反应转矩的作用下，逆时针转过 30°，使转子齿 2、4 的轴线与定子 B 相极轴线对齐，即转子走了一步，如图 4-13(b)所示。若断开 B 相，使 C 相控制绕组通电，转子逆时针方向又转过 30°，使转子齿 1、3 的轴线与定子 C 相极轴线对齐，如图 4-13(c)所示。如此按 A—B—C—A 的顺序轮流通电，转子就会一步一步地按逆时针方向转动。其转速取决于各相控制绕组通电与断电的频率，旋转方向取决于控制绕组轮流通电的顺序。若按 A—C—B—A 的顺序通电，则电动机按顺时针方向转动。

上述通电方式称为三相单三拍。“三相”是指三相步进电动机；“单三拍”是指每次只有一相控制绕组通电，控制绕组每改变一次通电状态称为一拍，“三拍”是指改变三次通电状态为一个循环。把每一拍转子转过的角度称为步距角。三相单三拍运行时，步距角为 30°。显然，这个角度太大，不能付诸实用。

如果把控制绕组的通电方式改为 A→AB→B→BC→C→CA→A，即一相通电接着二相通电间隔地轮流进行，完成一个循环需要经过 6 次改变通电状态，称为三相单、双六拍通电方式。当 A、B 两相绕组同时通电时，转子齿的位置应同时考虑到两对定子极的作用，只有 A 相极和 B 相极对转子齿所产生的磁拉力相平衡的中间位置，才是转子的平衡位置。这样，在单、双六拍通电方式下转子平衡位置增加了一倍，步距角为 15°。

进一步减少步距角的措施是采用定子磁极带有小齿、转子齿数很多的结构，分析表明，这样结构的步进电动机，其步距角可以做得很小。一般地说，实际的步进电动机产品，都是采用这种方法实现步距角的细分。例如选用的 Kinco 三相步进电动机 3S57Q-04056，它的步距角是 1.2°。

除了步距角外，步进电动机还有例如保持扭矩、阻尼扭矩等技术参数，这些参数的物理意义请参阅有关步进电动机的专门资料。3S57Q-04056 部分技术参数如表 4-12 所示。

表 4-12　3S57Q-04056 部分技术参数

参数名称	步距角	相电流	保持扭矩	阻尼扭矩	电动机转动惯量
参数值	1.2°	5.6 A	0.9 N·m	0.04 N·m	0.3 kg·cm^2

2) 步进电动机的使用

有关步进电动机的使用应注意两点：一是正确安装；二是正确接线。

安装步进电动机，必须严格按照产品说明的要求进行。步进电动机是精密装置，安装时注意不要敲打它的轴端，并且千万不要拆卸电动机。

不同步进电动机的接线有所不同，3S57Q-04056 接线图如图 4-14 所示，三个相绕组的六根引出线，必须按头尾相连的原则连接成三角形。改变绕组的通电顺序即能改变步进电动机的转动方向。

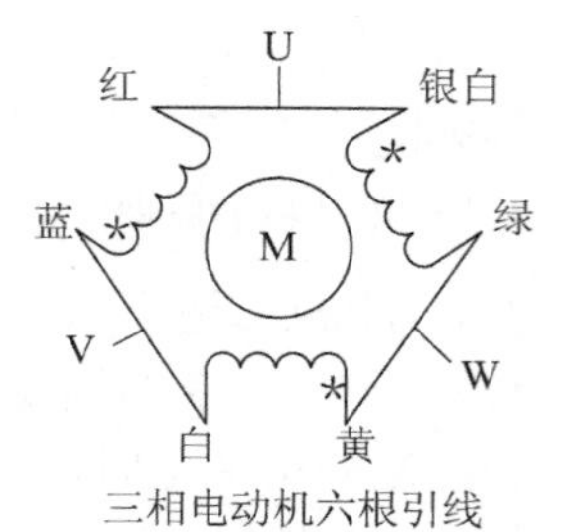

线色	电动机信号
红色	U
银白色	
蓝色	V
白色	
黄色	W
绿色	

图 4-14　3S57Q-04056 的接线图

2. 步进电动机的驱动装置

步进电动机需要专门的驱动装置(驱动器)供电，驱动器和步进电动机是一个有机的整体，步进电动机的运行性能是电动机及其驱动器二者配合所反映的综合效果。

1) 驱动器概述

一般来说，每一台步进电动机大都有其对应的驱动器，例如，Kinco 三相步进电动机 3S57Q-04056 与之配套的驱动器是 Kinco 3M458 三相步进电动机驱动器。图 4-15 和图 4-16 分别是它的外观图和典型接线图。图中，驱动器可采用直流 24 V～40 V 电源供电，该电源常由开关稳压电源(DC 24 V 8 A)供给。输出电流和输入信号规格为：

(1) 输出相电流为 3.0 A～5.8 A，输出相电流通过拨动开关设定；驱动器采用自然风冷的冷却方式。

图 4-15　Kinco 3M458 外观图

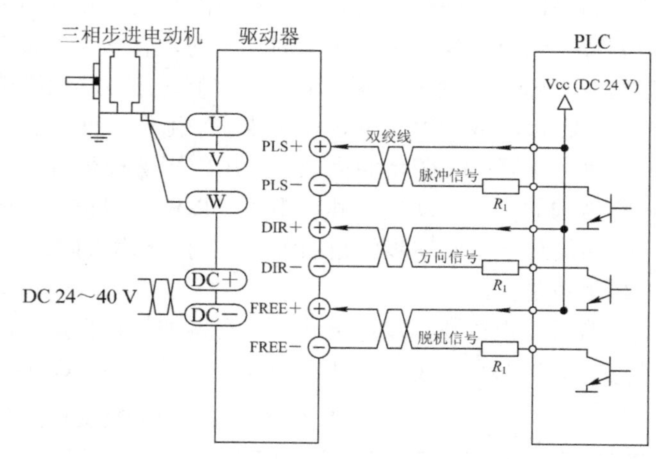

图 4-16　Kinco 3M458 的典型接线图

(2) 控制信号输入电流为 6 mA～16 mA，控制信号的输入电路采用光耦隔离。控制器 PLC 输出公共端 V_{cc} 使用的是 DC 24 V 电压，所使用的限流电阻 R_1 为 2 kΩ。

由图可见，步进电动机驱动器的功能是接收来自控制器(PLC)一定数量和频率的脉冲信号以及电动机旋转方向的信号，为步进电动机输出三相功率脉冲信号。

2) 驱动器的组成和功能

步进电动机驱动器的组成包括脉冲分配器和脉冲放大器两部分，主要解决向步进电动机的各相绕组分配输出脉冲和功率放大两个问题。

(1) 脉冲分配器：是一个数字逻辑单元，它接收来自控制器的脉冲信号和转向信号，把脉冲信号按一定的逻辑关系分配到每一相脉冲放大器上，使步进电动机按选定的运行方式工作。由于步进电动机各相绕组是按一定的通电顺序并不断循环来实现步进功能的，因此脉冲分配器也称为环形分配器。实现这种分配功能的方法有多种，例如，可以由双稳态触发器和门电路组成，也可以由可编程逻辑器件组成。

(2) 脉冲放大器：是进行脉冲功率放大。因为从脉冲分配器能够输出的电流很小(毫安级)，而步进电机工作时需要的电流较大，因此需要进行功率放大。此外，输出的脉冲波形、幅度、波形前沿陡度等因素对步进电动机运行性能有重要的影响。

3M458 驱动器采取如下一些措施，大大改善了步进电动机的运行性能：

① 内部驱动直流电压达 40 V，能提供更好的高速性能。

② 具有电机静态锁紧状态下的自动半流功能，可大大降低电动机的发热。为调试方便，驱动器还有一对脱机信号输入线 FREE+ 和 FREE− (如图 4-16 所示)，当这一信号为 ON 时，驱动器将断开输入到步进电动机的电源回路。

③ 3M458 驱动器采用交流伺服驱动原理，把直流电压通过脉宽调制技术变为三相阶梯式正弦波形电流，如图 4-17 所示。

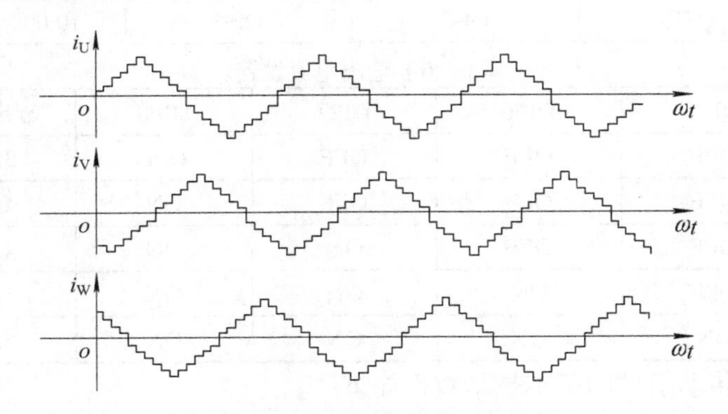

图 4-17　相位差 120°的三相阶梯式正弦电流

阶梯式正弦波形电流按固定时序分别流过三相绕组，其每个阶梯对应电机转动一步。通过改变驱动器输出正弦电流的频率来改变电动机转速，而输出的阶梯数确定了每步转过的角度，角度越小，其阶梯数就越多，即细分就越大。从理论上说，此角度可以设得足够小，所以细分数可以是很大。3M458 驱动器细分精度最高可达 10 000 步/转的驱动细分，细分可以通过拨动开关来设定。

细分驱动方式不仅可以减小步进电动机的步距角、提高分辨率，而且可以减少或消除低频振动，使电动机运行得更加平稳均匀。

在 3M458 驱动器的侧面连接端子中间有一个红色的八位 DIP 功能设定开关，如图

4-18(a)所示，可以用来设定驱动器的工作方式和工作参数，包括细分设置、静态电流设置和运行电流设置。图 4-18(b)是该 DIP 开关功能划分说明，表 4-13(a)和(b)分别为细分设置表和输出电流设置表。

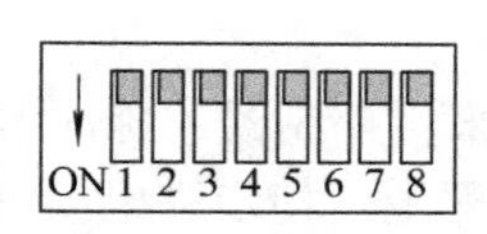

(a) 正视图

开关序号	ON功能	OFF功能
DIP1～DIP3	细分设置用	细分设置用
DIP4	静态电流全流	静态电流半流
DIP5～DIP8	电流设置用	电流设置用

(b) 功能划分说明

图 4-18　3M458 DIP 功能设定开关

表 4-13　细分设置表与输出电流设置表

(a) 细分设置表

DIP1	DIP2	DIP3	细分
ON	ON	ON	400 步/转
ON	ON	OFF	500 步/转
ON	OFF	ON	600 步/转
ON	OFF	OFF	1000 步/转
OFF	ON	ON	2000 步/转
OFF	ON	OFF	4000 步/转
OFF	OFF	ON	5000 步/转
OFF	OFF	OFF	10 000 步/转

(b) 输出电流设置表

DIP5	DIP6	DIP7	DIP8	输出电流
OFF	OFF	OFF	OFF	3.0 A
OFF	OFF	OFF	ON	4.0 A
OFF	OFF	ON	ON	4.6 A
OFF	ON	ON	ON	5.2 A
ON	ON	ON	ON	5.8 A

步进电动机传动组件的基本技术数据如下：

3S57Q-04056 步进电动机步距角为 1.2°，即在无细分的条件下 300 个脉冲电动机转一圈(通过驱动器设置细分精度最高可以达到 10 000 个脉冲电机转一圈)。

对于采用步进电动机作动力源的 YL335-B 系统，出厂时驱动器细分设置为 10 000 步/转。若直线运动组件的同步轮齿距为 5 mm，共 12 个齿，则旋转一周搬运执行机构位移 60 mm。即每步执行机构位移 0.006 mm；电动机驱动电流设为 5.2 A；静态锁定方式为静态半流。

3. 使用步进电动机应注意的问题

(1) 控制步进电动机运行时，应注意防止步进电动机运行中出现失步的问题。

步进电动机失步包括丢步和越步。丢步时，转子前进的步数小于脉冲数；越步时，转子前进的步数多于脉冲数。丢步严重时，将使转子停留在一个位置上或围绕一个位置振动；

越步严重时，设备将发生过冲。

(2) 使执行机构返回原点的操作，常常会出现越步情况。当执行机构回到原点时，原点开关动作，使指令输入 OFF。但如果到达原点前速度过高，惯性转矩将大于步进电动机的保持扭矩而使步进电动机越步。因此回原点的操作应确保足够低速为宜。当步进电动机驱动执行机构高速运行时紧急停止，出现越步情况不可避免，因此急停复位时，应采取先低速返回原点重新校准，再恢复原有操作的方法。

注：所谓保持扭矩，是指电动机各相绕组通额定电流，且处于静态锁定状态时，电动机所能输出的最大转矩，它是步进电动机最主要的参数之一。

(3) 由于电动机绕组本身是感性负载，输入频率越高，励磁电流就越小。频率高，磁通量变化加剧，涡流损失加大。因此，输入频率增高，输出转矩降低。最高工作频率时的输出转矩只能达到低频转矩的 40%～50%。进行高速定位控制时，如果指定频率过高，则会出现丢步现象。此外，如果机械部件调整不当，会使机械负载增大。步进电动机不能过载运行，哪怕是瞬间，都会造成丢步，严重时步进电动机将会停转或不规则地原地反复振动。

(二) 局部变量表与子程序

S7-200 PLC 把程序分为 3 大类：主程序(OB1)、子程序(SBR_n)和中断程序(INT_n)。实际应用中，有些程序内容可能被反复使用，对于这些可能被反复使用的程序往往编成一个单独的程序块，存放在某一个区域，程序执行时可以随时调用这些程序块。这些程序块可以带一些参数，也可以不带参数，这类程序块被称为子程序。

4.7　局部变量表与子程序

4.8　变址寻址应用实例

子程序由子程序标号开始，到子程序返回指令结束。S7-200 PLC 的编程软件 STEP7 Micro/Win32 为每个子程序自动加入子程序标号和子程序返回指令。在编程时，子程序开头不用编程者另加子程序标号，子程序末尾也不需另加返回指令。

子程序的优点在于它可以对一个大的程序进行分段及分块，使其成为较小的更易管理的程序块。通过使用较小的子程序块，会使得对一些区域及整个程序检查及排除故障变得更简单。子程序只在需要时才被调用、执行。

在程序中使用子程序，必须完成下列 3 项工作：建立子程序；在子程序局部变量表(只在它被创建的POU中有效)中定义参数(如果有)；从适当的 POU(Program Organization Unit，程序组织单元，POU 指主程序、子程序或中断处理程序)调用子程序。

1. 子程序的建立

在 STEP7 Micro/Win32 编程软件中，可采用下列方法之一建立子程序。

(1) 从“编辑”菜单，选择“插入(Insert)”→“子程序(Subroutine)”。

(2) 从“指令树”中，右击“程序块”图标，并从弹出的快捷菜单中选择“插入(Insert)”→“子程序(Subroutine)”。

(3) 在“程序编辑器”窗口中单击鼠标右键，从弹出的快捷菜单中选择“插入(Insert)”→“子程序(Subroutine)”。

程序编辑器从显示先前的“POU”更改为新的子程序。程序编辑器底部会出现一个新标签(缺省标签为 SBR_0、SBR_1)，代表新的子程序名。此时，可以对新的子程序编程，也可以双击子程序标签对子程序重新命名。如果为子程序指定一个符号名，如 USR_NAME，则该符号名会出现在指令树的“调用子程序”文件夹中。

2. 为子程序定义参数

如果要为子程序指定参数，可以使用该子程序的局部变量表来定义参数。S7-200 PLC 为每个 POU 都安排了局部变量表，利用选定该子程序后出现的局部变量表为该子程序定义局部变量或参数，一个子程序最多可以具有 16 个输入/输出参数。

如 SBR_0 子程序是一个含有 4 个输入参数、1 个输入/输出参数、1 个输出参数的带参数的子程序。在创建该子程序时，首先要打开这个子程序的局部变量表，然后在局部变量表中为这 6 个参数赋予名称(如 IN1、IN2、IN3、IN4、INOUT1、OUT1)、选定变量类型(IN 或者 IN_OUT 或者 OUT)，并赋予正确的数据类型(如 BOOL、BYTE、WORD、DWORD 等)，局部变量的参数定义如表 4-14 所示。这时若再调用 SBR_0，该子程序自然就带参数了。注：表中“地址”一项(L 区)参数是自动形成的。

表 4-14 局部变量的参数定义

地址	名称	变量类型	数据类型
L0.0	IN1	IN	BOOL
LB1	IN2	IN	BYTE
L2.0	IN3	IN	BOOL
LD3	IN4	IN	DWORD
LD7	INOUT1	IN_OUT	DWORD
LD11	OUT1	OUT	DWORD

3. 子程序调用指令与返回指令

(1) 子程序调用与返回指令的梯形图表示。子程序调用指令由子程序调用允许端 EN、子程序调用助记符 SBR 和子程序标号 n 构成。子程序返回指令由子程序返回条件、子程序返回助记符 CRET 构成。

(2) 子程序调用与返回指令的语句表表示。子程序调用指令由子程序调用助记符 CALL 和子程序标号 SBR_n 构成。子程序返回指令由子程序返回条件、子程序返回助记符 CRET 构成。

如果调用的子程序带有参数，则还要附上调用时所需的参数。子程序调用与返回指令的梯形图如图 4-19 所示，图 4-20 所示为带参数的子程序调用。

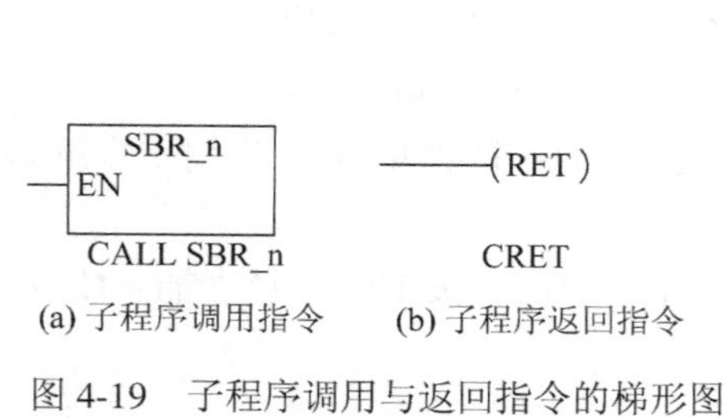

图 4-19 子程序调用与返回指令的梯形图

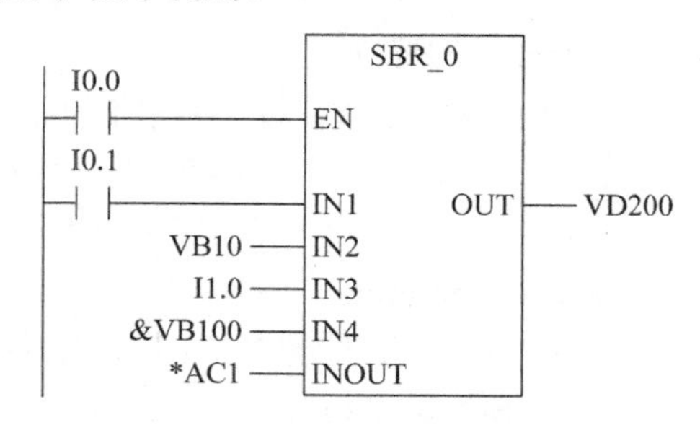

图 4-20 带参数的子程序调用

(3) 子程序的操作。主程序内使用的调用指令决定是否去执行指定的子程序。子程序的调用由调用指令完成。当子程序调用允许时，调用指令将程序控制转移给子程序 SBR_n，程序扫描将转到子程序入口处执行。当执行子程序时，将执行全部子程序指令直至满足返回条件而返回，或者执行到子程序末尾而返回。当子程序返回时，返回到原主程序出口的下一条指令执行，继续往下扫描程序。

(4) 数据范围。n 为 0～63。

4．子程序编程步骤

(1) 建立子程序(SBR_n)。

(2) 在子程序(SBR_n)中编写应用程序。

(3) 在主程序或其他子程序或中断程序中编写调用子程序(SBR_n)的指令。

【例 4-4】 如图 4-21 所示是一个用梯形图语言对无参数子程序调用的编程例子。

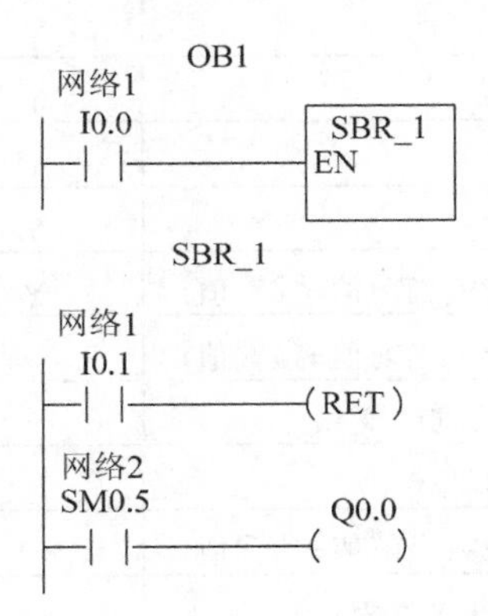

图 4-21 梯形图语言对无参数子程序调用的编程

解： OB1 是 S7-200 PLC 的主程序，OB1 中仅有一个网络。该程序的功能是，当输入端 I0.0=1 时，调用子程序 1。

SBR_1 是被调用的子程序。该程序段的第一个网络的功能是，如果输入信号 I0.1=1，则立刻返回主程序，而不向下扫描该子程序。该程序段第二个网络的功能是，每隔 1s 启动 Q0.0 输出 1 次，占空比为 50%。

(三) 中断与中断指令

中断就是终止当前正在运行的程序，去执行为立即响应的信号而编制的中断服务程序，执行完毕再返回原先被终止的程序并继续运行的过程。S7-200 PLC 设置了中断功能，用于实时控制、高速处理、通信和网络等复杂和特殊的控制任务。

4.9 中断与中断指令

1．中断源

1) 中断源的类型

中断源即发出中断请求的事件，又称中断事件。为了便于识别，S7-200 PLC 给每个中断源都分配了一个编号，称为中断事件号。S7-200 系列 PLC 总共有 34 个中断源，分为 3 大类：通信中断、I/O 中断和时基中断，如表 4-15 所示。

表 4-15 中断事件号

事件号	描 述	CPU 221 CPU 222	CPU 224	CPU 224XP CPU 226
0	上升沿， I0.0	Y	Y	Y
1	下降沿， I0.0	Y	Y	Y
2	上升沿， I0.1	Y	Y	Y
3	下降沿， I0.1	Y	Y	Y
4	上升沿， I0.2	Y	Y	Y
5	下降沿， I0.2	Y	Y	Y
6	上升沿， I0.3	Y	Y	Y
7	下降沿， I0.3	Y	Y	Y
8	端口 0， 接收字符	Y	Y	Y
9	端口 0， 发送完成	Y	Y	Y
10	定时中断 0， SMB34	Y	Y	Y
11	定时中断 1， SMB35	Y	Y	Y
12	HSC0， CV=PV(当前值=预置值)	Y	Y	Y
13	HSC1， CV=PV(当前值=预置值)	—	Y	Y
14	HSC1， 输入方向改变	—	Y	Y
15	HSC1， 外部复位	—	Y	Y
16	HSC2， CV=PV(当前值=预置值)	—	Y	Y
17	HSC2， 输入方向改变	—	Y	Y
18	HSC2， 外部复位	—	Y	Y
19	PTO0， 完成中断	Y	Y	Y
20	PTO1， 完成中断	Y	Y	Y
21	定时器 T32， CT=PT 中断	Y	Y	Y
22	定时器 T96， CT=PT 中断	Y	Y	Y
23	端口 0， 接收消息完成	Y	Y	Y
24	端口 1， 接收消息完成	—	—	Y
25	端口 1， 接收字符	—	—	Y
26	端口 1， 发送完成	—	—	Y
27	HSC0， 输入方向改变	Y	Y	Y
28	HSC0， 外部复位	Y	Y	Y
29	HSC4， CV=PV(当前值=预置值)	Y	Y	Y
30	HSC4， 输入方向改变	Y	Y	Y
31	HSC4， 外部复位	Y	Y	Y
32	HSC3， CV=PV(当前值=预置值)	Y	Y	Y
33	HSC5， CV=PV(当前值=预置值)	Y	Y	Y

(1) 通信中断。S7-200 PLC 的串行通信口可由用户程序来控制，通信口的这种操作模式称为自由口通信模式。在自由口通信模式下，用户可通过编程来设置波特率、奇偶检验和通信协议等参数。利用接收和发送中断可简化程序对通信的控制。通信口中断事件编号有 8、9、23～26。

(2) I/O 中断。I/O 中断包括外部输入上升/下降沿中断、高速计数器中断和高速脉冲输出(PTO)中断。S7-200 PLC 可用输入点 I0.0～I0.3 的上升或下降沿产生中断，这些输入点用于捕获外部必须立即处理的事件。高速计数器中断指对高速计数器运行时产生的事件实时响应，包括当前值等于预置值时产生的中断，计数方向改变时产生的中断或计数器外部复位产生的中断。高速脉冲输出中断是指预定数目的高速脉冲输出完成而产生的中断。

(3) 时基中断。时基中断包括定时中断和定时器 T32/T96 中断。定时中断用于支持一个周期性的活动，如对模拟量输入进行采样或定期执行 PID 回路等，周期时间从 1 ms～255 ms，时基是 1 ms。使用定时中断 0，必须在 SMB34 中写入周期时间；使用定时中断 1，必须在 SMB35 中写入周期时间。定时器 T32/T96 中断指允许对定时间隔产生中断，这类中断只能由时基为 1 ms 的定时器 T32/T96 构成。

2) 中断优先级和中断队列

优先级是指当多个中断事件同时发出中断请求时，CPU 对中断事件响应的优先次序。S7-200 PLC 规定的中断优先由高到低依次是：通信中断、I/O 中断、时基中断，如表 4-16 所示。

表 4-16　中断事件的优先级顺序

事件号	描　述		优先级组	组中的优先级
8	端口 0，	接收字符	通信 (最高)	0
9	端口 0，	发送完成		0
23	端口 0，	接收消息完成		0
24	端口 1，	接收消息完成		1
25	端口 1，	接收字符		1
26	端口 1，	发送完成		1
19	PTO，	0 完成中断	I/O (中等)	0
20	PTO，	1 完成中断		1
0	上升沿，	I0.0		2
2	上升沿，	I0.1		3
4	上升沿，	I0.2		4
6	上升沿，	I0.3		5
1	下降沿，	I0.0		6
3	下降沿，	I0.1		7
5	下降沿，	I0.2		8
7	下降沿，	I0.3		9
12	HSC0，	CV=PV(当前值=预置值)		10

续表

事件号	描 述	优先级组	组中的优先级
27	HSC0， 输入方向改变		11
28	HSC0， 外部复位		12
13	HSC1， CV=PV(当前值=预置值)		13
14	HSC1， 输入方向改变		14
15	HSC1， 外部复位		15
16	HSC2， CV=PV(当前值=预置值)		16
17	HSC2， 输入方向改变		17
18	HSC2， 外部复位		18
32	HSC3， CV=PV(当前值=预置值)		19
29	HSC4， CV=PV(当前值=预置值)		20
30	HSC4， 输入方向改变		21
31	HSC4， 外部复位		22
33	HSC5， CV=PV(当前值=预置值)		23
10	定时中断 0， SMB34	时基 (最低)	0
11	定时中断 1， SMB35		1
21	定时器 T32， CT=PT 中断		2
22	定时器 T96， CT=PT 中断		3

一个项目中总共可有128个中断。S7-200 PLC在各自的优先级组内按照“先来先服务”的原则为中断提供服务。在任何时刻，PLC只能执行一个中断程序。一旦一个中断程序开始执行，则一直执行至完成，不能被另一个中断程序打断，即使是更高优先级的中断程序。中断程序执行中，新的中断请求按优先级排队等候。中断队列能保存的中断个数有限，若超出，则会产生溢出。中断队列的最多中断个数和溢出标志位如表4-17所示。

表4-17 中断队列的最多中断个数和溢出标志位

队列	CPU 221	CPU 222	CPU 224	CPU 226 和 CPU 226XM	溢出标志位
通信中断队列	4	4	4	8	SM4.0
I/O 中断队列	16	16	16	16	SM4.1
时基中断队列	8	8	8	8	SM4.2

2. 中断指令

中断指令有4条，分别为开、关中断指令，中断连接和分离指令。中断指令格式如表4-18所示。

表 4-18　中断指令格式

指令格式	ENI	DISI	ATCH INT, EVNT	DTCH EVNT
梯形图符号	—(ENI)	—(DISI)	ATCH EN ENO ????—INT ????—EVNT	DTCH EN ENO ????—EVNT
操作数及数据类型	无	无	INT：常量 0～127 ENVT：常量 CPU 224：0～23，27～33 INT/EVNT 数据类型：字节	EVNT：常量 CPU 224：0～23，27～33 数据类型：字节

(1) 开、关中断指令。开中断(ENI)指令全局性允许所有中断事件，关中断(DISI)指令全局性禁止所有中断事件，中断事件出现后均须排队等候，直至使用全局开中断指令重新启用中断。

PLC 转换到 RUN(运行)模式时，中断是被禁用的，所有中断都不响应，可以通过执行开中断指令，允许 PLC 响应所有中断事件。

(2) 中断连接和分离指令。中断连接指令(ATCH)将中断事件(EVNT)与中断程序编号(INT)相连接，并启用该中断事件。中断分离指令(DTCH)取消某中断事件(EVNT)与所有中断程序之间的连接，并禁用该中断事件。

一个中断事件不能连接多个中断程序，但多个中断事件可以连接到同一个中断程序上。

3. 中断处理程序

1) 中断处理程序的概念

中断处理程序是为处理中断事件而事先编好的程序。中断处理程序不是由程序调用的，而是中断事件发生时由操作系统自动调用的。中断处理程序由中断程序标号开始，以无条件返回指令(CRETI)结束。在中断处理程序中禁止使用 DISI、ENI、HDEF、LSCR 和 END 指令。

2) 建立中断处理程序的方法

方法一：依次执行“编辑”→“插入(Insert)”→“中断(Interrupt)”命令。

方法二：在指令树上，右击“程序块”图标并从弹出的快捷菜单中选择“插入(Insert)”→“中断(Interrupt)”。

方法三：在“程序编辑器”窗口中单击鼠标右键，在弹出的快捷菜单中选择“插入(Insert)”→“中断(Interrupt)”。

程序编辑器从显示先前的 POU 更改为新中断处理程序，在程序编辑器的底部会出现一个新标记(默认为 INT_0、INT_1…)，代表新的中断处理程序。

【例 4-5】　编写由 I0.1 上升沿产生的中断事件的初始化程序。

解： 查表 4-15 可知，I0.1 上升沿产生的中断事件号为 2，所以在主程序中用 ATCH 指令将事件号 2 和中断程序 0 连接起来，并全局开中断。如果检测到 I/O 错误(SM5.0 为 1)，则分离中断并全局禁止中断，程序如图 4-22 所示。

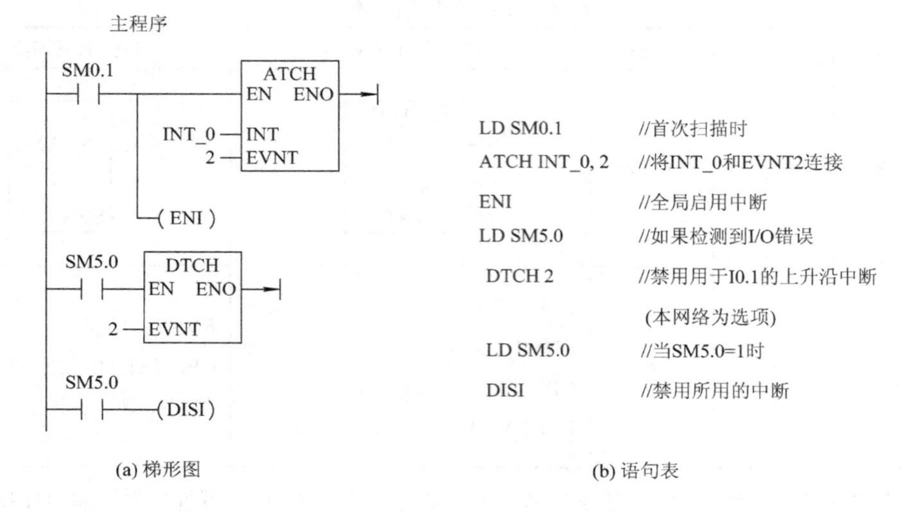

(a) 梯形图　　(b) 语句表

图 4-22　例 4-5 的程序

【例 4-6】 利用定时中断功能编制一个程序，须实现如下功能：当 I0.0 由 OFF→ON 时，Q0.0 亮 1 s，灭 1 s，如此循环反复直至 I0.0 由 ON→OFF，Q0.0 变为 OFF。

解：程序如图 4-23 所示。

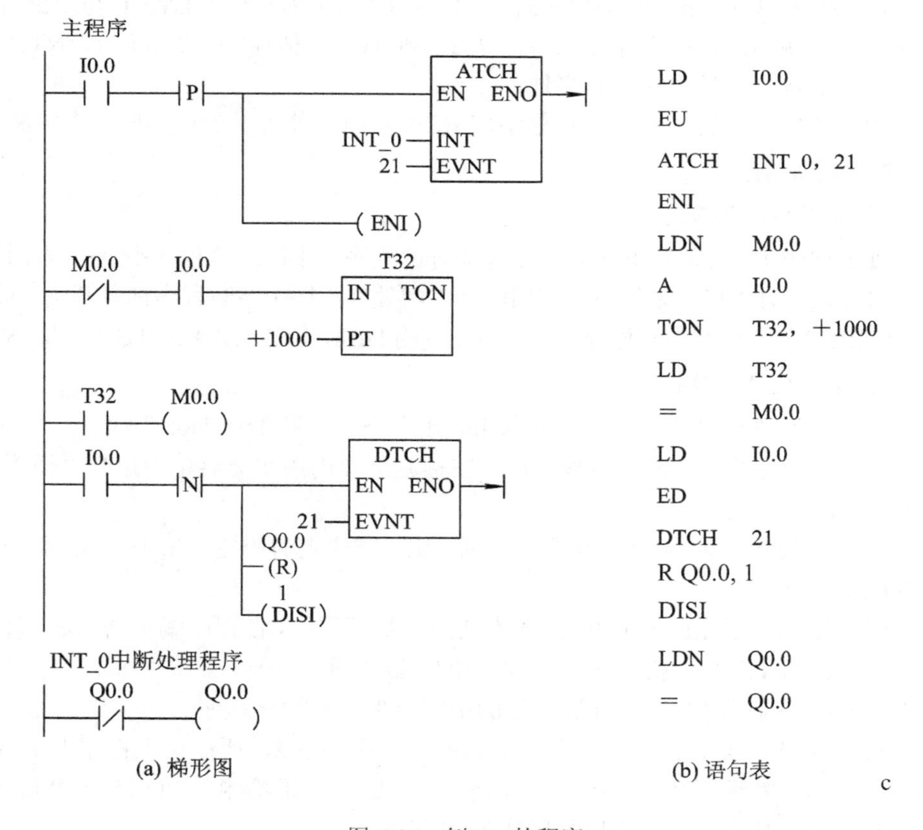

(a) 梯形图　　(b) 语句表

图 4-23　例 4-6 的程序

(四) PTO/PWM 指令及其应用

脉冲输出指令(PLS)用于实现 PTO(输出一个频率可调、占空比为 50%的脉冲)和 PWM (输出占空比可调的脉冲)高速输出，输出频率可达 20 kHz。高速脉冲输出可用于对电动机进行速度控制、位置控制及控制变频器使电动机调速。

4.10　PTOPWM 指令及应用

4.12　输出波形控制举例

1．高速脉冲输出占用的输出端子

S7-200 PLC 有 PTO、PWM 两种高速脉冲发生器。PTO 脉冲串功能可输出指定个数、指定周期的方波脉冲(占空比 50%)；PWM 脉冲串功能可输出脉宽变化的脉冲信号，用户可以指定脉冲的周期和脉冲的宽度。若一台发生器指定给数字输出点 Q0.0，另一台发生器则指定给数字输出点 Q0.1。当 PTO、PWM 高速脉冲发生器控制输出时，将禁止输出点 Q0.0、Q0.1 的正常使用；当不使用 PTO、PWM 高速脉冲发生器时，输出点 Q0.0、Q0.1 恢复正常的使用，即由输出映像寄存器决定其输出状态。

在启动 PTO、PWM 操作前，最好使用复位指令将 Q0.0、Q0.1 复位。

2．用于脉冲输出(Q0.0 或 Q0.1)的特殊存储器

1) 控制字节和参数的特殊存储器

每个 PTO/PWM 发生器都有一个控制字节(8 位)、一个脉冲计数值(无符号的 32 位数值)及一个周期时间和脉冲宽度值(无符号的 16 位数值)。这些值都放在特定的特殊存储区(SM)，如表 4-19 所示。当执行 PLS 指令时，S7-200 PLC 读这些特殊存储器位(SM)，然后执行特殊存储器位定义的脉冲操作，即对相应的 PTO/PWM 高速脉冲发生器进行编程。

表 4-19　脉冲输出(Q0.0 或 Q0.1)的特殊存储器

Q0.0 和 Q0.1 对 PTO/PWM 输出的控制字节				
Q0.0	Q0.1	说　明		
SM67.0	SM77.0	PTO/PWM 刷新周期值	0：不刷新；	1：刷新
SM67.1	SM77.1	PWM 刷新脉冲宽度值	0：不刷新；	1：刷新
SM67.2	SM77.2	PTO 刷新脉冲计数值	0：不刷新；	1：刷新
SM67.3	SM77.3	PTO/PWM 时基选择	0：1 μs	1：1 ms
SM67.4	SM77.4	PWM 更新方法	0：异步更新；	1：同步更新
SM67.5	SM77.5	PTO 操作	0：单段操作；	1：多段操作
SM67.6	SM77.6	PTO/PWM 模式选择	0：选择 PTO	1：选择 PWM
SM67.7	SM77.7	PTO/PWM 允许	0：禁止；	1：允许
Q0.0 和 Q0.1 对 PTO/PWM 输出的周期值				
Q0.0	Q0.1	说　明		
SMW68	SMW78	PTO/PWM 周期时间值(范围：2～65 535)		

续表

Q0.0 和 Q0.1 对 PTO/PWM 输出的脉宽值		
Q0.0	Q0.1	说　明
SMW70	SMW80	PWM 脉冲宽度值(范围：0～65 535)
Q0.0 和 Q0.1 对 PTO 脉冲输出的计数值		
Q0.0	Q0.1	说　明
SMD72	SMD82	PTO 脉冲计数值(范围：1～4 294 967 295)
Q0.0 和 Q0.1 对 PTO 脉冲输出的多段操作		
Q0.0	Q0.1	说　明
SMB166	SMB176	段号(仅用于多段 PTO 操作)，多段流水线 PTO 运行中的段的编号
SMW168	SMW178	包络表起始位置，用距离 V0 的字节偏移量表示(仅用于多段 PTO 操作)

2) 状态字节的特殊存储器

除了控制信息外，还有用于 PTO 功能的状态位，如表 4-20 所示。程序运行时，根据运行状态使某些位自动置位。可以通过程序来读取相关位的状态，并用此状态作为判断条件来实现相应的操作对输出的影响。

表 4-20　脉冲输出(Q0.0 或 Q0.1)的状态位

Q0.0	Q0.1	说　明
SM66.4	SM76.4	PTO 包络由于增量计算错误异常终止　0：无错；　1：异常终止
SM66.5	SM76.5	PTO 包络由于用户命令异常终止　0：无错；　1：异常终止
SM66.6	SM76.6	PTO 流水线溢出　0：无溢出；　1：溢出
SM66.7	SM76.7	PTO 空闲　0：运行中；　1：PTO 空闲

编程软件位置控制向导可以帮助用户快速完成 PTO、PWM 和位置控制模块 EM253 的参数设置，自动生成位置控制指令。

3. PTO 的使用

PTO 是可以指定脉冲数和周期的占空比为 50%的高速脉冲串的输出。PTO 可以产生单段脉冲串或多段脉冲串(使用脉冲包络)。

1) 周期和脉冲数

周期范围从 50 μs～65 535 μs 或从 2 ms～65 535 ms，为 16 位无符号数，时基有 μs 和 ms 两种，通过控制字节的第三位来选择。注意：

(1) 如果周期小于 2 个时间单位，则周期的默认值为 2 个时间单位；

(2) 如果设定的周期数为奇数，则会引起波形失真。

脉冲计数范围从 1～4 294 967 295，为 32 位无符号数，如果设定脉冲计数为 0，则系统默认脉冲计数值为 1。

2) PTO 的种类及特点

PTO 功能可输出多个脉冲串，当前脉冲串输出完成时，新的脉冲串输出立即开始，这样就保证了输出脉冲串的连续性。PTO 功能允许多个脉冲串排队，从而形成流水线，流水线分为单段流水线和多段流水线两种。

(1) 单段流水线：是指流水线中每次只能存储一个脉冲串的控制参数，初始 PTO 段一旦启动，必须按照第二个波形的要求刷新 SM，并再次执行 PLS 指令。第二个脉冲串的属性一直保持到第一个脉冲串完成，接着输出第二个波形。重复此过程可以实现多个脉冲串的输出。

单段流水线中的各段脉冲串可以采用不同的时间基准，但有可能造成脉冲串之间的不平稳过渡。输出多个高速脉冲时，编程较为复杂。

(2) 多段流水线：是指在变量存储区 V 建立一个包络表，包络表存放每个脉冲串的参数。执行 PLS 指令时，S7-200 PLC 自动按包络表中的顺序及参数进行输出脉冲串。

包络表中每段脉冲串的参数占用 8 个字节，由一个 16 位周期值(2 字节)、一个 16 位周期增量值(2 字节)和一个 32 位脉冲计数值(4 字节)组成。包络表的格式如表 4-21 所示。可以通过编程的方式使脉冲周期自动增减。在周期增量值处输入一个正值将增加周期；在周期增量值处输入一个负值将减少周期；若输入为零，则周期不变。在包络表中的所有的脉冲串必须采用同一时基，在多段流水线执行时，包络表的各段参数不能改变。

表 4-21　包络表的格式

从包络表起始地址的字节偏移	段	说　明
0		段数(1～255)；数值 0 产生非致命错误，无 PTO 输出
1	段 1	初始周期(2～65 535 个时基单位)
3		每个脉冲的周期增量 Δ(符号整数：−32 768～32 767 个时基单位)
5		脉冲数(1～4 294 967 295)
9	段 2	初始周期(2～65 535 个时基单位)
11		每个脉冲的周期增量 Δ(符号整数：−32 768～32 767 个时基单位)
13		脉冲数(1～4 294 967 295)
17	段 3	初始周期(2～65 535 个时基单位)
19		每个脉冲的周期增量 Δ(符号整数：−32 768～32 767 个时基单位)
21		脉冲数(1～4 294 967 295)

注意：周期增量值为整数微秒或毫秒。

【例 4-7】　根据下列要求设置控制字节。

要求：用 Q0.0 作为高速脉冲输出，输出脉冲操作为 PTO，允许脉冲输出，多段 PTO 脉冲串输出，时基为 ms，设定周期值和脉冲数。

解：根据输出要求使用 Q0.0，确定对应的控制字节为 SMB67，根据以上要求并参考表 4-19 确定写入 2#10101101，即 16#AD。

【例 4-8】 有一启动按钮接于 I0.0，停止按钮接于 I0.1。要求：当按下启动按钮时，Q0.0 输出 PTO 高速脉冲，脉冲的周期为 30 ms，个数为 10 000 个。若在输出脉冲过程中按下停止按钮，则脉冲输出立即停止。试编写 PTO 脉冲输出程序。

解：该程序如图 4-24 所示。

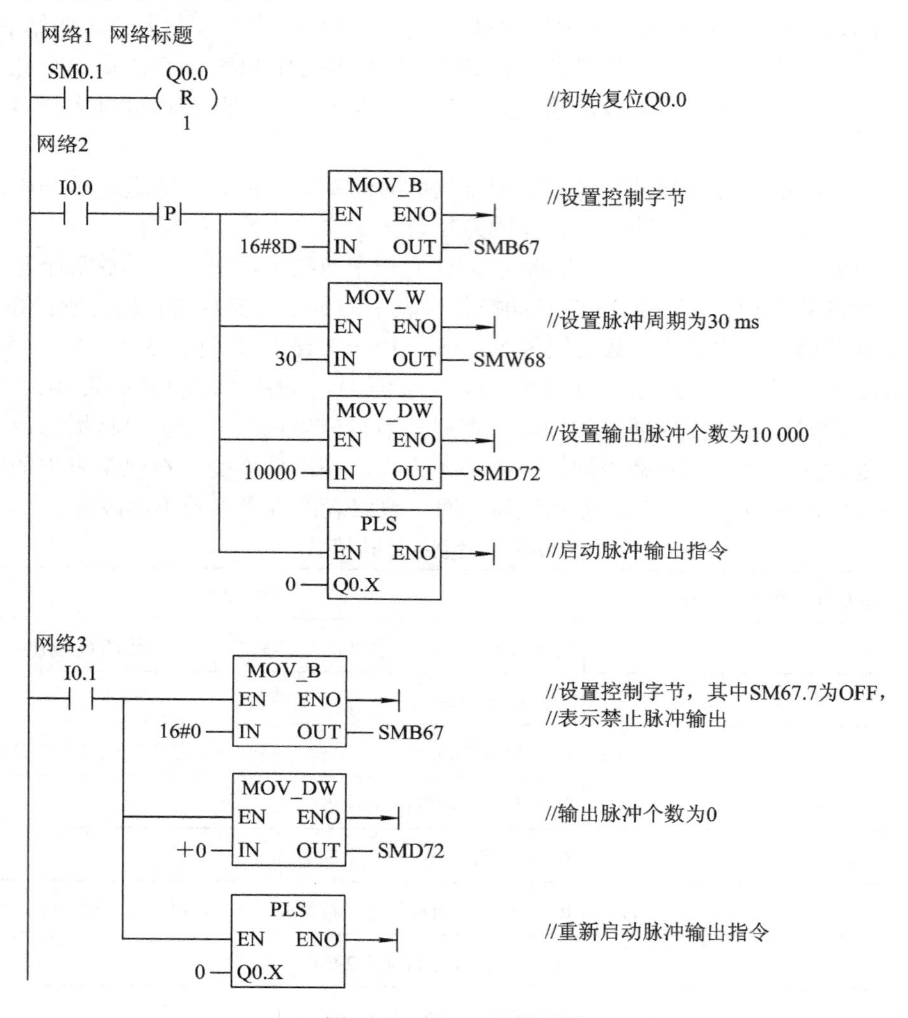

图 4-24 例 4-8 的梯形图

【例 4-9】 根据控制要求列出 PTO 包络表。步进电动机的控制要求如图 4-25 所示，从 A 到 B 为加速过程，从 B 到 C 为恒速运行，从 C 到 D 为减速过程。

解：在本例中，流水线可以分为 3 段，需建立 3 段脉冲的包络表。起始和终止脉冲频率为 2 kHz，最大脉冲频率为 10 kHz，所以起始和终止周期为 500 μs，最大频率的周期为 100 μs。1 段：加速运行，应在约 200 个脉冲时达到最大脉冲频率；2 段：恒速运行，约(4000 − 200 − 200) = 3600 个脉冲；3 段：减速运行，应在约 200 个脉冲时完成。

某一段每个脉冲周期增量值 $\varDelta$ 用下式确定：

$$\text{周期增量值}\varDelta=\frac{\text{该段结束时的周期时间}-\text{该段初始的周期时间}}{\text{该段的脉冲数}}$$

通过该式可计算出 1 段的周期增量值 Δ 为 −2 μs，2 段的周期增量值 Δ 为 0，3 段的周期增量值 Δ 为 2 μs。假设包络表位于从 VB200 开始的 V 存储区中，包络表如表 4-22 所示。

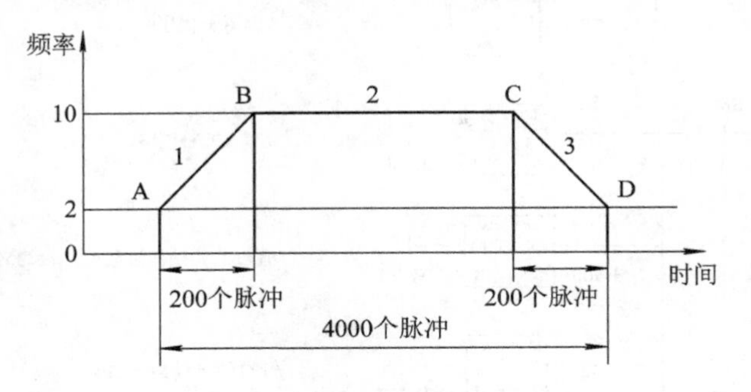

图 4-25　步进电动机的控制要求

表 4-22　例 4-8 的包络表

V 变量存储器地址	段号	参数值	说　明
VB200		3	段数
VW201	段 1	500 μs	初始周期
VW203		−2 μs	每个脉冲的周期增量 Δ
VD205		200	脉冲数
VW209	段 2	100 μs	初始周期
VW211		0	每个脉冲的周期增量 Δ
VD213		3600	脉冲数
VW217	段 3	100 μs	初始周期
VW219		2 μs	每个脉冲的周期增量 Δ
VD221		200	脉冲数

可以在程序中用指令将表中的数据送入 V 变量存储区中，也可以在数据块中定义包络表的值。

多段流水线 PTO 初始化和操作步骤如下。

用一个子程序实现 PTO 初始化，首次扫描(SM0.1)时从主程序调用初始化子程序，执行初始化操作。以后的扫描不再调用该子程序，这样减少扫描时间，程序结构更好。

分析：编程前首先选择高速脉冲发生器为 Q0.0，并确定 PTO 为 3 段流水线。设置控制字节 SMB67 为 16#A0，表示允许 PTO 功能、选择 PTO 操作、选择多段操作以及选择时基为微秒，不允许更新周期和脉冲数。建立 3 段的包络表，并将包络表的首地址装入 SMW168。PTO 完成调用中断程序，使 Q1.0 接通。PTO 完成的中断事件号为 19。用中断调用指令 ATCH 将中断事件 19 与中断程序 INT0 连接，并全局开中断。执行 PLS 指令，退出子程序。

本例题的主程序、初始化子程序和中断程序如图 4-26 所示。

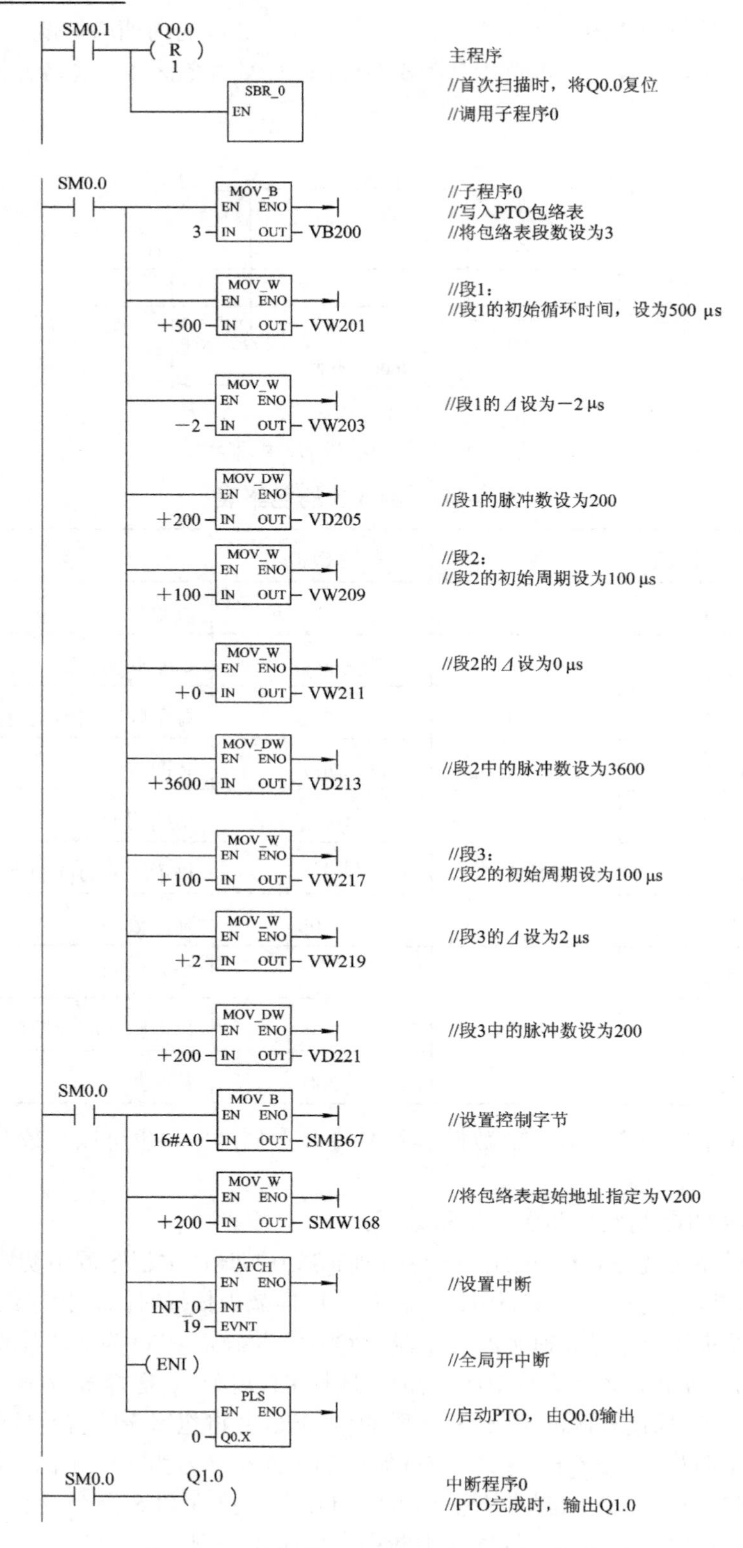

图4-26 例4-9的主程序、初始化子程序和中断程序

4. PWM 的使用

PWM 是脉宽可调的高速脉冲，通过控制脉宽和脉冲的周期来实现控制任务，如图 4-27 所示。

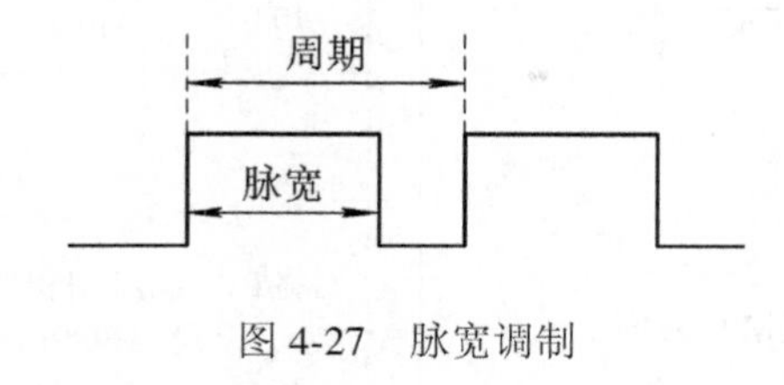

图 4-27　脉宽调制

1) *周期和脉宽*

周期和脉宽时基为微秒或毫秒，均为 16 位无符号数。

周期的范围从 50 μs～65 535 μs，或从 2 ms～65 535 ms。

若周期小于 2 个时基，则系统默认为两个时基。

脉宽范围从 0～65 535 μs 或从 0～65 535 ms。

若脉宽大于等于周期，占空比等于 100%，输出连续接通；若脉宽为 0，占空比为 0%，则输出断开。

2) *更新方式*

有两种方法可以改变 PWM 波形的特性，即同步更新和异步更新。

(1) 同步更新。若不需要改变时基，可以使用同步更新。执行同步更新时，波形的变化发生在周期的边缘，形成平滑转换。

(2) 异步更新。需要改变 PWM 的时基时，应使用异步更新。异步更新使高速脉冲输出功能被瞬时禁用，与 PWM 波形不同步，这样可能造成控制设备振动。

常见的 PWM 操作是脉冲宽度不同，但周期保持不变，即不要求时基改变。因此先选择适合于所有周期的时基，并尽量使用同步更新。

【例 4-10】　PWM 应用举例。设计程序，从 PLC 的 Q0.0 输出高速脉冲。该串脉冲脉宽的初始值为 0.1 s，周期固定为 1 s，其脉宽每周期递增 0.1 s，当脉宽达到设定的 0.9 s 时，脉宽改为每周期递减 0.1 s，直到脉宽减为 0。以上过程重复执行。

解：因为每个周期都有操作，所以应把 Q0.0 接到 I0.0，采用输入中断的方法完成控制任务。编写两个中断程序，一个中断程序实现脉宽递增，另一个中断程序实现脉宽递减，并设置标志位，在初始化操作时使其置位，执行脉宽递增中断程序，当脉宽达到 0.9 s 时，使其复位，执行脉宽递减中断程序。在子程序中完成 PWM 的初始化操作，选用输出端为 Q0.0，控制字节为 SMB67，控制字节设定为 16#DA(允许 PWM 输出，Q0.0 为 PWM 方式，同步更新，时基为毫秒，允许更新脉宽，不允许更新周期)，梯形图如图 4-28 所示。

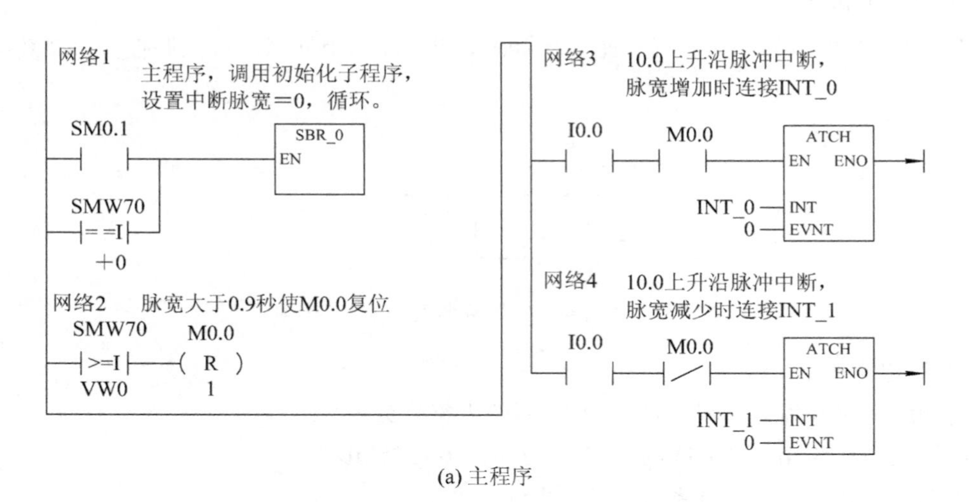

(a) 主程序

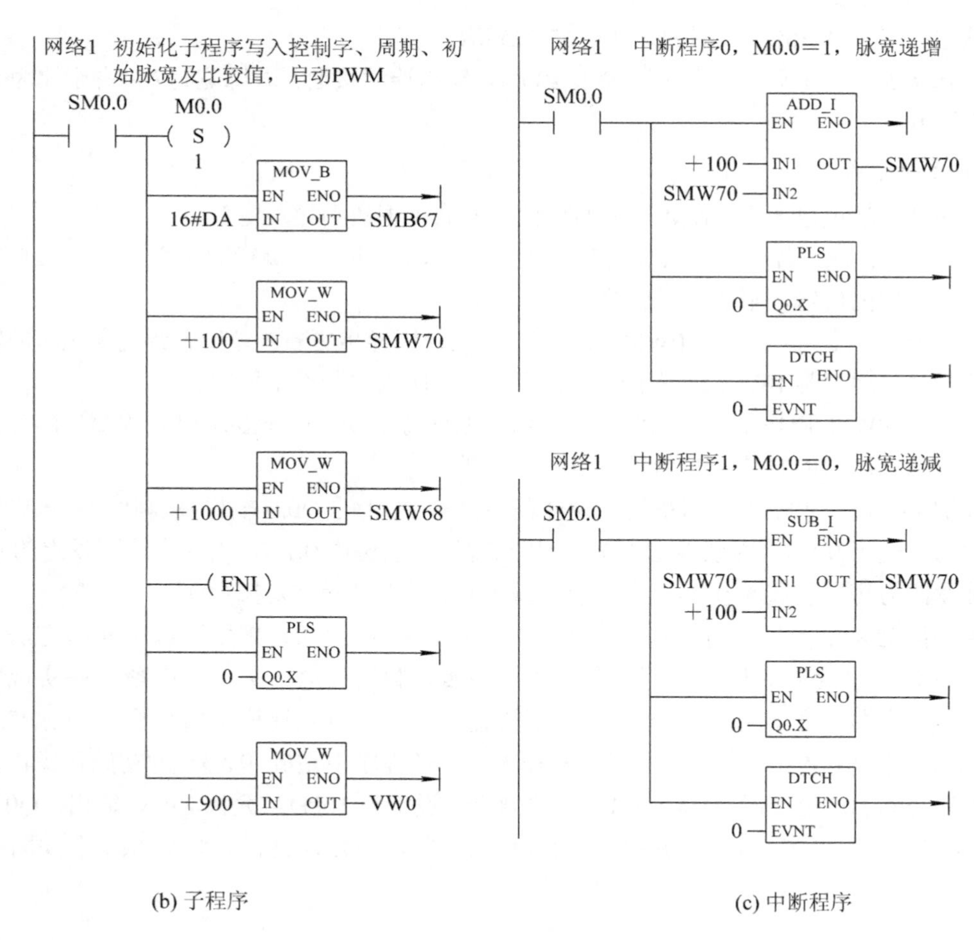

(b) 子程序

(c) 中断程序

图 4-28 例 4-10 的梯形图

四、任务实施

1. I/O 分配

步进电动机和驱动器选用86BYG250A-0202两相双极混合式步进电动机和与之配套的SH-20504D两相混合式步进电动机细分驱动器。

24 V 直流电源使用输出电流为 10 A 的 S-350 开关电源；变压器选用 380 V/220 V 的BK-1000型单相隔离变压器。

PLC 可选用 S7-200 CPU 222 DC/DC/DC 带 10 个直流数字量输入点和 6 个晶体管数字量输出点，满足系统需求。

步进电动机 PLC 控制的输入/输出点分配如表 4-23 所示。

表 4-23　步进电动机 PLC 控制的输入/输出分配

输入点			输出点		
设备		输入点	设备		输出点
启动按钮	SB1	I0.0	脉冲输出	PLS	Q0.0
停止按钮	SB2	I0.1	方向控制	DIR	Q0.1
左限位输入	KA1	I0.6	脱机控制	FREE	Q0.2
右限位输入	KA2	I0.7	—	—	—

2. 硬件接线

(1) 主电路的电气原理图。该系统中主电路主要用于提供工作电源，主电路原理图如图 4-29 所示。

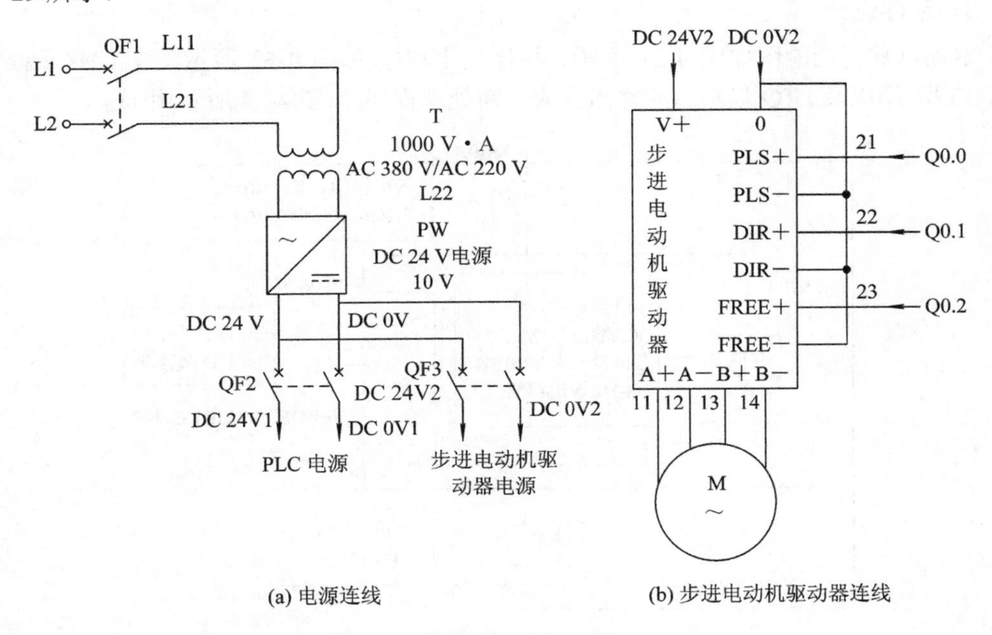

图 4-29　主电路原理图

① 进线电源断路器 QF1 既可完成主电路的短路保护，同时也起到分断交流电源的作用。

② 隔离变压器 T 起到降低干扰以及安全隔离的作用。

③ 开关电源 PW 为 PLC 以及步进电动机驱动器提供直流 24 V 工作电源。

④ 断路器 QF2、QF3 分别作为 PLC 以及步进电动机驱动器来分断及保护器件。

(2) 控制电路和 PLC 输入/输出电路的电气原理图如图 4-30 所示。

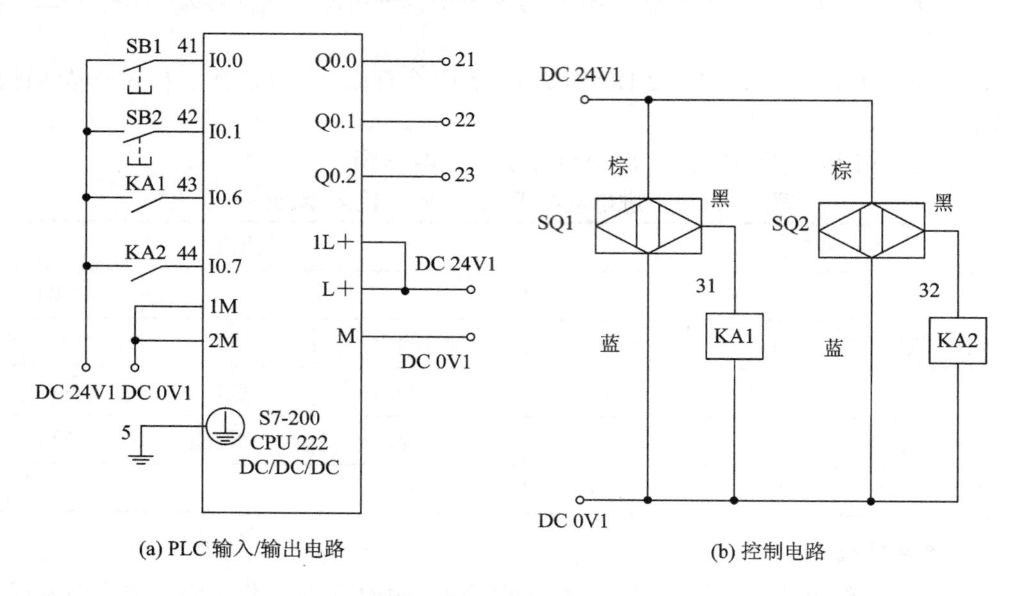

图 4-30 控制电路和 PLC 输入/输出电气原理图

3. 程序设计

本项目顺序功能图如图 4-31 所示。程序由主程序(如图 4-32 所示)、初始化子程序(如图 4-33 所示)以及 PTO 包络脉冲输出完成中断处理程序(如图 4-34 所示)组成。

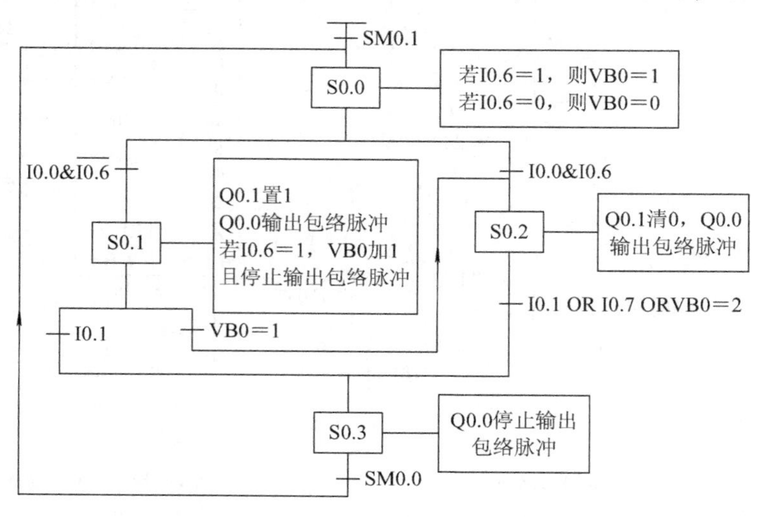

图 4-31 主程序顺序功能图

(1) 主程序。主程序采用顺控程序设计法进行设计，如图 4-32 所示。

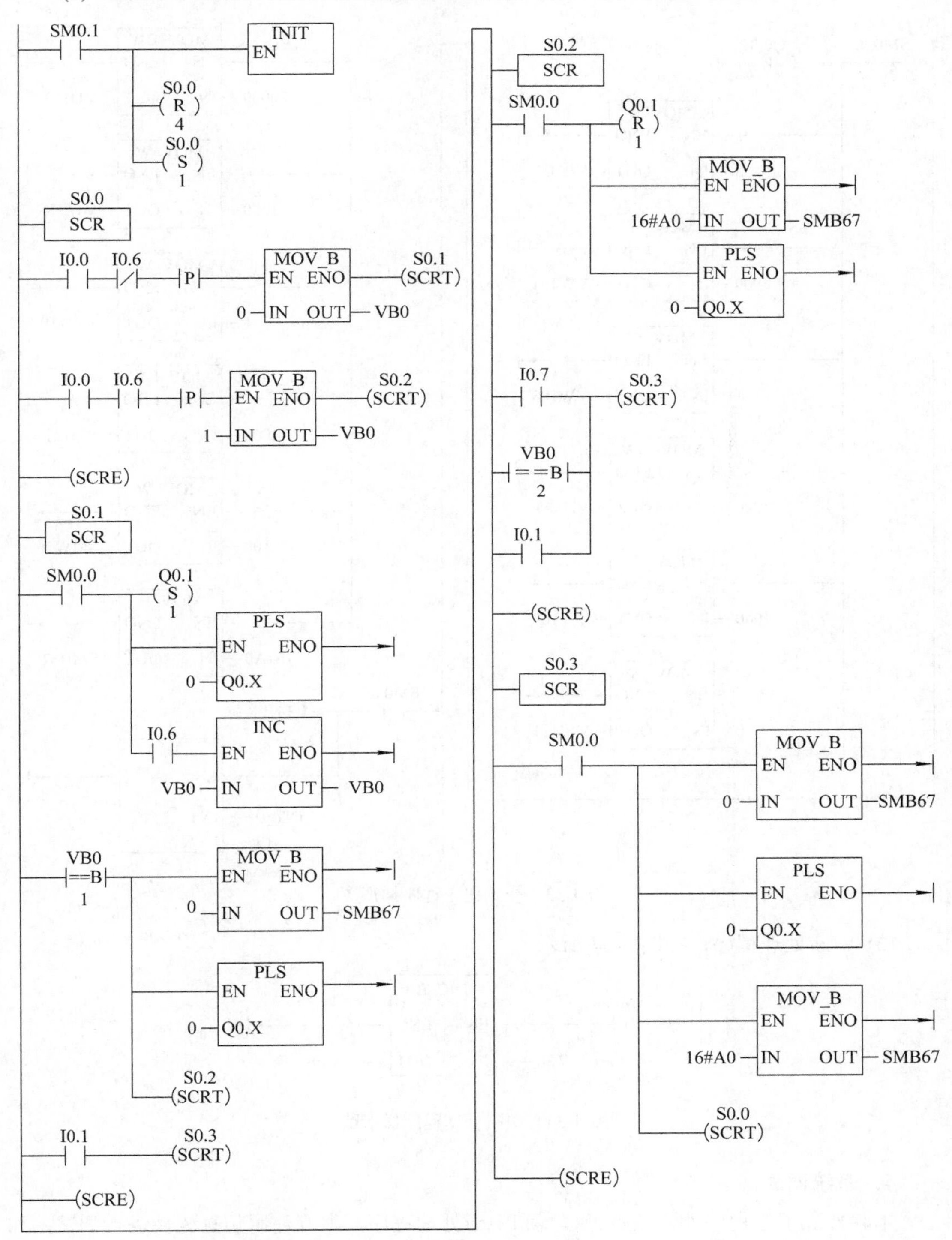

图 4-32　主程序梯形图

(2) 初始化子程序，如图4-33所示。

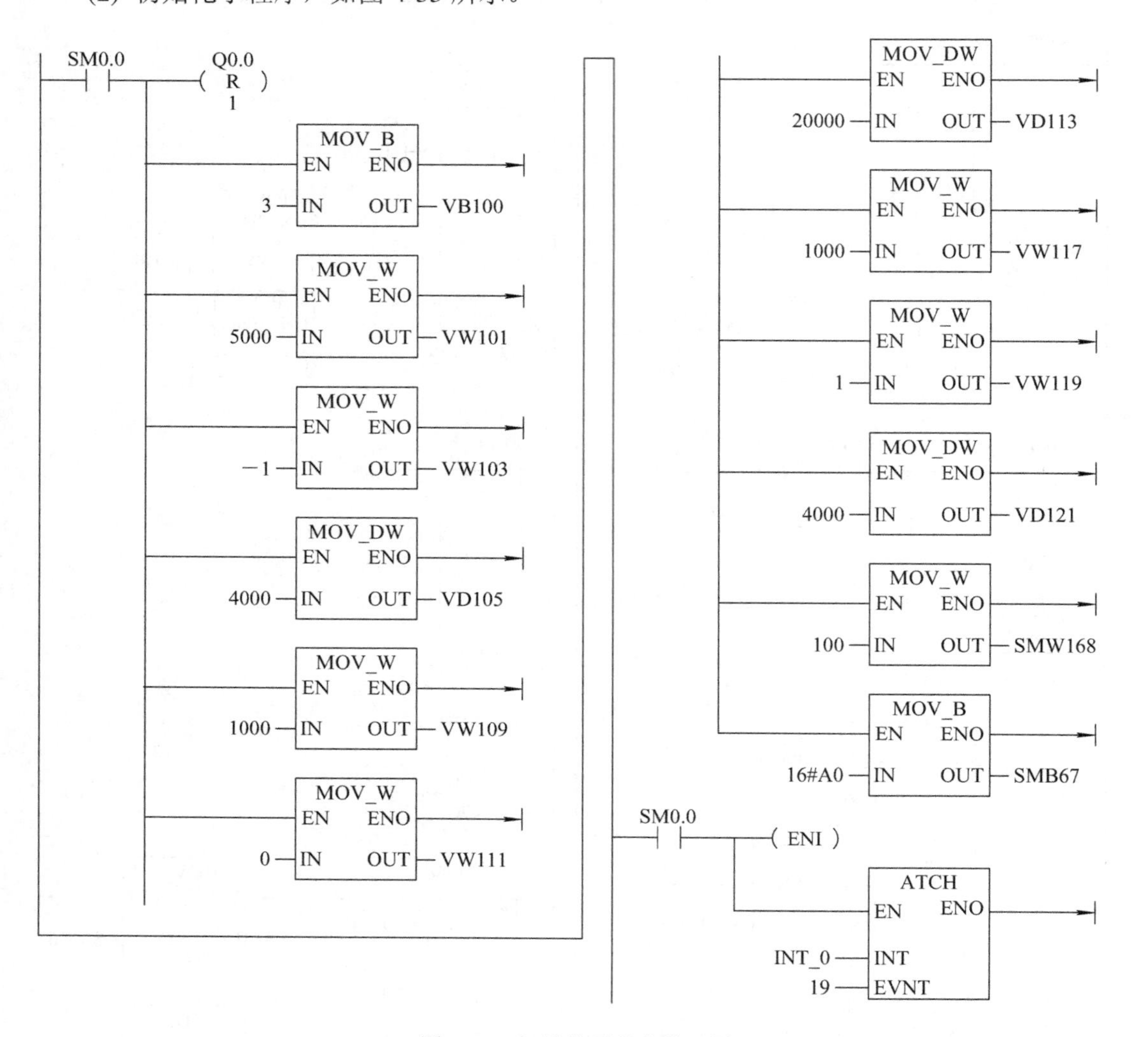

图4-33 初始化子程序梯形图

(3) 中断处理程序，如图3-34所示。

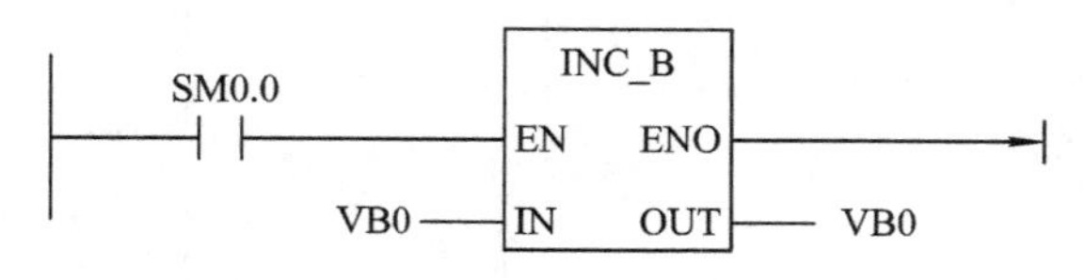

图4-34 中断处理程序梯形图

4. 系统调试

本软件除了主程序外，还有子程序和中断处理程序，很难使用仿真软件进行调试，如果有相应的PLC模块，可以使用模拟调试法进行调试。在模拟调试时，数字量输入可以使用开关代替现场输入设备，数字量输出可以通过PLC自带的输出指示灯来观察，高速脉冲输出可以使用示波器进行观察。具体步骤不再详细讲述，请读者自行完成。

本系统在现场调试时应注意以下问题：

(1) 检查电源电压/电流是否正确(过电压/过电流都可能造成驱动模块或IC的损坏)；检查驱动器上的电动机型号或电流设定值是否合适(开始时不要太大)。

(2) 控制信号线应连接牢靠，工业现场最好要考虑屏蔽问题(如采用双绞线)。

(3) 不要在开始调试时将需要连接的线全部连接上，应先连接好最基本的系统，运行良好后，再逐步连接。

(4) 应清楚接地的方法，做到有效接地。

(5) 开始运行的半小时内要密切观察电动机的运行状态，如运行是否正常、声音和温升情况是否正常等，若发现问题应立即停机调整。注意：驱动器连接电路不能带电拔插。

(6) 步进电动机启动运行时，有时会出现动一下就不动了或原地来回动的现象，或者运行时还会有失步的现象，一般要考虑在以下方面作检查：

① 电动机力矩是否足够大，能否带动负载。一般推荐用户选型时要选用力矩比实际需要大50%～100%的电动机，因为步进电动机不能过载运行，即使是瞬间过载，都会造成失步现象，严重时甚至会停转或不规则原地反复转动。

② 上位控制器送入的输入走步脉冲的电流是否够大(一般要大于10 mA，以使光耦合器稳定导通)；输入的频率是否过高，那样将会导致接收不到。如果上位控制器的输出电路是CMOS电路，则也要选用CMOS输入型的驱动器。

③ 启动频率是否太高，在启动程序上是否设置了加速过程。最好从电动机规定的启动频率内开始加速到设定频率，即使加速时间很短，否则电动机可能会运行不稳定，甚至处于惰态。

④ 若电动机未固定好，可能会出现此状况，这属于正常情况。因为，实际上此时造成了电动机的强烈共振而导致进入失步状态，所以电动机必须固定好。

⑤ 对于五相电动机来说，相位接错，电动机也不能正常工作。

(7) 步进电动机不可以自行拆开检修或改装，最好让厂家来做，拆开后没有专业设备很难恢复原样，电动机的转子、定子间的间隙会无法保证。磁钢材料的性能被破坏，甚至造成失磁，电动机力矩大大下降。

通过运行调试，要保证能够实现控制要求。

五、能力测试

设计某一两相混合式步进电动机带动的直线左右运动控制系统。控制要求：按下启动按钮，步进电动机先反转左行，左行过程包括加速、匀速和减速3个阶段。在加速阶段，要求在2000个脉冲内从200 Hz增到最大频率800 Hz，匀速阶段持续20 000个脉冲，频率800 Hz；减速阶段要求在2000个脉冲从800 Hz减到200 Hz。反转左行完成后再正转右行，正转过程与反转过程相同。电动机在正转或反转过程中，如果按下停止按钮则停止运行；如果反转左行时碰到左限位开关，则停止左行并开始正转右行，若正转右行过程中碰到右限位开关则停止运行；如果按下启动按钮时，电动机在左限位开关处，则只需进行右行过程，右行完成后，系统停止运行。系统停止运行后，再按启动按钮，又会重复上述过程。

要求设计、实现该控制系统，并形成相应的设计文档。

(1) 设计程序(40分)。根据系统控制要求及I/O分配，设计其梯形图。

(2) 设计电路图(20分)。根据系统控制要求及I/O分配，设计系统电路图。

(3) 系统调试(40分)。

① 程序输入。按设计的梯形图输入程序。(10分)

② 静态调试。按设计的系统接线图正确连接好输入电路，进行模拟静态调试，观察PLC输出指示灯的情况是否正确。否则，须检查程序，直到正确为止。(10分)

③ 动态调试。按设计的系统接线图正确连接好输出电路，进行动态调试，观察模拟板发光二极管的亮暗是否正确。否则，须检查线路连接及I/O接口。(10分)

④ 其他测试。测试过程中的表现、安全生产、相关提问等。(10分)

六、研讨与练习

4.12 输出波形控制举例

用高速输出端子Q0.0输出的PWM波形，作为高速计数器的计数脉冲信号产生如图4-35(a)所示的输出Q0.1的波形图。

用脉冲输出指令PLS和高速输出端子Q0.0给高速计数器HSC提供高速计数脉冲信号，因为要使用高速脉冲输出功能，必须选用直流电源型的CPU模块。输入侧的公共端与输出侧的公共端相连，高速输出端Q0.0接到高速输入端I0.0，24 V直流电源的正端与输出侧的1L+端子相连。PLC外部接线图如图4-35(b)所示。当有脉冲输出时，Q0.0与I0.0对应的LED亮。

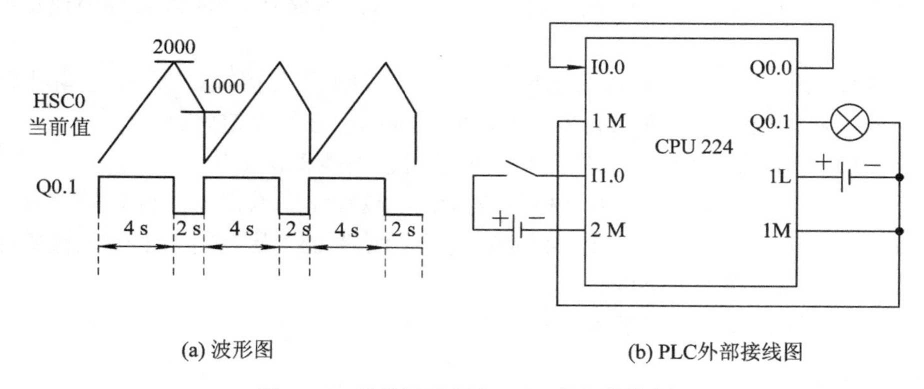

(a) 波形图

(b) PLC外部接线图

图4-35 计数波形图和PLC外部接线图

使用向导对PWM、HSC进行配置。

1. 配置PWM

(1) 执行菜单命令“工具”→“位置控制向导”，选择PTO/PWM操作，如图4-36(a)所示。

(2) 第2页脉冲发生器地址选为Q0.0，如图4-36(b)所示。

(3) 第3页选择脉冲宽度调制PWM，时基为微秒，如图4-36(c)所示。

完成设置后自动生成子程序PWM0_RUN(如图4-36(d)所示)，在主程序中调用该子程序，如图4-37所示。输出的脉冲周期为2 ms，占空比为0.5。

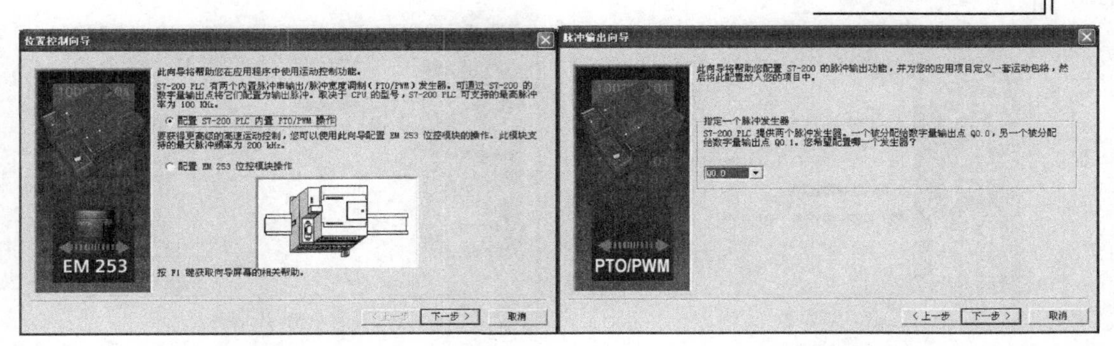

(a) 步骤一　　　　(b) 步骤二

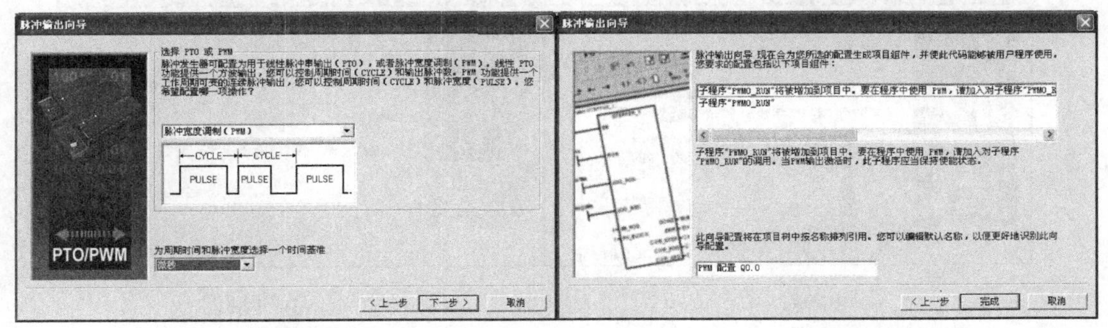

(c) 步骤三　　　　(d) 步骤四

图 4-36　选择脉冲宽度调制 PWM 步骤

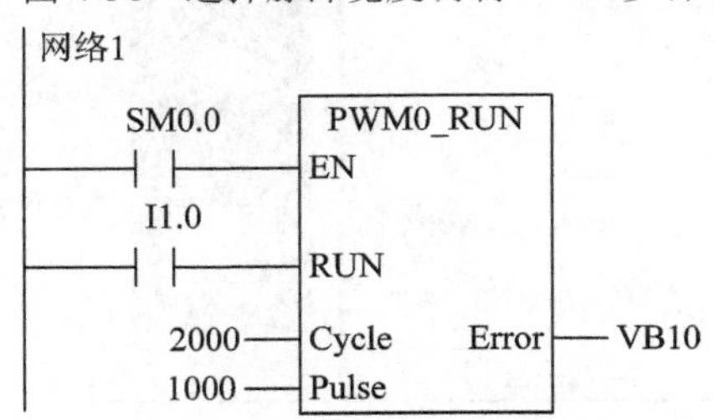

图 4-37　调用 PWM0_RUN 的主程序

2. 配置 HSC

(1) 执行菜单命令“工具”→“指令向导”，选择 HSC 操作，如图 4-38(a)所示。

(2) 在第 2 页选择 HSC0 和模式 0，如图 4-38(b)所示。

(3) 在第 3 页设置计数器的预置值为 2000，当前值为 0，计数方向为加计数，使用默认初始化子程序名 HSC_INIT，如图 4-38(c)所示。该步完成 4 s 定时设置。

(4) 在第 4 页设置当前值等于预置值时产生中断(中断事件号为 12)，使用默认中断程序名 COUNT_ EQ，为 HC0 编程两步，如图 4-38(d)所示。

(5) 在 CV=PV 的第 1 步的对话框中，即中断程序 COUNT_EQ 中，修改预置值为 1000，计数当前值不变，减计数，当前值等于预置值时产生中断，调用中断子程序 HSC0_STEP1。单击“下一步”按钮进入 CV=PV 的第 2 步的对话框，如图 4-38(e)所示。该步完成 2 s 定时。

(6) 在 CV=PV 的第 2 步的对话框中，即中断程序 HSC0_STEP1 中，修改预置值为 2000，计数当前值为 0，加计数，当前值等于预置值时产生中断，调用中断子程序 COUNT_EQ，使计数器循环工作，如图 4-38(f)所示。

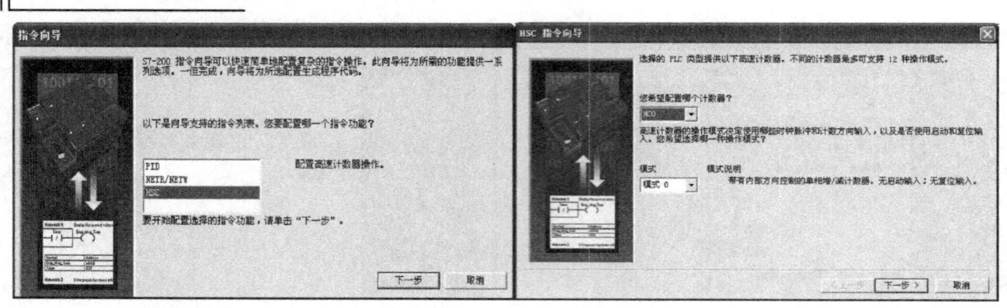

(a) 步骤一　　(b) 步骤二

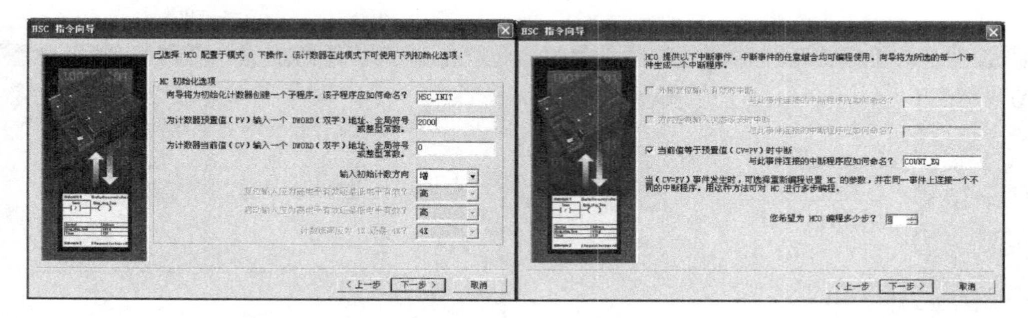

(c) 步骤三　　(d) 步骤四

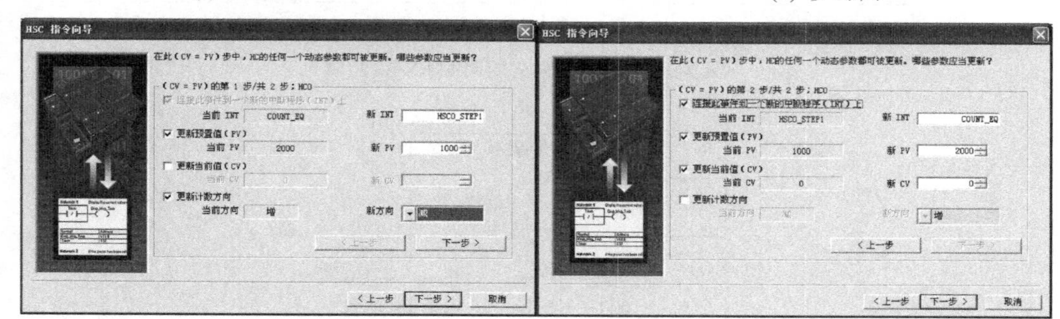

(e) 步骤五　　(f) 步骤六

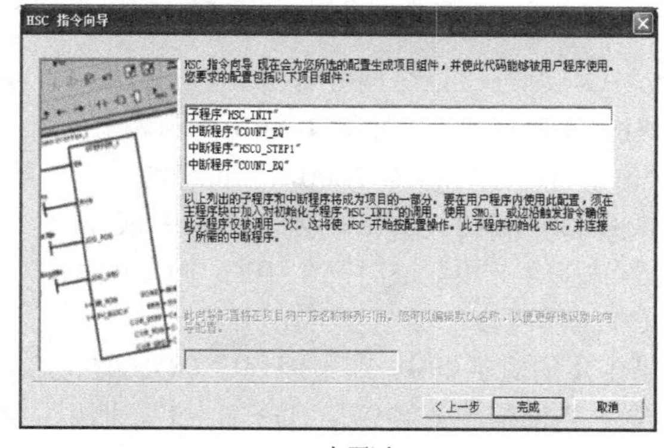

(g) 步骤七

图 4-38　HSC 指令向导操作步骤

(7) 完成设置，如图(g)所示。自动生成初始化子程序 HSC_INIT、中断程序 COUNT_EQ 与中断程序 HSC0_STEP1。

3．在主程序中调用初始化子程序 HSC_INIT

为便于对程序执行过程的观察，在中断程序 COUNT_EQ 结束处添加对 Q0.1 的立即复位，在中断程序 HSC0_STEP1 结束处添加对 Q0.1 的立即置位。

程序如图 4-39 所示(中断程序 HSC0_STEP1 与子程序 PWM0_RUN 此处均略)。

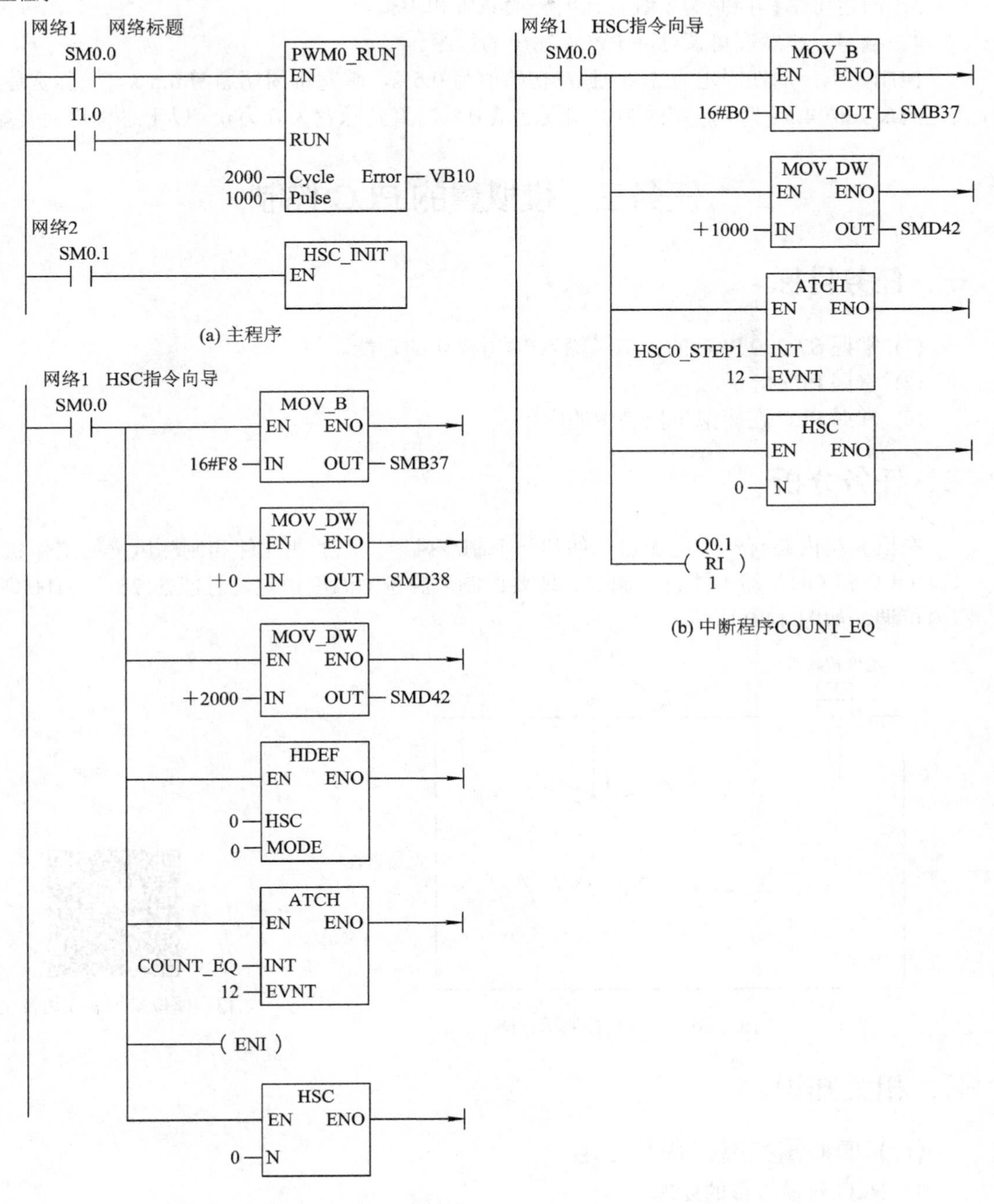

图 4-39　研讨与练习的程序

七、思考与练习

1．子程序调用指令CALL的功能是什么？

2．高速脉冲输出指令的功能是什么？

3．简述可编程控制器系统设计的一般原则和步骤。

4．编写一段宽度可调脉冲PWM输出的程序。

控制要求：周期固定为5 s，脉宽初始值为0.5 s，脉宽每周期递增0.5 s。当脉宽达到设定的最大值4.5 s时，脉宽改为每周期递减0.5 s，直到脉宽为0为止。以上过程周而复始。

任务三　模拟量的PLC控制

一、任务目标

(1) 掌握S7-200 PLC的模拟量输入/输出模块的功能。

(2) 掌握PID指令。

(3) 掌握PLC在模拟量控制中的应用。

二、任务分析

在恒温箱内装有一个电加热元件和一个制冷风扇，电加热元件和制冷风扇的工作状态只有OFF和ON，即不能自行调节。现要控制恒温箱的温度恒定，且能在25℃～100℃范围内可调，如图4-40所示。

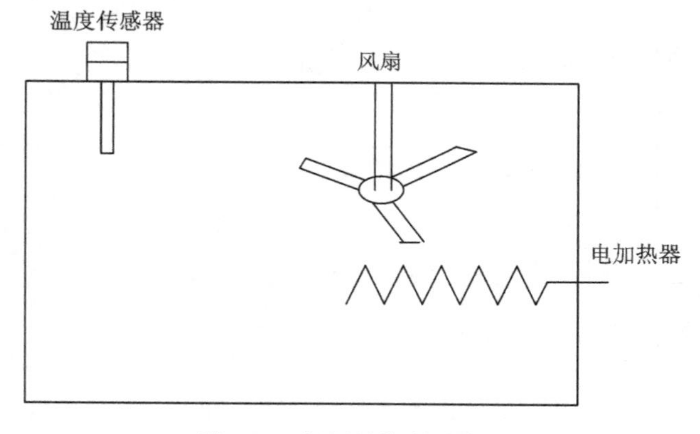

图4-40　恒温箱控制示意图

4.13　模拟量扩展模块及使用

三、相关知识

(一) 模拟量扩展模块及使用

1．PLC对模拟量的处理

在工业控制中，某些输入量(例如压力、温度、流量、转速等)是模拟量，某些执行机构(例如电动调节阀和变频器等)要求 PLC 输出模拟量信号，而 PLC 的 CPU 只能处理数字量。模拟量首先被传感器和变送器转换为标准量程的直流电流或电压，例如 DC(4～20) mA，(1～5) V，(0～10) V，PLC 用 A/D 转换器将它们转换成数字量。双极性电流、电压在 A/D 转换后用二进制补码表示。

D/A 转换器将 PLC 的数字输出量转换为模拟电压或电流，再去控制执行机构。模拟量 I/O 模块的主要任务就是实现 A/D 转换(模拟量输入)和 D/A 转换(模拟量输出)。

A/D 转换器和 D/A 转换器的二进制位数反映了它们的分辨率，位数越多，分辨率越高。模拟量输入/输出模块的另一个重要指标是转换时间。

S7-200 PLC 有 3 种模拟量扩展模块(如表 4-24 所示)，其模拟量扩展模块中 A/D、D/A 转换器的位数均为 12 位。

表 4-24　模拟量扩展模块

模块	EM231	EM232	EM235
点数	4 路模拟量输入	2 路模拟量输出	4 路模拟量输入，1 路模拟量输出

2. 模拟量输入模块

模拟量输入模块有多种单极性、双极性直流电流、电压输入量程，量程用模块上的 DIP 开关来设置。

模拟量输入模块单极性全量程输入范围对应的数字输出为 0～32 000(如图 4-41 所示，图中的 MSB 和 LSB 分别是最高有效位和最低有效位)，双极性全量程输入范围对应的数字输出为 −32 000～+32 000，电压输入时输入电阻大于等于 10 MΩ，电流输入时(0～20 mA)输入电阻为 250 Ω。A/D 转换的时间小于 250 μs，模拟量输入的阶跃响应时间为 1.5 ms(达到稳态值的 95%时)。

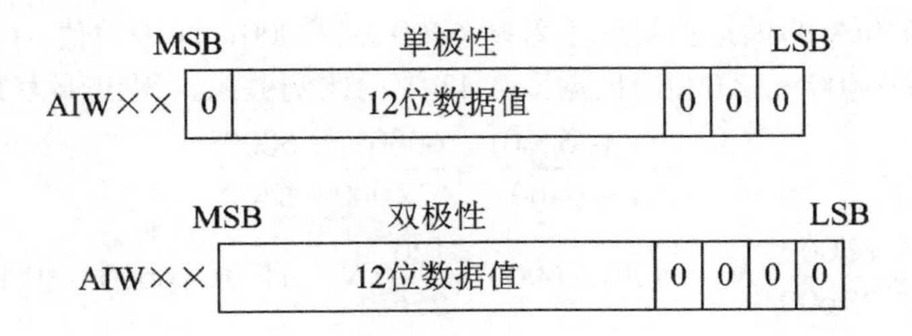

图 4-41　模拟量输入数据字的格式

模拟量转换后得到的 12 位有效数字存放在 16 位的字串中，有效数字是左对齐的，最高位为符号位，0 表示正数。在单极性格式中，最低位是 3 个连续的 0(如图 4-41 所示)，相当于 A/D 转换值被乘以 8；在双极性格式中，最低位是 4 个连续的 0，相当于 A/D 转换值被乘以 16。

图 4-42 所示是 EM231 模拟量输入模块的接线，模块上部共有 12 个端子，每 3 个点为一组(如 RA、A+、A−)，可作为一路模拟量的输入通道，共 4 组，对应电压信号只用 2 个端子(图 4-42 中的 A+、A−)，电流信号需用 3 个端子(图 4-42 中的 RC、C+、C−)，其中 RC 与 C+端子短接。对于未用的输入通道应短接(图 4-42 中的 B+、B−)。模块下部左端 M、L+两端应接入 DC 24 V 电源，右端分别是校准电位器和配置设定开关(DIP)。

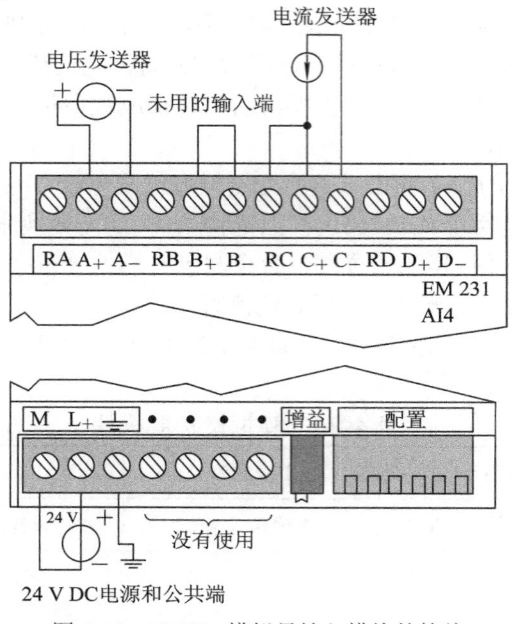

图 4-42 EM231 模拟量输入模块的接线

3. 将模拟量输入模块的输出值转换为实际的物理量

转换时应考虑变送器的输入/输出量程和模拟量输入模块的量程，找出被测物理量与A/D 转换后的数字之间的比例关系。

【例 4-11】 某压力变送器将 −600 Pa～600 Pa 的压力信号转换为 DC(4～20) mA 的输出信号，模拟量输入模块将(0～20) mA 转换为数字 0～32 000，设转换后得到的数字为 N，试求以 0.1Pa 为单位的压力值。

解 (4～20) mA 的模拟量对应于数字 6400～32 000，即压力值 −6000～6000(单位为0.1Pa)对应于数字 6400～32 000，根据图 4-43 中的比例关系，得出压力 P 的计算公式为

$$\frac{P-(-6000)}{N-6400}=\frac{6000-(-6000)}{32\,000-6400}$$

$$P=\frac{12\,000}{25\,600}(N-6400)-6000=\frac{120}{256}(N-6400)-6000 \quad (0.1\,\text{Pa})$$

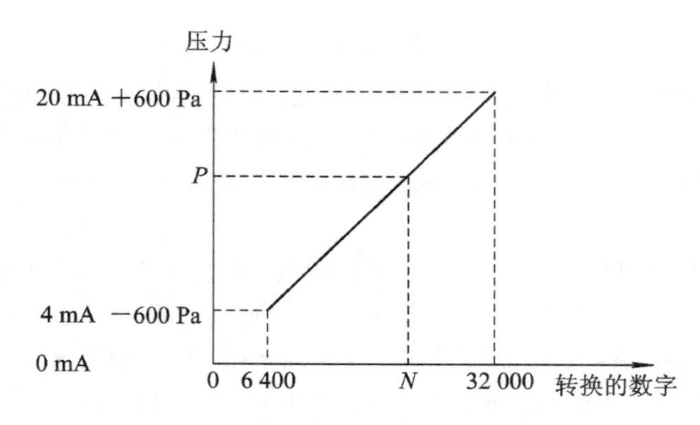

图 4-43 模拟量与转换后的数字的对应关系

4．模拟量输出模块

S7-200 PLC 的模拟量输出模块的量程有 ±10 V 和(0～20) mA 两种，对应的数字分别为 −32 000～+32 000 和 0～32 000(如图 4-44 所示)。满量程时，电压输出和电流输出的分辨率分别为 12 位和 11 位。25℃时的精度典型值为±5%，电压输出和电流输出的稳定时间分别为 100 μs 和 2 ms。最大驱动能力如下：电压输出时负载电阻最小为 5 kΩ；电流输出时负载电阻最大为 500 Ω。

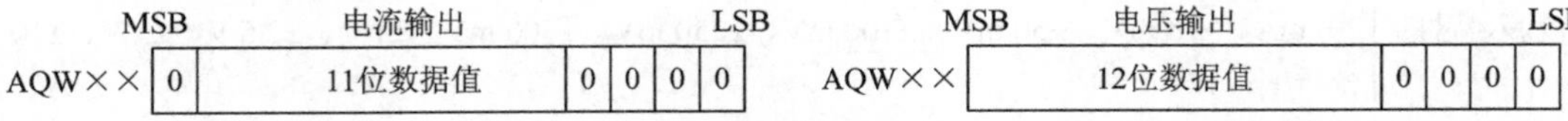

电流输出（MSB → LSB）

AQW××	0	11位数据值	0	0	0	0

电压输出（MSB → LSB）

AQW××	12位数据值	0	0	0	0

图 4-44　模拟量输出数据字格式

模拟量输出数据字是左对齐的，最高有效位是符号位，0 表示正值。最低位是 4 个连续的 0，在将数据字装载到 DAC 寄存器之前，低位的 4 个 0 被截断，不会影响输出信号值。

图 4-45 所示是 EM232 模拟量输出模块端子的接线。模块上部有 7 个端子，左端起每 3 个点为一组，作为一路模拟量输出，共两组。第一组 V0 端接电压负载、I0 端接电流负载，M0 为公共端；第二组 V1、I1、M1 的接法与第一组类似。输出模块下部 M、L_+两端接入 DC 24 V 供电电源。

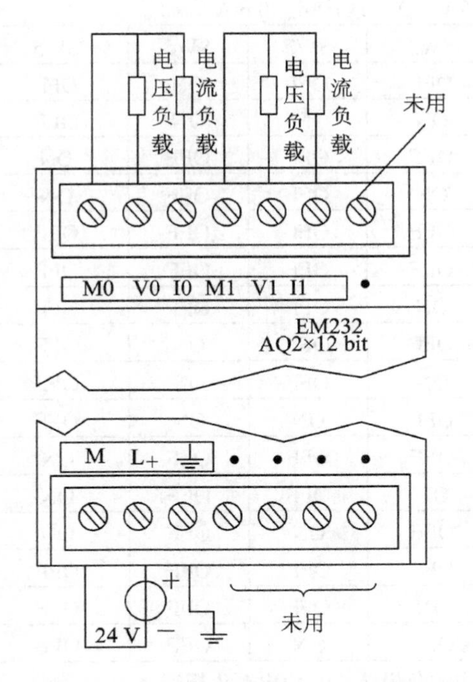

图 4-45　EM232 模拟量输出模块端子接线图

5．模拟量输入/输出模块

EM235 具有 4 路模拟量输入和 1 路模拟量输出，它的输入信号可以是不同量程的电压或电流。其电压、电流的量程由开关 SW1～SW6 设定。EM235 有 1 路模拟量输出，其输出可以是电压，也可以是电流，EM235 的技术性能如表 4-25 所示，其数据格式如图 4-41 和图 4-44 所示。

表 4-25　EM235 的技术性能

<table>
<tr><td>型号</td><td colspan="7">EM235 模拟量混合模块</td></tr>
<tr><td>总体特性</td><td colspan="7">外形尺寸：71.2 mm × 80 mm × 62 mm
功耗：3 W</td></tr>
<tr><td>输入特性</td><td colspan="7">本机输入：4 路模拟量输入
电源电压：标准 DC 24 V/4 mA
输入类型：(0～50) mV、(0～100) mV、(0～500) mV、(0～1) V、(0～5) V、(0～10) V、(0～20) mA、±25 mV、±50 mV、±100 mV、±250 mV、±500 mV、±1 V、±2.5 V、±5 V、±10 V
分辨率：12 bit
转换速度：250 μs
隔离：有</td></tr>
<tr><td>输出特性</td><td colspan="7">本机输出：1 路模拟量输出
电源电压：标准 DC 24 V/4 mV
输出类型：±10 V、(0～20) mA
分辨率：12 bit
转换速度：100 μs(电压输出)，2 ms(电流输出)
隔离：有</td></tr>
<tr><td>耗电</td><td colspan="7">从 CPU 的 DC 5 V(I/O 总线)耗电 10 mA</td></tr>
<tr><td rowspan="17">开关设置</td><td>SW1</td><td>SW2</td><td>SW3</td><td>SW4</td><td>SW5</td><td>SW6</td><td>输入类型</td></tr>
<tr><td>ON</td><td>OFF</td><td>OFF</td><td>ON</td><td>OFF</td><td>ON</td><td>(0～50) mV</td></tr>
<tr><td>OFF</td><td>ON</td><td>OFF</td><td>ON</td><td>OFF</td><td>ON</td><td>(0～100) mV</td></tr>
<tr><td>ON</td><td>OFF</td><td>OFF</td><td>OFF</td><td>ON</td><td>ON</td><td>(0～500) mV</td></tr>
<tr><td>OFF</td><td>ON</td><td>OFF</td><td>OFF</td><td>ON</td><td>ON</td><td>(0～1) V</td></tr>
<tr><td>ON</td><td>OFF</td><td>OFF</td><td>OFF</td><td>OFF</td><td>ON</td><td>(0～5) V</td></tr>
<tr><td>ON</td><td>OFF</td><td>OFF</td><td>OFF</td><td>OFF</td><td>ON</td><td>(0～20) mA</td></tr>
<tr><td>OFF</td><td>ON</td><td>OFF</td><td>OFF</td><td>OFF</td><td>ON</td><td>(0～10) V</td></tr>
<tr><td>ON</td><td>OFF</td><td>OFF</td><td>ON</td><td>OFF</td><td>OFF</td><td>±25 mV</td></tr>
<tr><td>OFF</td><td>ON</td><td>OFF</td><td>ON</td><td>OFF</td><td>OFF</td><td>±50 mV</td></tr>
<tr><td>OFF</td><td>OFF</td><td>ON</td><td>ON</td><td>OFF</td><td>OFF</td><td>±100 mV</td></tr>
<tr><td>ON</td><td>OFF</td><td>OFF</td><td>OFF</td><td>ON</td><td>OFF</td><td>±250 mV</td></tr>
<tr><td>OFF</td><td>ON</td><td>OFF</td><td>OFF</td><td>ON</td><td>OFF</td><td>±500 mV</td></tr>
<tr><td>OFF</td><td>OFF</td><td>ON</td><td>OFF</td><td>ON</td><td>OFF</td><td>±1 V</td></tr>
<tr><td>ON</td><td>OFF</td><td>OFF</td><td>OFF</td><td>OFF</td><td>OFF</td><td>±2.5 V</td></tr>
<tr><td>OFF</td><td>ON</td><td>OFF</td><td>OFF</td><td>OFF</td><td>OFF</td><td>±5 V</td></tr>
<tr><td>OFF</td><td>OFF</td><td>ON</td><td>OFF</td><td>OFF</td><td>OFF</td><td>±10 V</td></tr>
<tr><td>接线端子</td><td colspan="7">M 为 DC 24 V 电源负极端，L+为电源正极端
M0、V0、I0 为模拟量输出端
电压输出时，“V0”为电压正端，“M0”为电压负端
电流输出时，“I0”为电流的流入端，“M0”为电流的流出端
RA、A+、A−；RB、B+、B−；RC、C+、C−；RD、D+、D−分别为 1～4 路模拟量输入端
电压输入时，“+”为电压正端，“−”为电压负端
电流流入时，需将“R”与“+”短接后作为电流的流入端，“−”为电流的流出端</td></tr>
</table>

(二) PID 指令及使用

在过程控制中，经常涉及模拟量的控制，如温度、压力和流量控制等。为了使控制系统稳定准确，要对模拟量进行采样检测，从而形成闭环控制系统。检测的对象是被控物理量的实际数值，也称为过程变量；用户设定的调节目标值，也称为给定值。控制系统对过程变量与给定值的差值进行 PID 运算，根据运算结果形成对模拟量的控制作用。

PID 即比例/积分/微分，在闭环系统中，PID 调节器的控制作用是使系统在稳定的前提下，偏差量最小，并自动消除各种因素对控制效果的扰动。

4.14　PID 指令及使用

1. PID 回路表

在 S7-200 PLC 中，通过 PID 回路指令来处理模拟量是非常方便的，PID 功能的核心是指令。PID 指令需要为其指定一个 V 变量存储区地址开始的 PID 回路表、PID 回路号。PID 回路表提供了给定和反馈以及 PID 参数等数据入口，PID 运算的结果也在回路表输出，如表 4-26 所示。

表 4-26　PID 回路表

偏移地址	参数名	数据格式	类　型	描　述
0	PV_n	双字、实数	输入	过程变量当前值，应为 0.0～1.0
4	SP_n		输入	给定值，应为 0.0～1.0
8	M_n		输入/输出	输出值，应为 0.0～1.0
12	K_c		输入	比例增益、常数、可正可负
16	T_s		输入	采样时间，单位为 s，应为正数
20	T_I		输入	积分时间常数，单位为 min，应为正数
24	T_D		输入	微分时间常数，单位为 min，应为正数
28	MX		输入/输出	积分项前值，应为 0.0～1.0
32	PV_{n-1}		输入/输出	最近一次 PID 运算的过程变量值

PID 回路有两个输入量，即给定值(SP)与过程变量(PV)。给定值通常是固定的值，过程变量是经 A/D 转换和计算后得到的被控量的实测值。给定值与过程变量都是现实存在的值，对于不同的系统，它们的大小、范围与工程单位有很大的区别。在回路表中它们只能被 PID 指令读取，而不能改写。PID 指令对这些量进行运算之前，还要进行标准化转换。每次完成 PID 运算后，都要更新回路表内的输出值 M_n，它被限制在 0.0～1.0 之间。从手动控制切换到 PID 自动控制方式时，回路表中的输出值可以用来初始化输出值。

当增益 K_c 为正时，为正作用回路，反之为反作用回路。如果不想要比例作用，应将回路增益 K_c 设为 0.0。对于增益为 0.0 的积分或微分控制，如果积分或微分时间为正，为正作用回路，反之为反作用回路。

如果使用积分控制，上一次的积分值 MX(积分和)要根据 PID 运算的结果来更新，更新后的数值作为下一次运算的输入。MX 也应限制在 0.0～1.0 之间，每次 PID 运算结束时，将MX写入回路表，供下一次PID运算使用。

2．PID参数的整定方法

为执行PID指令，要对某些参数进行初始化设置，也可称为整定，参数整定对控制效果的影响非常大，PID控制器有T_s、K_c、T_I和T_D 4个主要的参数需要整定。

在P、I、D这3种控制作用中，比例(P)部分与误差在时间上是一致的，只要误差一出现，比例部分就能及时地产生与误差成正比的调节作用，具有调节及时的特点。比例系数K_c越大，比例调节作用越强，但过大会使系统的输出量振荡加剧，稳定性降低。

积分(I)部分与误差的大小和误差的历史情况都有关系，只要误差不为零，控制器的输出就会因积分作用而不断变化，一直到误差消失，系统处于稳定状态时，积分部分才不再变化，因此积分部分可以消除稳态误差，提高控制精度。但是积分作用的动作缓慢，滞后性强，可能给系统的动态稳定性带来不良影响。积分时间常数T_I增大时，积分作用减弱，系统的动态稳定性可能有所改善，但是消除稳态误差的速度减慢。

微分(D)部分反映了被控量变化的趋势，可根据它提前给出较大的调节作用。它较比例调节更为及时，所以微分部分具有超前和预测的特点。微分时间常数T_D增大时，可能会使超调量减小，动态性能得到改善，但是抑制高频干扰的能力下降。如果T_D过大，系统输出量可能出现频率较高的振荡。

为使采样值能及时反映模拟量的变化，T_s越小越好。但是T_s太小会增加CPU的运算工作量，相邻两次采样的差值几乎没有什么变化，所以也不宜将T_s取得过小。表4-27给出了过程控制中采样周期的经验数据。

表4-27　采样周期的经验数据

被控制量	流量	压力	温度	液位
采样周期T_s	1～5	3～10	15～20	6～8

3．PID回路控制指令

S7-200 PLC的PID指令没有设置控制方式，执行PID指令时为自动方式；不执行PID指令时为手动方式。PID指令的功能是进行PID运算。

当PID指令的允许输入EN有效时，即进行手动/自动控制切换，开始执行PID指令。为了保证在切换过程中无扰动、无冲击，在转换前必须把当前的手动控制输出值写入回路表的参数M_n。并对回路表内的值进行下列操作：

(1) 使SP_n(给定值)=PV_n(过程变量)。

(2) PV_{n-1}(前一次过程变量)=PV_n(过程变量的当前值)。

(3) 使MX(积分和)=M_n(输出值)。

在梯形图中，PID指令以功能框的形式编程，指令名称为PID，如图4-46所示。在功能框中有两个数据输入端：TBL是回路表的起始地址，是由变量寄存器VB指定的字节型数据；LOOP是回路的编号，是0～7的常数。当允许输入EN有效时，根据PID回路表中的输入信息和组态信息进行PID运算。在一个应用程序中，最多可以使用8个PID控制回路，一个PID控制回路只能使用1条PID指令，不同的PID指令不能使用相同的

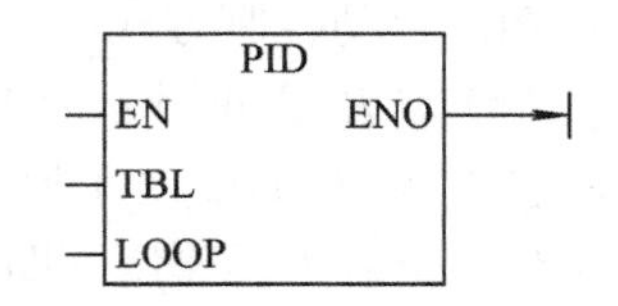

图4-46　PID梯形图符号

回路编号。

四、任务实施

1. I/O 分配

PLC 选择 CPU 224XP；输入 AIW0 接收温度传感器的温度检测值；输出 Q0.0 用作运行指示灯，输出 Q1.0 控制接通加热器，输出 Q1.1 控制接通制冷风扇。

2. 硬件接线

PLC 接线图如图 4-47 所示。

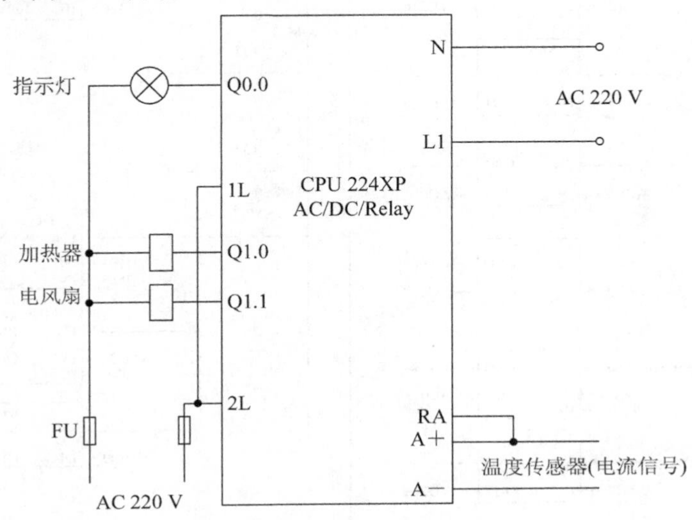

图 4-47　恒温箱 PLC 接线图

3. 程序设计

对恒温箱进行恒温控制，要对温度进行 PID 调节，用 PID 运算的结果控制电加热器或制冷风扇，但电加热器或制冷风扇的工作状态只有 ON 或 OFF，不能接受模拟量调节，故采用“占空比”的调节方法。

温度传感器检测到的温度值送入 PLC 后，若经 PID 指令运算得到一个 0～1 之间的实数，则把该实数按比例换算成一个 0～100 的整数，并把该整数作为一个范围为 0～10 s 的时间 *t*，设计一个周期为 10 s 的脉冲，脉冲宽度为 *t*，把该脉冲作用于电加热器或风扇，即可控制温度。

采用 PID 指令编程，其回路参数首地址为 VB200。主要回路参数符号如表 4-28 所示。

表 4-28　主要参数符号表

符　号	地　址	符　号	地　址
设定值	VD204	微分时间	VD224
回路增益	VD212	控制量输出	VD208
采样时间	VD216	检测值	VD200
积分时间	VD220		

控制程序如图 4-48 所示。

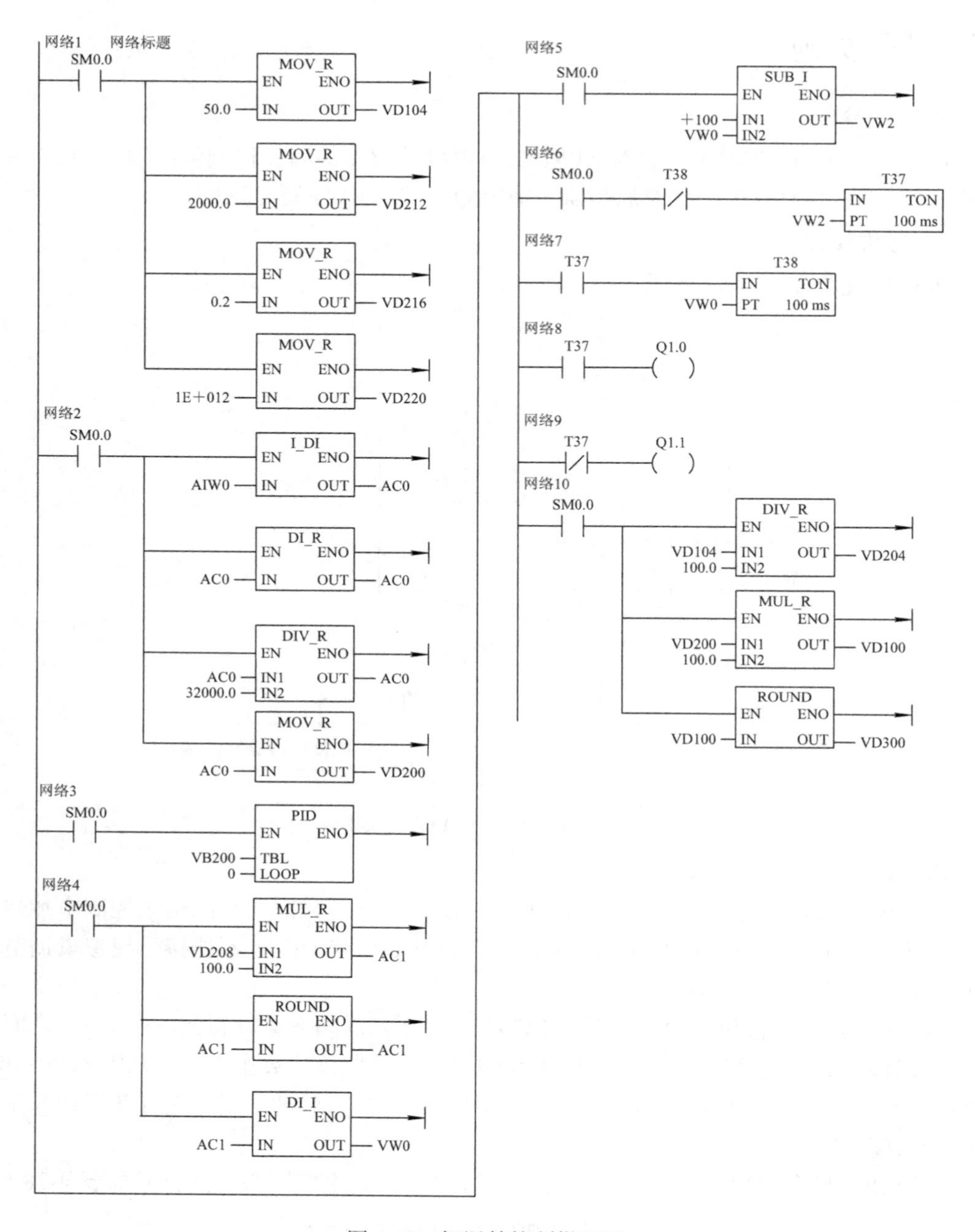

图 4-48 恒温箱控制梯形图

本程序也可用 PID 指令向导来编制，其程序如图 4-49 所示。

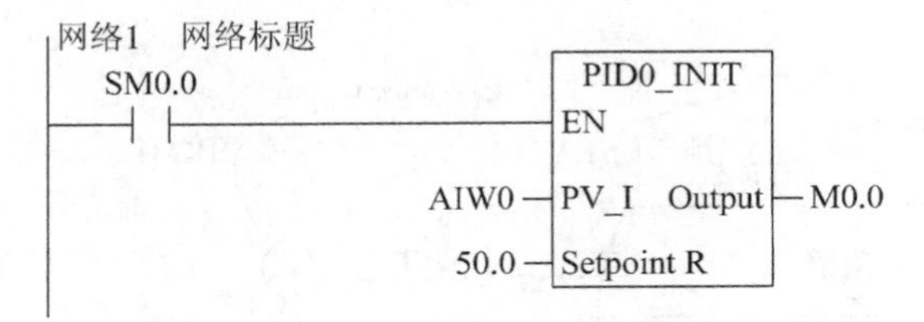

图 4-49　利用 PID 指令向导编制的梯形图

4.15　PID 向导编程

4．系统调试

按照输入/输出接线图(如图 4-47)所示接线，输入程序，进行调试，直到达到满意结果。

4.16　能力测试

五、能力测试

设计采用 PID 控制的食品罐头杀菌恒温控制程序。

肉类罐头食品的杀菌温度一般是 121℃，到达此温度后就开始恒温运行，温度低于此值达不到灭菌效果，而高于此值又会出现焦糊变色影响品质。如果采用电磁阀作为蒸汽进气阀，因其不能控制开度，待测温电阻感测到设定值时，罐内的整体温度也许已超过设定值，控制温度的曲线会出现如图 4-50 所示的超标振荡现象。

为了避免这种现象使曲线既快速平滑又不会超标，可采用 PID 控制。将电磁阀换成开度可控的电动阀，这样通过设置就可形成温度实际值(过程变量)与设定值的温差，温差越大电动阀的开度也越大，反之温差越小开度也越小的现象，所形成的曲线如图 4-51 所示。现设定最高温度为 150℃，它的 80%正好是 121℃，等温度升到 80% 时即是给定值(SPn)，这样电动阀的开度就会随着温差变小而逐步变小，从而较平滑地接近恒温温度。

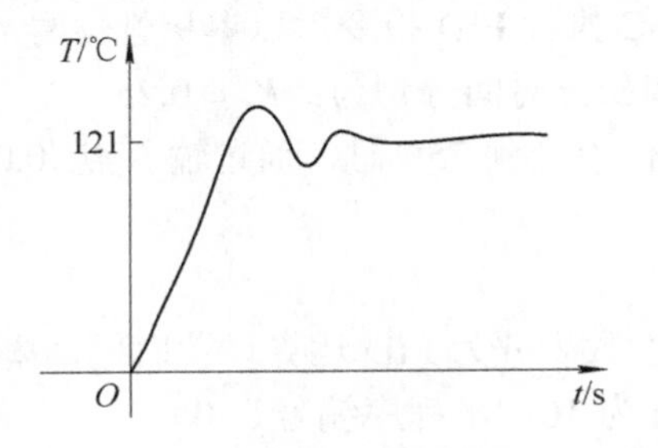

图 4-50　不带 PID 控制的电磁阀的升温曲线

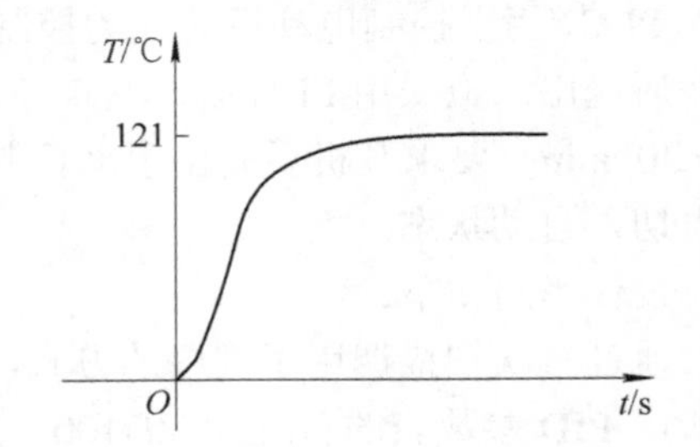

图 4-51　PID 控制的电动阀的升温曲线

图 4-52 所示为食品罐头杀菌罐示意图。

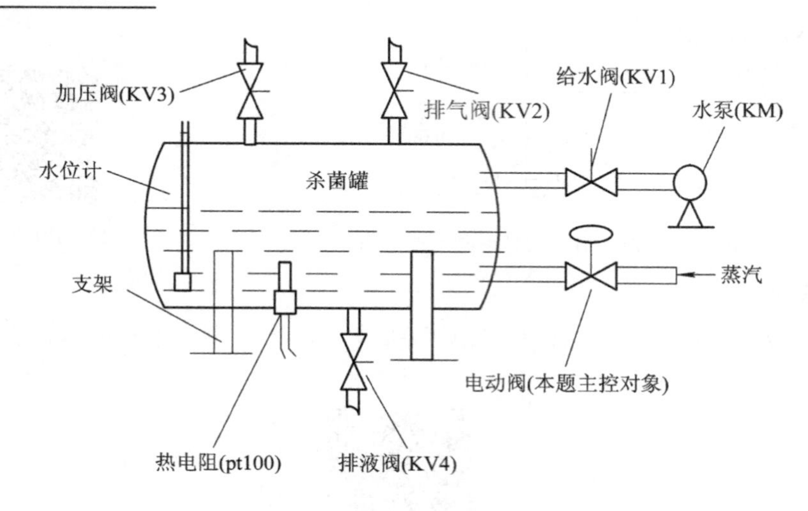

图 4-52　食品罐头杀菌罐示意图

六、研讨与练习

某水箱水位控制系统如图 4-53 所示。因水箱出水速度时高时低，所以采用变速水泵向水箱供水，以实现对水位的恒定控制。

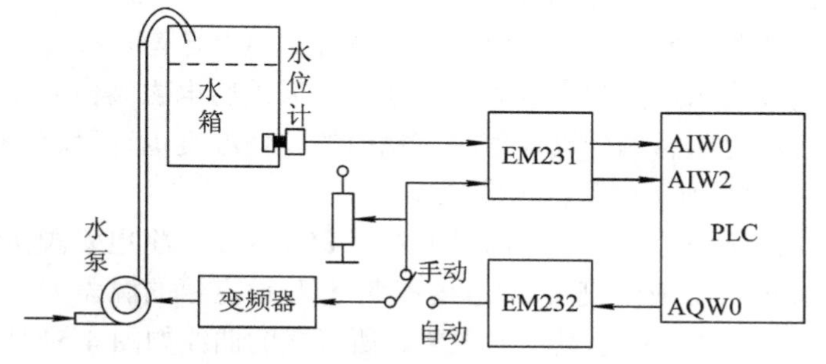

图 4-53　水箱水位控制系统示意图

4.17　水箱水位控制举例

设给定量为满水位的 75%，被控量水位值(为单极性信号)由液位计检测后经 A/D 转换送入 PLC，用于控制电动机转速的控制量信号由 PLC 执行 PID 指令后以单极性信号经 D/A 转换后送出。拟采用 PI 控制，其增益、采样周期和积分时间分别为：$K_c = 0.25$，$T = 0.1$ s，$T_I = 30$ min。要求开机后先由手动控制水泵，当水位上升到 75%时，通过输入点 I0.0 的置位再切入自动状态。

设计思路如下：

通过首次扫描调用子程序的方式，初始化 PID 参数表并为 PID 运算设置时间间隔(定时中断)。PID 参数表的首址为 VD100，定时中断事件为 10，子程序编号为 0。

通过定时中断每隔 100 ms 调用一次中断服务程序。在中断服务程序中，采样被控量的水位值并进行标准化处理后送入 PID 参数表，若系统处于手动工作状态，则做好切换到自动工作方式时的准备(将手动时水泵转速的给定值经标准化处理后送 PID 参数表作为输出值和积分和，将手动时的水位值标准化后送 PID 参数表作为反馈量前值)；若系统为自动工作状态，则执行 PID 运算，并将运算结果转换成工程量后送模拟量输出寄存器，通过 D/A 转换以控制水泵的转速，实现水位恒定控制要求。

根据控制要求，在计算机中编写程序，水箱水位 PLC 控制系统的梯形图主程序如图 4-54 所示，子程序如图 4-55 所示，定时中断子程序如图 4-56、图 4-57 所示。

安装调试步骤略。

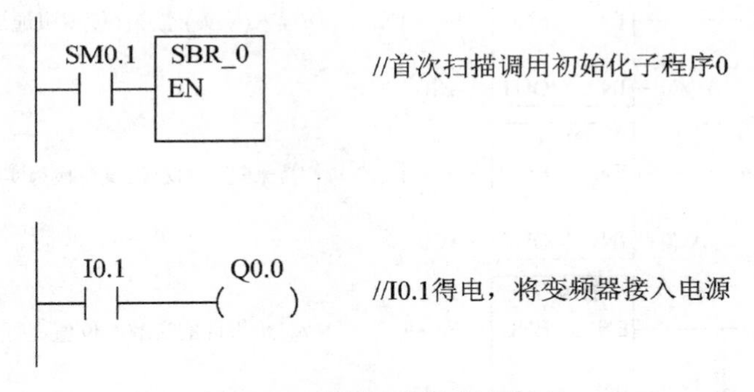

图 4-54 水箱水位控制主程序

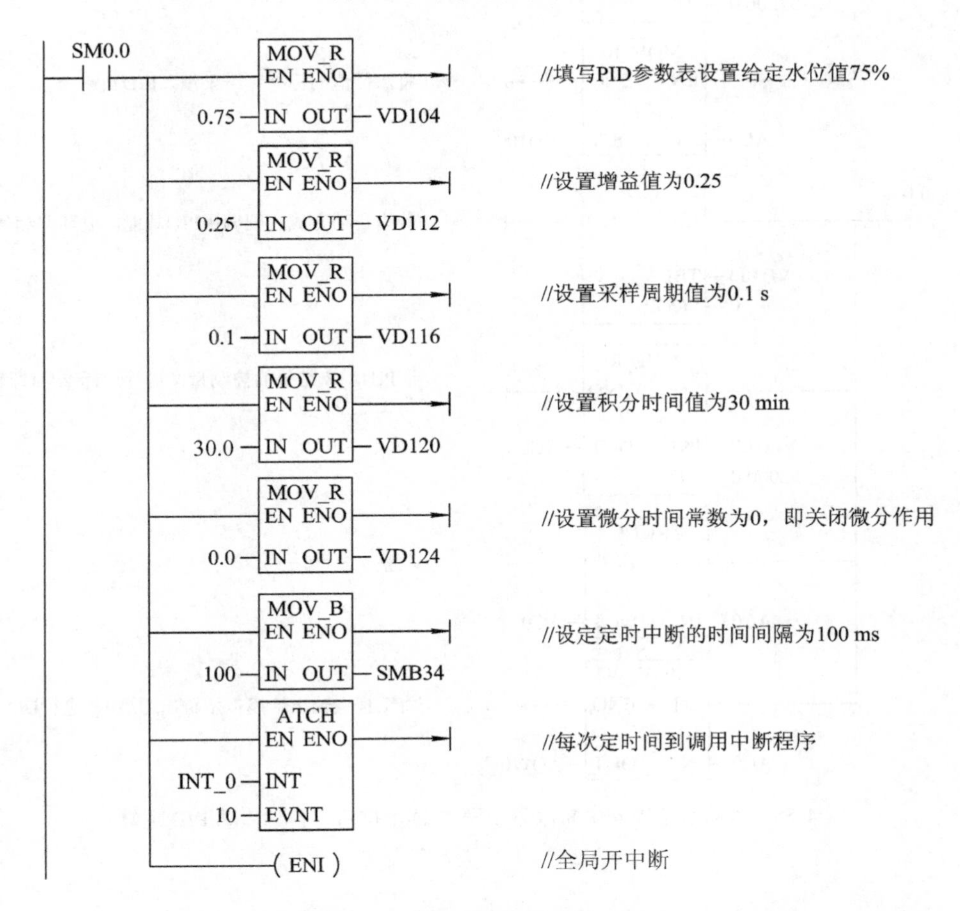

图 4-55 水箱水位 PLC 控制子程序

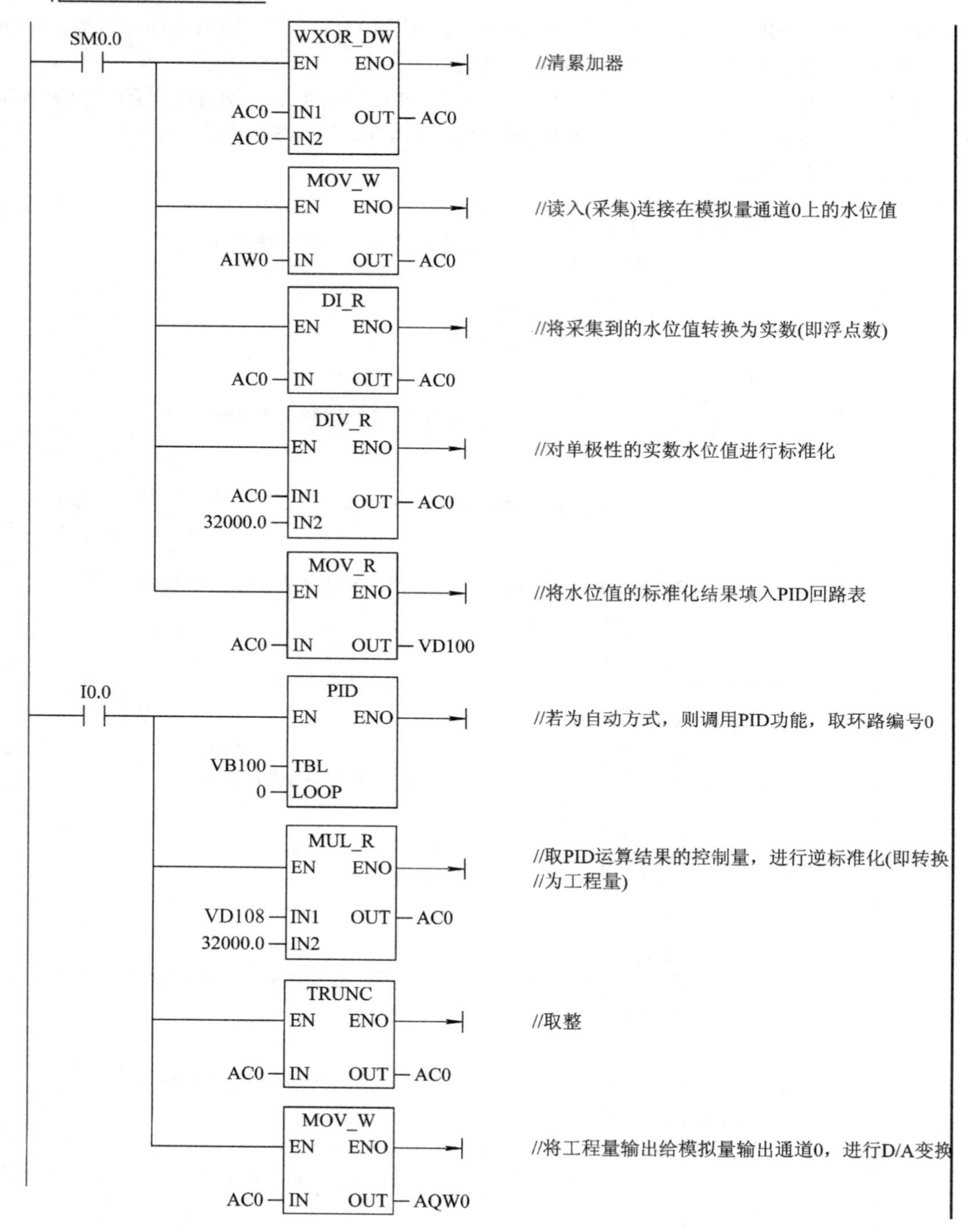

图 4-56 水箱水位控制中断服务子程序(读水位值、自动启动 PID 运算)

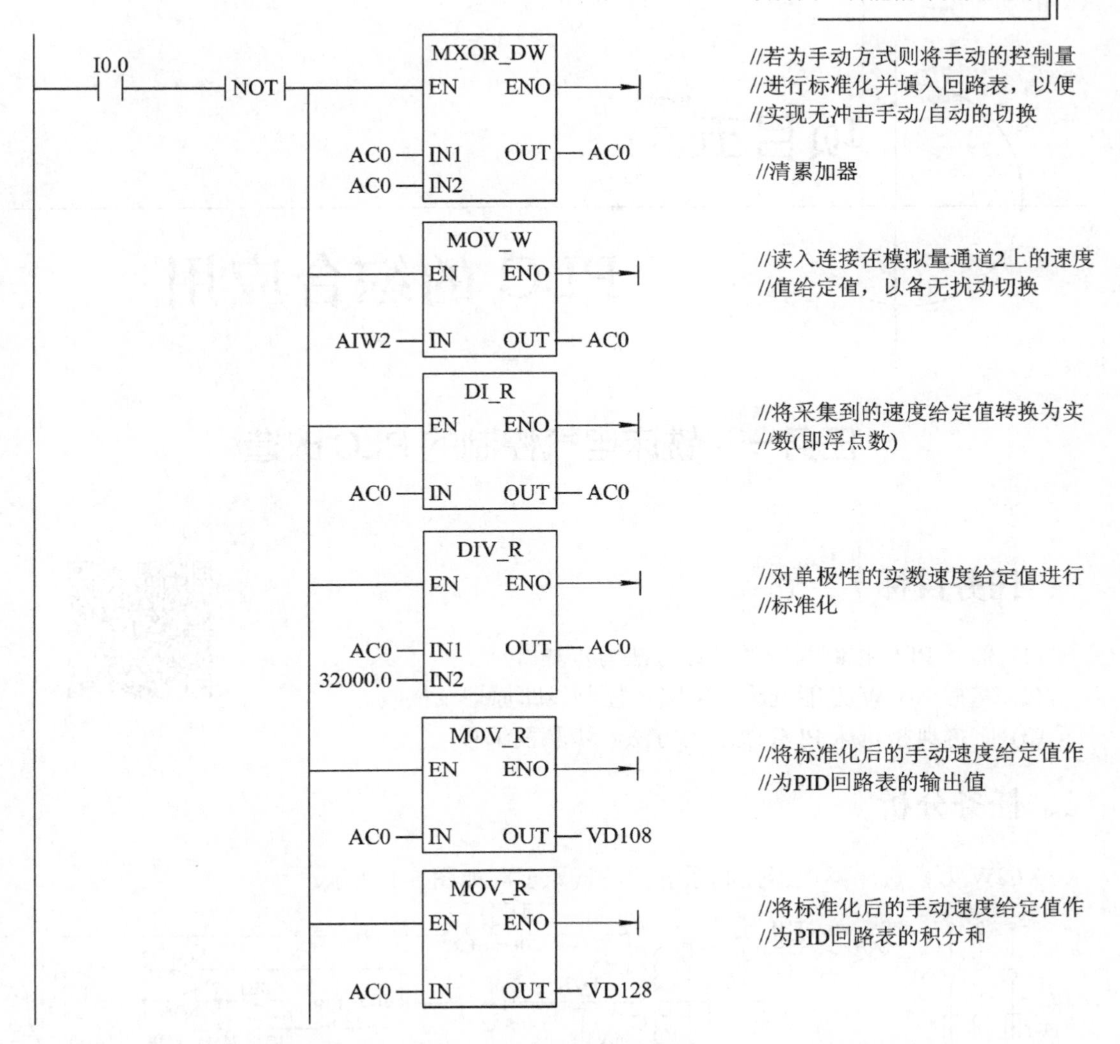

图 4-57 水箱水位控制中断服务子程序(手动控制结果存入 PID 参数表)

七、思考与练习

1．什么是模拟量信号？它与数字量信号相比，有何不同？

2．什么是模拟量信号的分辨率？

3．简述 S7-200 PLC 模拟量模块的基本功能。

4．以 EM235 模块为例，解释模拟量模块整定的要点。

5．PID 控制的含义是什么？

6．在 S7-200 PLC 中如何实现 PID 控制？

7．PID 控制指令中回路表的含义是什么？有何作用？

4.18 参考答案

8．某单泵供水系统中，需要通过出口调节阀来控制出水压力恒定在 0.3 MPa，请设计合理的硬件接线图，并进行软件编程。

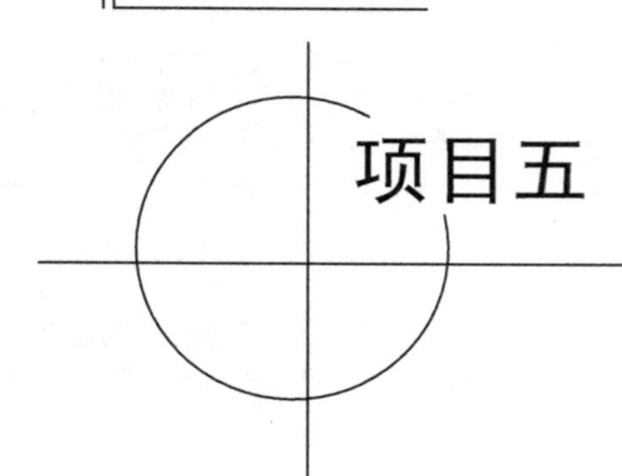

项目五

PLC 的综合应用

任务一　铣床电气控制的 PLC 改造

一、任务目标

5.1　重点与难点

(1) 熟悉 PLC 控制系统的设计方法与步骤。

(2) 掌握 X62W 万能铣床主电路、控制线路原理及接线。

(3) 掌握典型机床 PLC 改造的方法、步骤及编程。

二、任务分析

X62W 万能铣床继电器控制系统的电气原理图如图 5-1 所示。

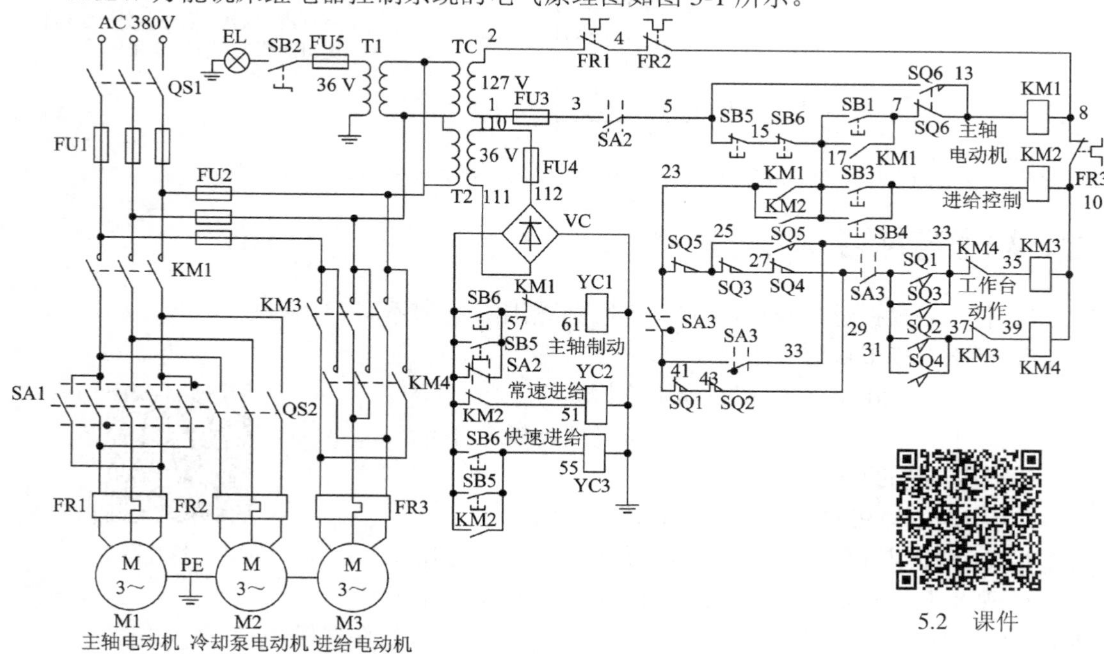

5.2　课件

图 5-1　X62W 万能铣床电气原理图

其电力拖动方式和控制要求如下：

(1) X62W 万能卧式铣床的主运动和进给运动之间没有速度比例协调的要求，工作台各自采用单独的笼型异步电动机拖动。

(2) 主轴电动机M1是在空载时直接启动的，为完成顺铣和逆铣，要求其有正反转。可根据铣刀的种类预先选择转向，在加工过程中不能变换转向。

(3) 为了减小负载波动对铣刀转速的影响以保证加工质量，主轴上装有飞轮，其转动惯量较大。为此，要求主轴电动机有停车制动控制，以提高工作效率。

(4) 工作台的纵向、横向和垂直三个方向的进给运动由一台进给电动机M3拖动，三个方向的选择由操纵手柄改变传动链来实现。每个方向有正反向运动，要求M3能正反转。同一时间只允许工作台向一个方向移动，故三个方向的运动之间应有联锁保护。

(5) 为了缩短调整运动的时间，提高生产效率，工作台应有快速移动控制。X62W万能铣床是采用快速电磁铁吸合改变传动链的传动比来实现的。

(6) 使用圆工作台时，要求圆工作台的旋转运动与工作台的上下、左右、前后三个方向的运动之间有联锁控制，即圆工作台旋转时，工作台不能向其他方向移动。

(7) 为适应加工的需要，主轴转速与进给速度应有较宽的调节范围。X62W万能铣床采用机械变速的方法，通过改变变速箱的传动比来实现。为保证变速时齿轮易于啮合，减小齿轮端面的冲击，要求变速时电动机有冲动(短时转动)控制。

(8) 根据工艺要求，主轴旋转与工作台进给应有先后顺序控制之后才能进行，加工结束时必须在铣刀停转前停止进给运动，即进给运动要在铣刀旋转停止前停止。

(9) 冷却泵由一台电动机M2拖动，为主轴加工时提供冷却液。冷却泵电动机M2应在主轴电动机M1启动后才能启动，可与电动机M1同时停车。

(10) 为使工作台能够快速移动，可以采用两处控制。

三、相关知识

(一) PLC控制系统的设计

PLC控制系统的设计调试过程如图5-2所示。

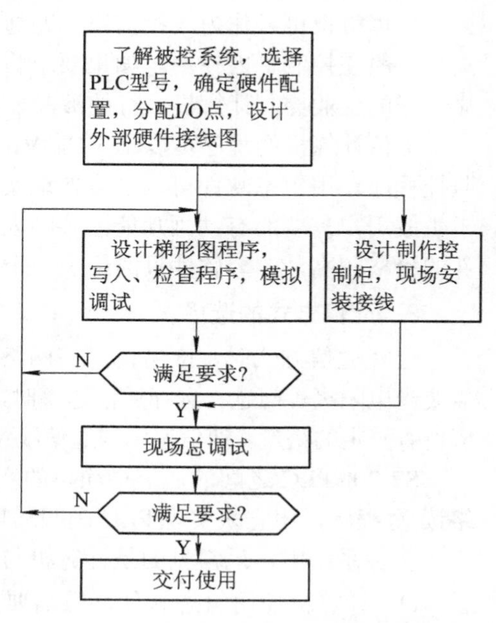

图5-2 设计调试过程示意图

1. 深入了解被控系统

这一步是系统设计的基础，设计前应熟悉图样资料，深入调查研究，与工艺、机械方面的技术人员和现场操作人员密切配合，共同讨论、解决设计中出现的问题。应详细了解被控对象的全部功能，例如机械部件的动作顺序、动作条件、必要的保护与联锁，系统要求哪些工作方式(例如手动、自动、半自动等)，设备内部机械、液压、气动、仪表、电气几大系统

5.3 PLC控制系统的设计

之间的关系，PLC与其他智能设备(例如其他PLC、计算机、变频器、工业电视、机器人)之间的关系，PLC是否需要通信联网，需要使用什么样的人机接口，用人机接口输入和显示哪些数据，电源突然停电及紧急情况的处理，以及安全电路的设计等。

对于大型复杂的控制系统，需要考虑将系统分解为几个独立的部分，各部分分别用单独的PLC或其他控制装置来控制，并考虑它们之间的通信联网方式。

2. 人机接口的选择

人机接口用于操作人员与PLC之间的信息交换。对于使用单台PLC的小型开关量控制系统，一般用指示灯、报警器、按钮和操作开关作为人机接口。PLC本身的数字输入和数字显示功能较差，可以用PLC的数字量I/O点和拨码开关、七段显示器来实现数字的输入和显示，但是占用的I/O点数较多，可能还需要用户自制硬件。

人机界面(HMI，Human Machine Interface)一般指用于操作人员与控制系统之间进行对话和相互作用的专用设备。

现在的人机界面几乎都使用液晶显示屏，小尺寸的人机界面只能显示数字和字符，称为文本显示器，大一些的可以显示点阵组成的图形。有的显示器是单色的，有的只有8种或16种颜色，有的有256种或更多的颜色。人机界面有使用方便、易学易用的组态软件，用它们可以生成各种静态的和动态的文字和画面。

西门子公司的操作员面板(OP)使用密封按键，触摸屏(TP)使用显示屏画面中的触摸式按键，是人机界面的发展方向。

为S7-200 PLC配套的TD 200文本显示器可以显示20个汉字或40个字符，显示内容可以用S7-200 PLC的编程软件方便地设置。

要求较高的控制系统可以使用能显示图形的操作员面板或触摸屏，它们可以用于工业现场，但是价格较高。

计算机也可以作为人机接口，普通台式计算机的价格便宜，但是对工作环境的要求较高，一般在控制室内使用。如果要求将计算机安装在现场的控制屏上，可以选择使用液晶显示器的工业控制计算机，有的液晶显示器本身带有触摸键功能。

上位计算机的程序可以用VC、VB等语言来开发，也可以用组态软件生成控制系统的监控程序。用组态软件可以很方便地实现计算机与现场工业设备(例如PLC)的通信，也便于生成用户需要的有动画功能的各种人机接口画面。组态软件的入门很容易，但是组态软件的价格较高，一套软件只能用于一个系统。

3. 通信方式的选择

选择通信方式时，应考虑通信网络允许的最大节点数、最大通信距离和通信接口是否需要光电隔离等问题。选择通信速率时，应考虑网络中单位时间内可能的最大信息流量，并应留有一定的裕量。通信速率与通信线路的长度有关，通信距离增大时，最大通信速率降低。

S7-200 PLC之间的通信最简单的实现方法是使用编程软件中的指令向导，自动生成网络读/写程序，用它来实现PLC之间周期性的自动数据交换。

实际系统中，最常见的是计算机与S7-200 PLC之间的通信，可以选用下面的方法：

(1) 计算机使用组态软件，只需要为通信作一些简单的设置，通信便可以自动完成，不用编写PLC和计算机的通信程序，但是需要购买不能重复使用的组态软件。

(2) 用 VB 或 VC 编写的计算机应用程序调用西门子公司的 Prodave 通信软件包中的函数，直接访问 S7-200 PLC 的存储区。PLC 不用编程，使用 VB、VC 语言编写上位机的程序比自由端口方式简单得多。

(3) 使用的 S7-200 PLC 的 Modbus RTU 从站协议，只需为 PLC 编写简单的通信程序，响应帧是 PLC 的操作系统自动生成的。使用 VB 或 VC 语言编写上位机的程序比自由端口方式简单方便。

(4) 使用 S7-200 PLC 的自由端口通信方式，计算机的通信程序使用 VB 或 VC 语言中的 MSCOMM 通信控件编程，PLC 也需要编程。这种通信方式最为灵活，可以使用用户自定义的通信规约，但是 PLC 的编程工作量较大，对编程人员的要求也较高。

如果 PLC 需要连接其他厂家的设备，可以根据具体情况选用开放式的通信网络，例如 PROFIBUS、DeviceNet 或 AS-i 等，这种方案的编程工作量不大，但是通信的硬件成本较高。

(二) PLC 控制系统的硬件设计

5.4　PLC 控制系统的硬件设计

1．CPU 型号的选择

S7-200 PLC 不同的 CPU 模块的性能有较大的差别，在选择 CPU 模块时，应考虑 CPU 集成的 I/O 模块的点数和模块的扩展能力、程序存储器与数据存储器的容量和通信接口的个数。在满足要求的前提下，应尽量降低硬件成本。

2．I/O 模块的选型

选择 I/O 模块之前，应确定哪些信号需要输入给 PLC，哪些负载由 PLC 驱动；信号是开关量还是模拟量，是直流量还是交流量，以及电压的等级；是否有特殊要求，例如快速响应等，并建立分类的表格。

选好 PLC 的型号后，根据前述的 I/O 分类表格和可供选择的 I/O 模块的类型，确定 I/O 模块的型号和块数。选择 I/O 模块时，I/O 点数一般应留有一定的裕量，以备今后系统改进或扩充时使用。

数字量输入模块的输入电压一般为 DC 24 V 和 AC 220 V。直流输入电路的延迟时间较短，可以直接与接近开关、光电开关和编码器等电子输入装置连接。交流输入方式适合在有油雾、粉尘的恶劣环境下使用。

继电器型输出模块的工作电压范围广，触点的导通压降较小，承受瞬时过电压和瞬时过电流的能力较强，但是动作速度较慢，触点寿命(动作次数)有一定的限制。如果系统的输出信号变化不是很频繁，建议优先选用继电器型的输出模块。

选择输出模块时，应考虑负载电压的种类和大小、系统对延迟时间的要求、负载状态的变化是否频繁等因素。场效应晶体管型与双向晶闸管型输出模块分别用于直流负载和交流负载，它们的可靠性高，响应速度快，不受动作次数的限制，但是过载能力稍差。

选择 I/O 模块还需要考虑下面的问题：

(1) 外部传感器或电子设备(例如变频器)的输出电路的类型应与输入模块的输入电路匹配，使两者的输入/输出端能直接相连。

(2) 选择模拟量模块时，应考虑变送器和执行机构的量程是否能与PLC的模拟量I/O模块的量程匹配。模拟量模块的A/D、D/A转换器的位数反映了模块的分辨率，模拟量模块的转换时间反映了模块的工作速度。

(3) 使用旋转编码器时，应考虑PLC的高速计数器的功能和工作频率是否能满足要求。

3．系统硬件设计的步骤

(1) 确定系统的总体结构，例如是否需要通信和联网，选用什么样的通信网络和通信协议，需要什么样的通信接口或通信模块，在此基础上确定PLC的型号，选择CPU模块和与通信有关的硬件。根据系统的要求确定是否需要人机界面及其具体的型号。

(2) 根据数字量、模拟量输入/输出的性质和点数确定I/O模块的种类和块数。

(3) 给各输入、输出变量分配地址。梯形图中，I/O变量的地址与PLC外部接线图中端子号直接关联，这一步为绘制硬件接线图以及梯形图的设计作好了准备。

(4) 画出PLC的外部硬件接线图，以及其他电气原理图和接线图。

(5) 画出操作站和控制柜面板的机械布置图和内部的机械安装图。

(三) PLC软件设计与调试

5.5　PLC软件设计与调试

1．软件设计

软件设计包括设计主程序、子程序、中断程序、故障应急措施和辅助程序等，小型数字量控制系统一般只有主程序。

首先根据总体要求和控制系统的具体情况，确定用户程序的基本结构，然后再画出程序的流程表，并给用户程序中的变量命名，以方便程序的阅读和调试，变量的名称应简短且易于理解，最后根据控制要求编写程序。

2．软件的模拟调试

设计好用户程序后，一般先进行模拟调试，利用接在PLC输入端的开关或按钮来产生操作人员发出的指令信号，或者在适当的时候，用它们来模拟实际的反馈信号，例如限位开关触点的接通和断开。通过输出模块上各输出点对应的发光二极管的状态，观察输出信号是否满足设计的要求。可以用编程软件的程序状态功能或状态表来监视程序的运行。

调试顺序控制程序的主要任务是检查程序的运行是否符合顺序功能图的规定，即在转换实现的两个条件都满足时，该转换所有的前级步是否变为不活动步，所有的后续步是否变为活动步，以及各步被驱动的负载是否发生相应的变化。

在调试时应充分考虑各种可能的情况，对系统各种不同的工作方式、顺序功能图中的每一条支路、各种可能的进展路线，都应逐一检查，不能遗漏。发现问题后及时修改程序，直到在各种可能的情况下输入信号与输出信号之间的关系完全符合要求。

如果程序中某些定时器或计数器的设定值过大，为了缩短调试时间，可以在调试时将它们减小，模拟调试结束后再写入它们的实际设定值。

3．硬件的调试与系统调试

对程序进行模拟调试的同时，可以设计、制作控制屏，进行PLC之外其他硬件的安装，接线工作也可以同时进行。完成硬件的安装和接线后，应对硬件的功能进行检查。在STOP

模式下用编程软件将 PLC 的输出点强制为 ON 或 OFF，可以观察对应的外部负载(例如电磁阀和接触器)的动作是否正常。

在调试模拟量输入模块时，给它提供标准的输入信号，调节模块上的电位器使模拟量输入信号和转换后的数字量之间的关系满足要求。

完成上述的调试后，将 PLC 置于 RUN 状态，运行用户程序，检查控制系统是否能满足要求。在调试过程中，将会暴露出系统中可能存在的硬件问题，以及程序设计中的问题，发现问题后在现场加以解决，直到完全符合要求为止。

4．整理技术文件

根据调试的最终结果整理出完整的技术文件，至少应将PLC的外部接线图提供给用户，以便于系统的维护与改进。技术文件应包括：

(1) PLC 的外部接线图和其他电气图样。

(2) PLC 的编程元件表，包括各编程元件的地址、名称和注释，定时器和计数器的设定值等。这些信息也可以用符号表和局部变量表来提供。

(3) 带注释的程序和必要的总体文字说明。

(四) 转换法及改造机床电气的步骤和举例

1．转换法

转换法是用所选机型的 PLC 中功能相当的软元件，代替原继电器-接触器控制线路原理图中的元件，将继电器-接触器控制线路转换成 PLC 梯形图的方法。这种方法主要用于对旧设备、旧控制系统的技术改造。

2．设计步骤

(1) 分析、熟悉原有的继电器-接触器控制线路的工作原理。

(2) 确定 I/O 点数、种类，选择 PLC 机型，并绘制 I/O 端子接线图。

(3) 用编号确定的 PLC 输入/输出继电器代替继电器-接触器控制线路中的对应元件。

(4) 继电器-接触器控制线路中的时间继电器和中间继电器分别用 PLC 中的定时器和辅助继电器代替。

(5) 对于不同回路的共用触头，可通过增加“软”触头来实现。

(6) 绘出全部梯形图，最后进行简化和整理。

(7) 将编制好的程序先进行模拟调试，然后再进行现场联机调试。

3．设计举例

图 5-3 所示为使用转换法将原有继电器-接触继控制线路改用 PLC 进行控制的电路图和梯形图。图(a)所示为正反转控制线路中共用一个停机按钮 SB，在梯形图中用增加触点 I0.0 来实现。停机按钮在端子接线图中采用常开按钮，这样使得梯形图中的停机触点仍采用常开触点，如此可以使编程简单。图(b)所示的时间继电器在梯形图中采用定时器 T0 代替。

转换法用于将简单的控制线路改造为 PLC 控制，使用比较简单、方便。对于较复杂的继电器-接触器控制系统，仅使用转换法反而麻烦，且不易修改、整理，这时往往可以与其他方法相结合。转换法可用于对控制系统中的某一局部控制线路的改造。

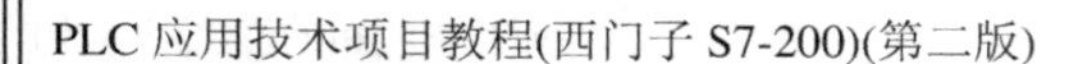

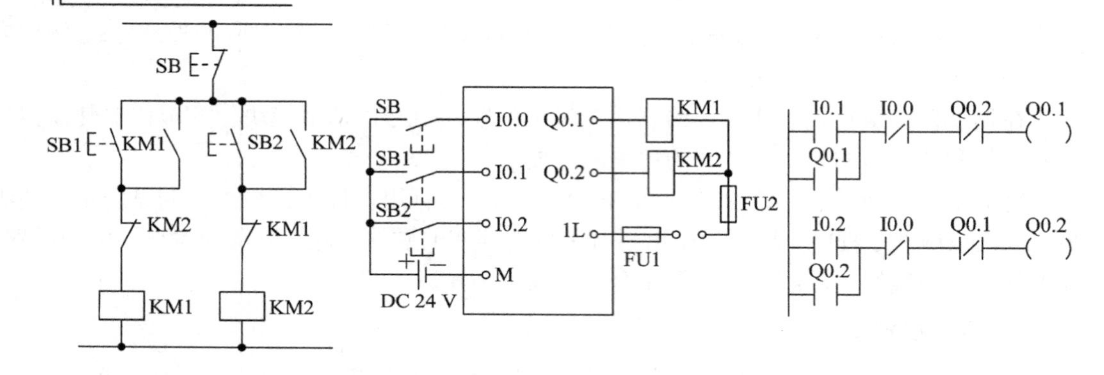

(a) 正反转控制

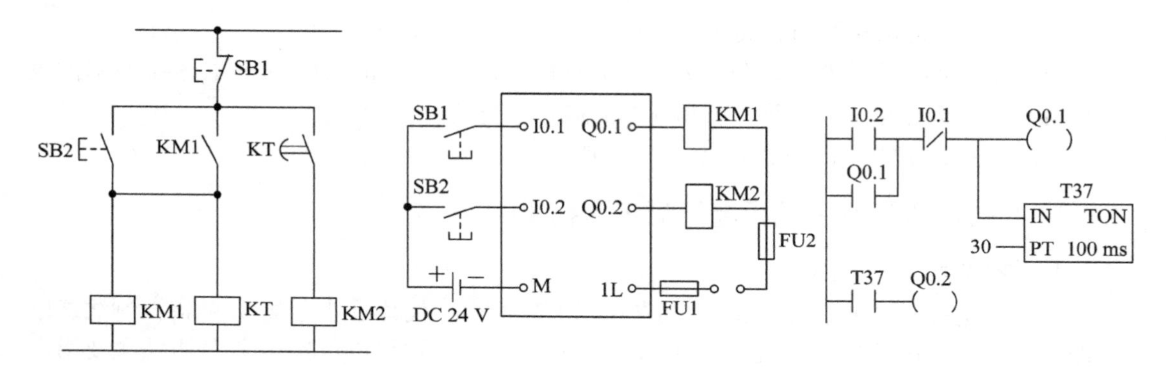

(b) 时间控制

图 5-3　原理图和梯形图

四、任务实施

1．X62W 电路解读

X62W 万能铣床的继电接触器控制电路如图 5-1 所示。X62W 万能铣床电器元件表如表 5-1 所示。下面分析其继电接触器控制情况。

铣床共有 3 台电动机，分别是主轴电动机 M1、冷却泵电动机 M2 和进给电动机 M3。M1 由接触器 KM1 控制电源通断，转换开关 SA1 预先选择电动机的转向。M2 受接触器 KM1 控制，同时受手动冷却泵开关 QS2 控制。M3 受正转接触器 KM3 和反转接触器 KM4 控制。铣床电路中有 3 台变压器，分别为照明电路、直流电磁离合器电路和接触器线圈控制电路提供 36 V 和 127 V 交流电源。

电磁离合器控制电路中，变压器 T2 提供的 36 V 交流电经整流桥 VC 整流成直流。当停止按钮 SB5、SB6 按下或主轴制动主令开关 SA2 打到“主轴夹紧”位置时，电磁离合器 YC1 动作，对主轴电动机 M1 进行制动，以提高铣床的操作速度。当快速进给按钮 SB3、SB4 没有按下时，快速进给接触器 KM2 处于释放状态，电磁离合器 YC2 得电吸合，带动铣床机械换挡装置，铣床按正常速度做进给运动。当按下快速进给按钮 SB3、SB4 后，快速进给接触器 KM2 处于得电吸合状态，电磁离合器 YC2 断电释放，电磁离合器 YC3 得电吸合，带动机械换挡装置，铣床带动溜板快速移动。

表 5-1 X62W 万能铣床电器元件表

符 号	名 称	型 号	规 格
EL	照明灯	JC6-2	36 V，螺口带开关
FR1	主轴电动机热继电器	JR0-40	整定值 11.3 A
FR2	冷却泵电动机热继电器	JR0-10	整定值 0.415 A
FR3	进给电动机热继电器	JR0-10	整定值 3.5 A
FU1	主电源熔断器	RL1-60	熔体 30 A
FU2	进给控制熔断器	RL1-15	熔体 10 A
FU3	控制电路熔断器	RL1-15	熔体 4 A
FU4	整流电路熔断器	RL1-15	熔体 2 A
FU5	照明电路熔断器	RL1-15	熔体 4 A
KM1	主轴电动机接触器	CJ0-20A	线圈电压 AC 127 V
KM2	快速进给接触器	CJ0-10A	线圈电压 AC 127 V
KM3	进给电动机正转接触器	CJ0-10A	线圈电压 AC 127 V
KM4	进给电动机反转接触器	CJ0-10A	线圈电压 AC 127 V
M1	主轴电动机	JO2-42-4	5.5 kW、1450 r/min、T2 型
M2	冷却泵电动机	JCB-22	125 W、2790 r/min
M3	进给电动机	JO2-22-4	1.5 kW、1410 r/min、T2 型
QS1	电源开关	HZ10-60/3J	板后接线
QS2	冷却泵开关	HZ10-10/3J	板后接线
SA1	主轴转向转换开关	HZ3-133	—
SA2	主轴制动主令开关	LS2-3	—
SA3	圆工作台转换开关	HZ10-10/3J	板后接线
SB1	主轴启动按钮	LA19-11	绿
SB3、SB4	快速进给按钮	LA19-11	黑
SB5、SB6	停止按钮	LA18-22	红
SQ1、SQ2	左右进给行程开关	LX1-11K	开启式
SQ3、SQ4	前后升降行程开关	LX3-131	单轮自动复位
SQ5、SQ6	变速冲动行程开关	LX3-11K	开启式
T1	照明变压器	BK-50	50 V·A、380/36 V
T2	整流变压器	BK-100	100 V·A、380/36 V
TC	控制变压器	BK-100	100 V·A、380/127 V
VC	整流桥	2CZ	100 V、5 A
YC1	主轴制动电磁离合器	B1DL-Ⅲ	
YC2、YC3	快慢速进给电磁离合器	B1DL-Ⅱ	

接触器线圈的控制电路中，当按下启动按钮 SB1 时，接触器 KM1 得电吸合，主轴电动机按 SA1 预选的方向旋转。主电路中冷却泵电动机 M2 电路得电，为其工作作好准备。控制电路中，进给电动机 M3 的接触器 KM3 及 KM4 电路经 KM1 的动合触点得电(23 号线

得电)。另外，由于KM1接通，点按快速移动按钮SB3或SB4时，接触器KM2动作，带动电磁离合器YC2、YC3动作。

X62W铣床的进给由纵向进给手柄及横向及升降进给手柄操作。这是两只十字操作的机电开关。纵向进给手柄含SQ1、SQ2两个行程开关，两个操作方向，加停止位为3个工位。横向及升降进给手柄含SQ3、SQ4两个行程开关，4个操作方向，加停止位为5个工位。以上进给手柄操作位置与行程开关的状态表如表5-2及表5-3所示。X62W铣床使用圆工作台时以上线性进给停止，圆工作台转换开关导通表如表5-4所示。另有进给冲动手柄操动行程开关SQ5也与进给电路有关。由于开关及联锁要求较多，因此进给电路是整个控制电路中最复杂的部分。

表5-2 纵向进给手柄行程开关导通表

触点 \ 位置		向左	停止	向右
SQ1	31～33	—	—	×
SQ1	41～43	×	×	—
SQ2	31～37	×	—	—
SQ2	43～29	—	×	×

注：×表示接通；—表示断开。

表5-3 横向升降进给手柄行程开关导通表

触点 \ 位置		向前 向下	停止	向后 向上
SQ3	31～33	×	—	—
SQ3	25～27	—	×	×
SQ4	31～37	—	—	×
SQ4	27～29	×	×	—

注：×表示接通；—表示断开。

表5-4 圆工作台转换开关SA3导通表

触点 \ 位置		不接入圆工作台	接入圆工作台
SA3	29～31	×	—
SA3	41～33	—	×
SA3	23～41	×	—

注：×表示接通；—表示断开。

控制工作台纵向进给的手柄处于停止状态时，SQ1和SQ2的动断触头闭合。当圆工作台转换开关SA3处于断开位置时，电源经线号为5、17、23、29的导线到达31号导线，为接触器KM3和KM4电路提供电源。需要工作台向左进给时，手柄打向左侧，压下行程开关SQ2，使SQ2的动合触头闭合，动断触头断开。这时电源通过SQ3、SQ4、SQ5的动断触头接通，接触器KM4得电吸合，进给电动机M3反转，工作台向左进给。如果手柄打向右侧，则压下行程开关SQ1，使SQ1动合触头闭合，动断触头断开，接触器KM3得电吸合，进给电动机M3正向旋转，带动工作台向右进给。

控制工作台横向及升降进给手柄处于停止挡位时，SQ3 和 SQ4 的动断触头闭合，电源经线号为 5、17、23、25、27、29 的导线到达 31 号导线，为接触器 KM3 和 KM4 电路提供电源。手柄打“向前”或“向下”时，压下行程开关 SQ3，使 SQ3 的动合触头闭合，动断触头断开，电源由纵向进给行程开关 SQl 和 SQ2 的动断触头提供。同时，接触器 KM3 得电吸合，电动机 M3 正向旋转，驱动工作台向前或向下进给。手柄打“向后”或“向上”时，压下行程开关 SQ4，使 SQ4 的动合触头闭合，动断触头断开，电源由纵向进给行程开关 SQ1 和 SQ2 的动断触头提供。同时，接触器 KM4 得电吸合，电动机 M3 反向旋转，驱动工作台向后或向上进给。

为了明确地反映电路中设置的工作台线性进给各方向间，工作台线性进给与圆工作台间，工作台进给与冲动间的联锁制约，图 5-4 绘出了工作台线性进给，工作台冲动及圆工作台操作的电流通路。从图 5-4 中不难看出：①工作台纵向进给手柄和横向及升降手柄同时被压下时，进给电动机将断电。②圆工作台工作时，工作台线性操作两个十字手柄的任何动作也使进给电动机断电。③进给冲动操作时，工作台线性操作两个十字手柄必须在停止位置。

主轴制动开关 SA2 打到制动时，切断控制电路电源，使所有电动机停止转动。SQ5 为主轴电动机冲动行程开关。冲动类似于电动机点动，便于离合器挂挡。

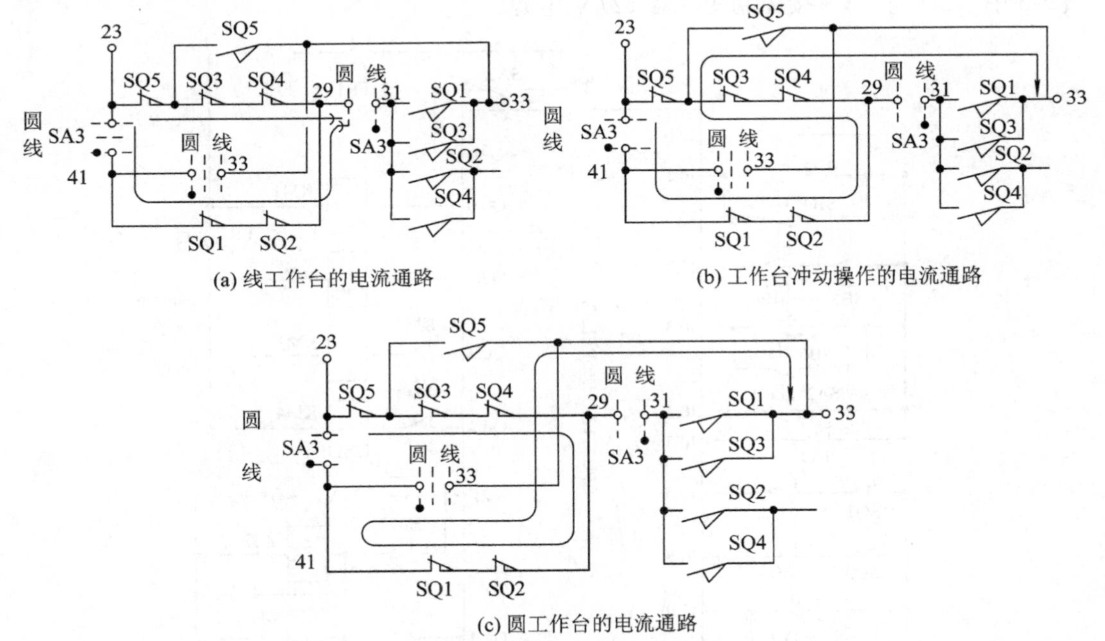

图 5-4 线工作台、圆工作台及进给冲动电流通路图

2. X62W PLC 控制方案

1) PLC 机型选择及硬件连接

X62W 万能铣床的继电接触器电路看起来并不太复杂，但经以上分析后可知道其中包含了许多联锁环节。

(1) 主轴电动机与进给电动机的联锁。这是电气上的联锁。从图 5-1 可以知道，进给电动机接触器 KM3、KM4 的电源只有当 KM1 或 KM2 接通时才能接通(线号 17～23)。

(2) 工作台各进给方向上的联锁。这是机械及电气的双重联锁，工作台纵向进给操作手柄及工作台横向及升降进给操作手柄是“十”字形操作手柄，手柄每次操作只能拨向某一个位置，这是机械联锁。此外，从图 5-4 中可以知道，当这两只操作手柄同时从中间位置移开时，KM3 及 KM4 的电流通道立即被切断，这是电气联锁。

(3) 线性进给运动工作台与圆工作台间的联锁。从图 5-4 分析可知，当使用圆工作台时，SQ1～SQ4 中任一限位开关动作时，KM3 将断电。

(4) 工作台冲动与正常进给的联锁。为了在使用 PLC 作为主要控制装置后，以上联锁功能都得以保留，以上联锁所涉及的器件都需接入 PLC 的输入口，这包括 SQ1～SQ4，SB3～SB6。SA3 的处理则不同，分析表 5-4 后可以知道，由于 SA3 只有断开及接通两个工作位置，它的三处接点可以用一对触点的状态表示，因而只选继电器图 5-1 中接于 29～31 点的一对触点接入 PLC，且以断开为常态。经统计，以上器件再加上各种按钮及冲动开关等器件，铣床控制所需输入口为 12 个。在具体连接时，这些器件的串联及并联触点均在连接后接入 PLC，且热继电器触点均串接在输出器件电路中，不占用输入口。在考虑输出口数量时，注意到输出器件有两个电压等级，并将控制逻辑简单的电路，如 KM2 的动断触点对 YC2 的控制，直接在 PLC 机外连接，不再通过 PLC。这样输出口分为两组连接点。按照输入、输出口的数量及控制功能选取西门子 CPU 224 一台，输入/输出口接线图如图 5-5 所示。图 5-5 中“2”及“3”接控制变压器 127 V 电源。

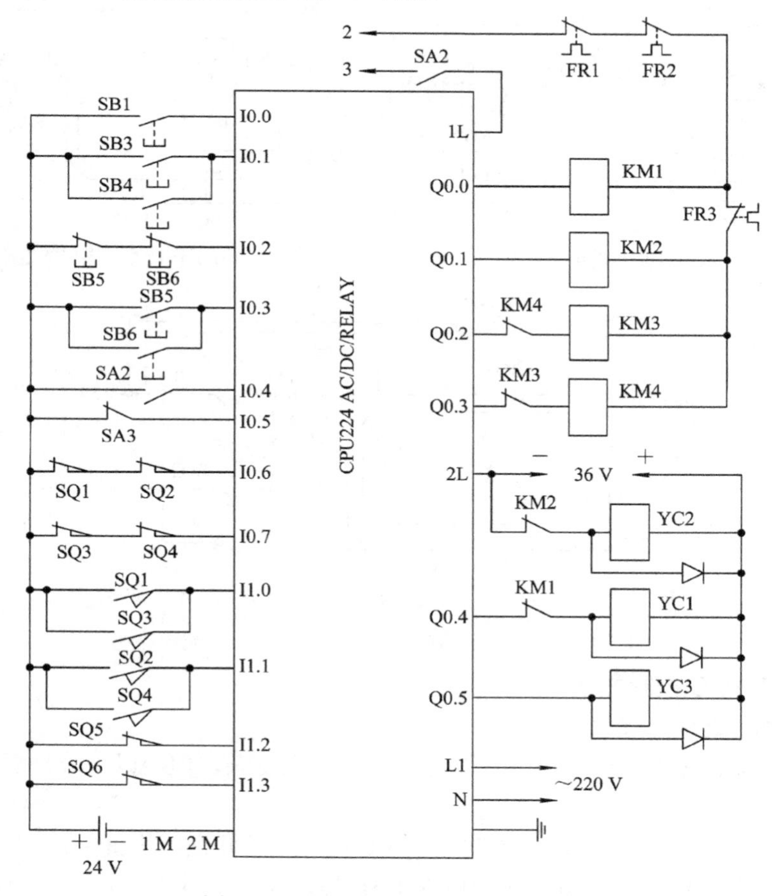

图 5-5　X62W 万能铣床 PLC 接线图

2) X62W 万能铣床 PLC 程序设计

仍使用梯形图设计 X62W 万能铣床 PLC 程序。设计的基本原则仍是“复述”原继电器电路所表述的逻辑内容。由于梯形图总是针对输出列写支路的，因此可以根据继电器线路中 KM1 的逻辑关系绘出梯形图的第 1 个支路，根据 KM2 的逻辑关系绘出第 2 个支路。为了表达继电器线路(图 5-1)中主轴电动机与进给电动机的联锁，选取辅助继电器 M10.0 绘第 3 个支路。M10.0 支路中的触点可结合继电器(图 5-1)中“23”号线得电的条件绘出。第 4、5、6 支路表达的是线性工作台进给、进给冲动及圆工作台的工作逻辑，这三个支路的绘出，主要依据是这三种工况中继电器电路中电流的流动过程。这样做，既保留了原电路的逻辑关系，又简化了梯形图的结构，是由继电器电路设计梯形图时常用的方法。作为设计结果的梯形图如图 5-6 所示。

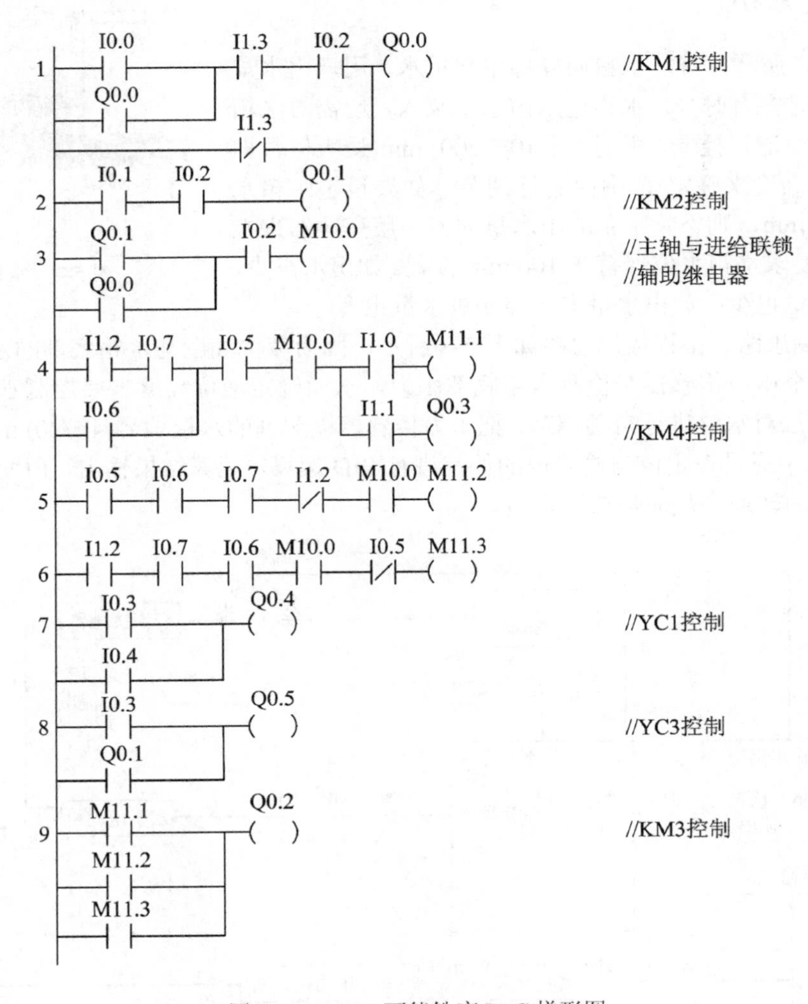

图 5-6　X62W 万能铣床 PLC 梯形图

图 5-6 中最后的三个支路是针对电磁阀 YC1、YC3 及 KM3 的。由于梯形图中 4、5、6 三个支路都与 KM3 有关，按照 PLC 中不允许出现双线圈的规定，在梯形图中选用了 M11.1～M11.3 三只辅助继电器。

任务二　变频器的PLC控制

一、任务目标

(1) 掌握西门子MM420变频器的结构、工作原理及简单应用。
(2) 初步掌握MCGS组态软件及触摸屏的使用。
(3) 了解变频器、触摸屏和PLC的综合应用。

二、任务分析

如图5-7所示，有一水箱向外部用户供水，用户用水量不稳定，有时多有时少。水箱进水由水泵泵入，现需对水箱中水位进行恒液位控制，并且可在(0～200) mm(最大值数据可根据水箱高度来确定)范围内进行调节。如果设定水箱水位值为100 mm，则不管水箱的出水量如何，用变频器来控制进水量，要求水箱水位保持在100 mm位置。如出水量少，则控制进水量也少；如出水量多，控制进水量也多。

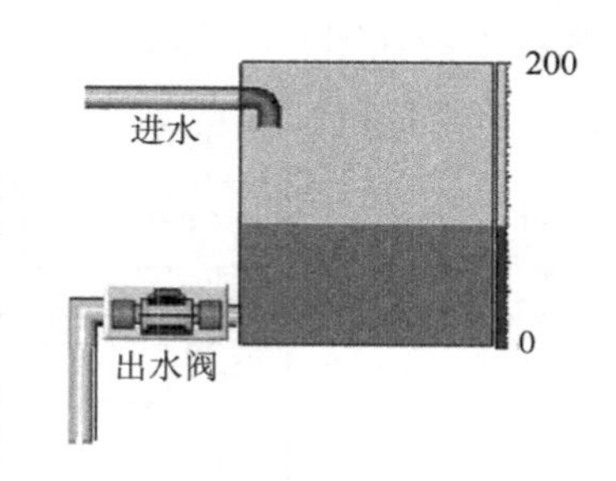

图5-7　水箱图

(1) 控制思路。工程控制思路如图5-8所示，因为液位高度与水箱底部的水压成正比，故可以用一个压力传感器来检测水箱底部压力，从而确定液位高度。要控制水位恒定，需要用PID算法对水位进行自动调节。把压力传感器检测到的水位信号(4～20) mA送至PLC中，在PLC中通过设定值与检测值的偏差进行PID运算，运算结果输出，由变频器来调节水泵电动机的转速，从而调节进水量。

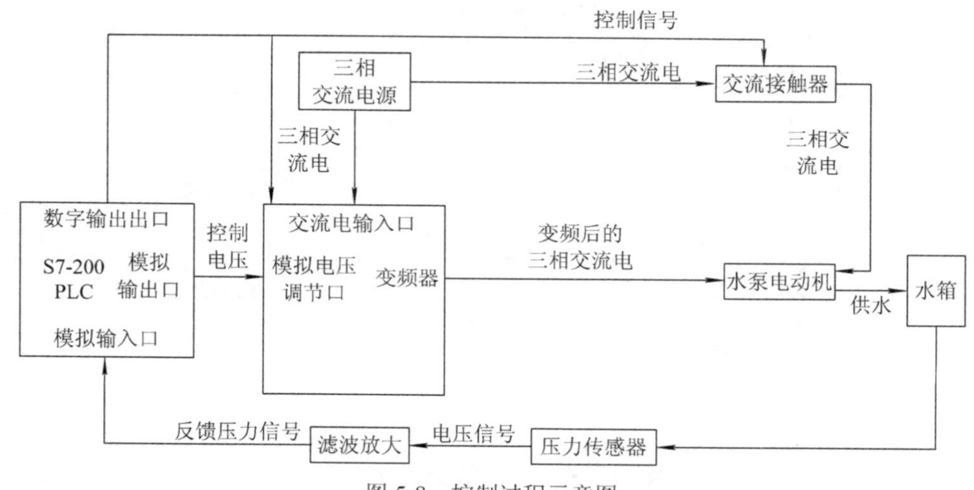

图5-8　控制过程示意图

(2) 元件选型。

① PLC及其模块选型。PLC可选用S7-200 CPU 224，为了能接收压力传感器的模拟量信号和调节水泵电动机转速，特选择一块EM235的模拟量输入/输出模块。

② 变频器选型。为了能调节水泵电动机转速从而调节进水量，故选择西门子 MM420 变频器。

③ 触摸屏选型。为了能对水位进行监控以便对变频器的运行状态进行设定，选用人机界面 MCGS-TPC7062K 触摸屏。

④ 水箱对象设备，如图 5-9 所示。

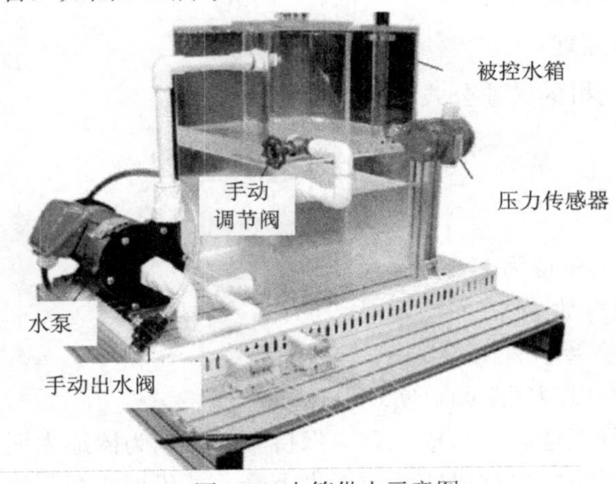

图 5-9 水箱供水示意图

由此可见，本任务综合性很强，需要掌握西门子 M420 变频器和 MCGS 嵌入版全中文工控组态软件及 MCGS TPC 嵌入式一体化触摸屏 TPC7062K，下面分别学习变频器和组态软件及触摸屏基础知识。

三、相关知识

(一) 变频器基础知识

5.6 变频器基础知识

1. 变频器的基本构成

变频器分为交-交和交-直-交两种形式。交-交变频器可将工频交流直接转换成频率、电压均可控制的交流，交-直-交变频器则是先把工频交流通过整流器转换成直流，然后再把直流转换成频率、电压均可控制的交流，其基本构成如图 5-10 所示。其电路主要由主电路(包括整流器、中间直流环节、逆变器)和控制电路组成。

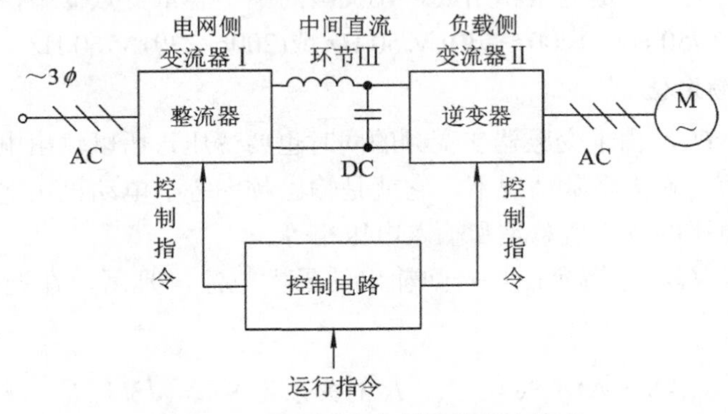

图 5-10 交-直-交变频器的基本构成

整流器是将电网的交流整流成直流；逆变器是通过三相桥式逆变电路将直流转换成任意频率的三相交流；中间环节又叫中间储能环节，由于变频器的负载一般为电动机，属于感性负载，运行中中间直流环节和电动机之间总会有无功功率交换，这种无功功率将由中间环节的储能元件(电容器或电抗器)来缓冲；控制电路主要是完成对逆变器的开关控制、对整流器的电压控制以及完成各种保护功能。

2．变频器的调速原理

因为三相异步电动机的转速公式为

$$n = n_0(1-s) = \frac{60f}{p}(1-s)$$

式中：n_0——同步转速；

f——电源频率，单位为 Hz；

p——电动机极对数；

s——电动机转差率。

从公式可知，改变电源频率即可实现调速。

对异步电动机实行调速时，希望主磁通保持不变，因为磁通太弱，铁芯利用不充分，同样转子电流的转矩减小，电动机的负载能力下降；若磁通太强，铁芯发热，波形变坏。如何实现磁通不变？根据三相异步电动机定子每相电动势的有效值为

$$E_1 = 4.44 f_1 N_1 \Phi_m$$

式中：f_1——电动机定子频率，单位为 Hz；

N_1——定子相绕组有效匝数；

Φ_m——每极磁通量，单位为 Wb。

从公式可知，对 E_1 和 f_1 进行适当控制即可维持磁通量不变。

因此，异步电动机的变频调速必须按照一定的规律同时改变其定子电压和频率，即必须通过变频器获得电压和频率均可调节的供电电源。

3．变频器的额定值和频率指标

1) 输入侧的额定值

输入侧的额定值主要是电压和相数。在我国的中小容量变频器中，输入电压的额定值有以下几种：380 V/50 Hz，(200～230) V/50 Hz 或(200～230) V/60 Hz。

2) 输出侧的额定值

(1) 输出电压 U_N，由于变频器在变频的同时也要变压，所以输出电压的额定值是指输出电压中的最大值。在大多数情况下，它就是输出频率等于电动机额定频率时的输出电压值。通常，输出电压的额定值总是和输入电压相等。

(2) 输出电流 I_N，是指允许长时间输出的最大电流，是用户在选择变频器时的主要依据。

(3) 输出容量 S_N(kV・A)，S_N 与 U_N、I_N 的关系为 $S_N = \sqrt{3}U_N I_N$。

(4) 配用电动机容量 P_N(kW)，变频器说明书中规定的配用电动机容量，仅适合于长期连续负载。

(5) 过载能力，变频器的过载能力是指其输出电流超过额定电流的允许范围和时间。大多数变频器都规定为 150%I_N、60 s 和 180%I_N、0.5 s。

3) 频率指标

(1) 频率范围，即变频器能够输出的最高频率 f_{max} 和最低频率 f_{min}。各种变频器规定的频率范围不尽一致，通常，最低工作频率为 0.1 Hz～1 Hz，最高工作频率为 120 Hz～650 Hz。

(2) 频率精度，指变频器输出频率的准确程度。在变频器使用说明书中规定的条件下，由变频器的实际输出频率与设定频率之间的最大误差与最高工作频率之比的百分数来表示。

(3) 频率分辨率，指输出频率的最小改变量，即每相邻两挡频率之间的最小差值。一般分模拟设定分辨率和数字设定分辨率两种。

4．西门子 MM420 变频器简介

西门子 MM420(MICROMASTER420)是用于控制三相交流电动机速度的变频器系列。该系列有多种型号，从单相电源电压、额定功率为 120 W 到三相电源电压、额定功率为 11 kW 可供用户选用。

水泵控制选用的 MM420 订货号为 6SE6420-2UD17-5AA1，额定参数为：

电源电压：(380～480) V，三相交流；

额定输出功率：0.75 kW；

额定输入电流：2.4 A；

额定输出电流：2.1 A；

外形尺寸：A 型；

操作面板：基本操作板(BOP)。

5.7 西门子 MM420 变频器

变频器面板如图 5-11 所示。

图 5-11　变频器面板图

1) MM420变频器电路图及连线

MM420变频器电路方框图如图5-12所示。

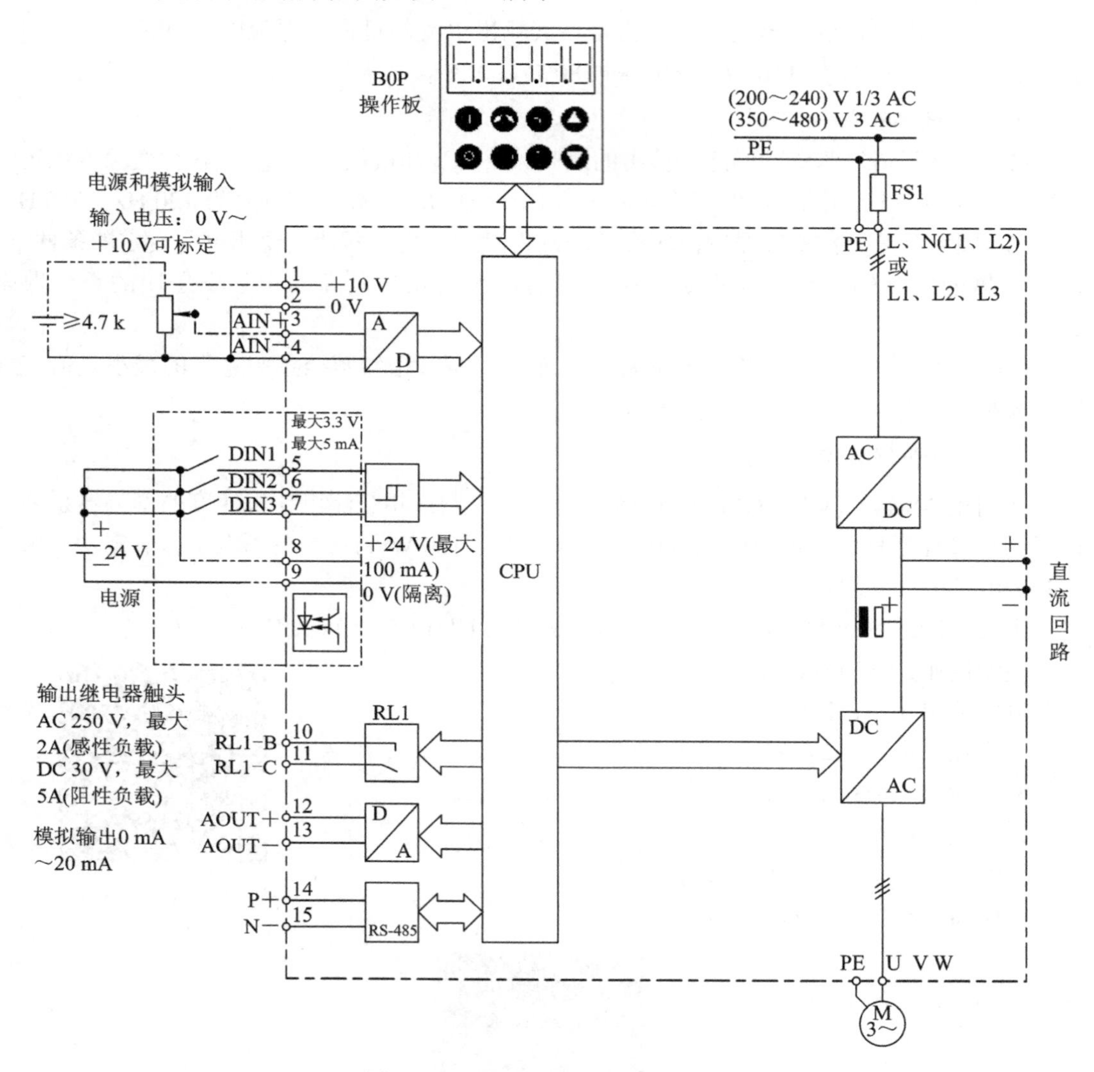

图5-12 MM420变频器电路方框图

MM420变频器的接线如图5-13所示。

进行主电路接线时，变频器上的L1、L2、L3接三相电源，接地接保护地线；端子U、V、W连接到三相电动机(千万不能接错电源，否则会损坏变频器)。

MM420变频器接线端子有数字输入点：DIN1(端子5)；DIN2(端子6)；DIN3(端子7)；内部电源+24 V(端子8)；内部电源0 V(端子9)。数字输入端子可连接到PLC的输出点(端子8接一个输出公共端，例如2 L)。当变频器命令参数P0700 = 2(外部端子控制)时，可由PLC控制变频器的启动/停止以及变速运行等。

在变频器接线端子上还有模拟输入点：AIN+(端子3)；内部电源+10 V(端子1)；内部电源0 V(端子2)。同时，变频器接线端子上还安装了一个用作频率调节的电位器，它的引出线为[1]、[2]、[3]端。

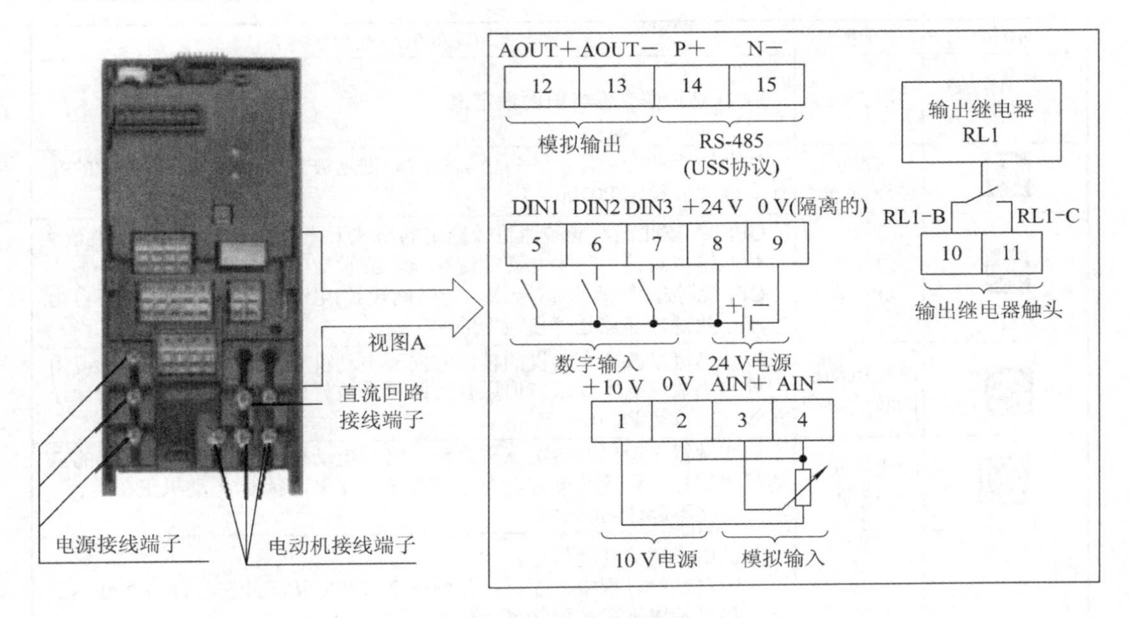

图 5-13 MM420变频器接线端子

如果需要在变频器上直接操作控制三相电动机的运行，可把电位器[1]端与内部电源+10 V(端子1)相连，电位器[3]端与内部电源0 V(端子2)相连，电位器[2]端与AIN+(端子3)相连。连接主电路后，拨动DIN1端旁的钮子开关即可启动/停止变频器，旋动电位器即可改变频率实现电机速度调整。

2) MM420变频器的BOP操作面板

图5-14是基本操作面板(BOP)的外形。利用BOP可以改变变频器的各个参数值。

图 5-14 BOP外形图

BOP具有7段显示的五位数字，可以显示参数的序号和数值、报警和故障信息以及设定值和实际值。参数的信息不能用BOP存储。

基本操作面板(BOP)上的按钮及其功能如表5-5所示。

表 5-5 BOP 上的按钮及功能

显示/按钮	功能	功能的说明
r0000	状态显示	LCD 显示变频器当前的设定值
I	启动变频器	按此键启动变频器。缺省值运行时此键是被封锁的。为了使此键的操作有效，应设定 P0700＝1
0	停止变频器	OFF1：按此键，变频器将按选定的斜坡下降速率减速停车，缺省值运行时此键被封锁。为了允许此键操作，应设定P0700＝1 OFF2：按此键两次(或一次，但时间较长)电动机将在惯性作用下自由停车。此键功能总是“使能”的
	改变电动机的转动方向	按此键可以改变电动机的转动方向，电动机反向时，用负号表示或用闪烁的小数点表示。缺省值运行时此键是被封锁的。为了使此键的操作有效，应设定 P0700＝1
jog	电动机点动	在变频器无输出的情况下按此键，将使电动机启动，并按预设定的点动频率运行。释放此键时，变频器停车。如果变频器/电动机正在运行，按此键将不起作用
Fn	功能	此键用于浏览辅助信息。 变频器运行过程中，在显示任何一个参数时按下此键并保持 2 秒不动，将显示以下参数值(在变频器运行中从任何一个参数开始)： (1) 直流回路电压(用 d 表示，单位：V)。 (2) 输出电流(A)。 (3) 输出频率(Hz)。 (4) 输出电压(用O表示，单位：V)。 (5) 由P0005选定的数值(如果P0005选择显示上述参数中的任何一个(3，4 或 5)，这里将不再显示)。 连续多次按下此键将轮流显示以上参数。 ※跳转功能 在显示任何一个参数(r××××或P××××)时短时间按下此键，将立即跳转到 r0000，如果需要的话，可以接着修改其他的参数。跳转到 r0000 后，按此键将返回原来的显示点
P	访问参数	按此键即可访问参数
▲	增加数值	按此键即可增加面板上显示的参数数值
▼	增少数值	按此键即可减少面板上显示的参数数值

3) MM420 变频器的参数设置

(1) 参数号和参数名称。参数号是指该参数的编号。参数号用 0000 到 9999 的 4 位数字表示。在参数号的前面冠以一个小写字母“r”时，表示该参数是“只读”的参数，除此之外其他所有参数号的前面都冠以一个大写字母“P”。这些参数的设定值可以直接在标题栏的“最小值”和“最大值”范围内进行修改。

5.8 西门子 MM420 参数设置说明

[下标]表示该参数是一个带下标的参数，并且指定了下标的有效序号。

(2) 更改参数数值的例子。用 BOP 可以修改和设定系统参数，使变频器具有期望的特性，例如斜坡时间、最小和最大频率等。选择的参数号和设定的参数值在五位数字的 LCD 上显示。

更改参数数值的步骤可大致归纳为：① 查找所选定的参数号；② 进入参数值访问级，修改参数值；③ 确认并存储修改好的参数值。

假设参数 P0004 设定值=0，需要把设定值改变为 3，改变设定值的步骤如图 5-15 所示。按照图中说明的类似方法，可以用“BOP”设定常用的参数。

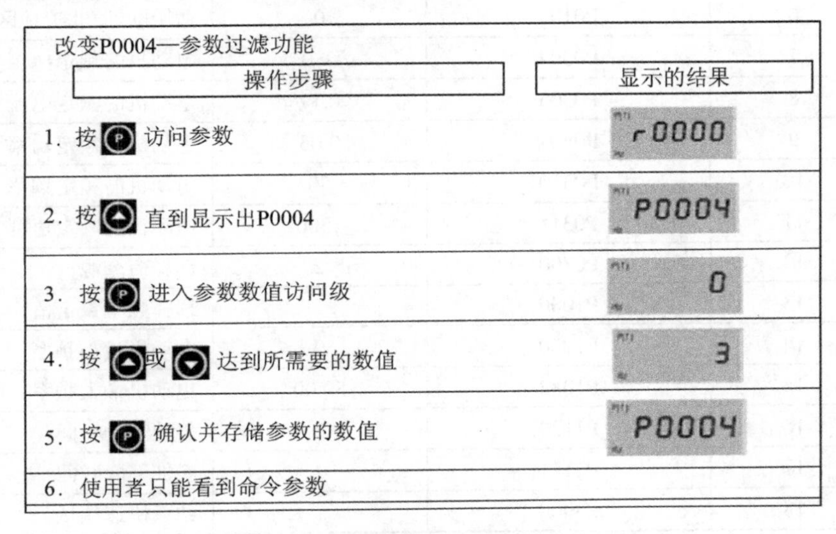

图 5-15　改变参数 P0004 数值的步骤

参数 P0004(参数过滤器)的作用是根据所选定的一组功能，对参数进行过滤(或筛选)，并集中对过滤出的一组参数进行访问，从而可以更方便地进行调试。P0004 可能的设定值如表 5-6 所示，缺省的设定值＝0。

表 5-6　参数 P0004 的设定值

设定值	所指定参数组意义	设定值	所指定参数组意义
0	全部参数	12	驱动装置的特征
2	变频器参数	13	电动机的控制
3	电动机参数	20	通信
7	命令，二进制 I/O	21	报警/警告/监控
8	模-数转换和数-模转换	22	工艺参量控制器(例如 PID)
10	设定值通道/RFG(斜坡函数发生器)		

(3) 常用参数的设置。表 5-7 给出了常用的变频器参数设置值，如果希望设置更多的参数，请参考《MM420 用户手册》。

表5-7　常用变频器参数设置值

序　号	参数号	设置值	说　明
1	P0010	30	调试参数过滤器
2	P0970	1	恢复出厂值
3	P0003	3	用户的参数访问级
4	P0004	0	参数过滤器
5	P0010	1	快速调试
6	P0100	0	适用欧洲/北美地区
7	P0304	380	电动机的额定电压
8	P0305	0.17	电动机的额定电流
9	P0307	0.03	电动机的额定功率
10	P0310	50	电动机的额定频率
11	P0311	1500	电动机的额定速度
12	P0700	2	选择命令源
13	P1000	1	选择频率设定值
14	P1080	0	电动机最小频率
15	P1082	50.00	电动机最大频率
16	P1120	2	斜坡上升时间
17	P1121	2	斜坡下降时间
18	P3900	1	结束快速调试

(4) 部分常用参数设置说明(更详细的参数设置说明请参考《MM420用户手册》)。

① 参数P0003用于定义用户访问参数组的等级，设置范围为1～4。其中，

1——标准级：可以访问最经常使用的参数。

2——扩展级：允许扩展访问参数的范围，例如变频器的I/O功能。

3——专家级：只供专家使用。

4——维修级：只供授权的维修人员使用(具有密码保护)。

该参数缺省设置为等级1(标准级)。若设置为等级3(专家级)，则允许用户可访问1、2级的参数、参数范围和定义用户参数，并对复杂的功能进行编程。用户可以修改设置值，但建议不要设置为等级 4(维修级)。

② 参数P0010是调试参数过滤器，对与调试相关的参数进行过滤，只筛选出那些与特定功能组有关的参数。P0010的可能设定值为：0(准备)，1(快速调试)，2(变频器)，29(下载)，30(工厂的缺省设定值)；缺省设定值为0。

当选择P0010 = 1时，进行快速调试；当选择P0010 = 30时，把所有参数复位为工厂的缺省设定值。应注意的是，在变频器投入运行之前应将本参数复位为0。

③ 命令信号源的选择P0700，用于指定命令源，可能的设定值如表5-8所示，缺省值为2。注意在改变这一参数时，同时也使所选项目的全部设置值复位为工厂的缺省设置值。例如，把它的设定值由1改为2时，所有的数字输入都将复位为缺省设置值。

表 5-8　P0700 的设定值

设定值	原指定参数值意义	设定值	原指定参数值意义
0	工厂的缺省设置	4	通过 BOP 链路的 USS 设置
1	BOP(键盘)设置	5	通过 COM 链路的 USS 设置
2	由端子排输入	6	通过 COM 链路的通信板(CB)设置

④ 频率设定值的选择 P1000，这一参数用于频率设定值的信号源。其设定值可达 0～66。缺省的设置值为 2。实际上，当设定值≥10 时，频率设定值将来源于两个信号源的叠加。其中，主设定值由最低一位数字(个位数)来选择(即 0～6)，而附加设置值由最高一位数(十位数)来选择(即×0～×6，其中，×=1～6)。下面只说明常用主设定值信号源的意义。

0：无主设定值。

1：MOP(电动电位差计)设定值。取此值时，选择基本操作板(BOP)的按钮指定输出频率。

2：模拟设定值。输出频率由 3、4 端子两端的模拟电压(0～10)V 设定。

3：固定频率。输出频率由数字输入端子 DIN1～DIN3 的状态指定。用于多段速控制。

5：通过 COM 链路 USS 设定。即通过按 USS 协议的串行通信线路设定频率。

变频器的参数在出厂时的缺省设定值是命令源参数 P0700 = 2(即外部 I/O)和频率设定值信号源 P1000=2(即模拟量输入)。这时，只要在 AIN+与 AIN−上加模拟电压(0～10)V 并使数字输入 DIN1 为 ON，即可启动电动机并实现其速度的连续调整。

5.9　西门子 MM420 参数设置实例

【例 5-1】　采用 BOP 进行变频器的快速调试。

解：快速调试包括电动机参数和斜坡函数的参数设定。电动机参数的修改，仅当快速调试时有效。在进行快速调试前，必须完成变频器的机械与电气安装。当选择 P0010=1 时，可进行快速调试。

表 5-9 是对于 YL-335B 上选用的电动机的参数设置表。

表 5-9　设置电动机参数表

参数号	出厂值	设置值	说　　明
P0003	1	1	设用户访问级为标准级
P0010	0	1	快速调试
P0100	0	0	设置使用地区，0=欧洲，功率以 kW 表示，频率为 50 Hz
P0304	400	380	电动机额定电压(V)
P0305	1.90	0.18	电动机额定电流(A)
P0307	0.75	0.03	电动机额定功率(kW)
P0310	50	50	电动机额定频率(Hz)
P0311	1395	1300	电动机额定转速(r/min)

快速调试的进行与参数 P3900 的设定有关，当其被设定为 1 时，快速调试结束后，要完成必要的电动机计算，并使其他参数复位为工厂的缺省设置(P0010 = 1 不包括在内)。当 P3900 = 1 并结束快速调试后，变频器已经作好运行的准备。

【例5-2】 将变频器复位为工厂的缺省设定值。

解：如果用户在参数调试过程中遇到问题，并且希望重新开始调试，通常采用首先把变频器的全部参数复位为工厂的缺省设定值，再重新调试的方法。为此，应按照下面的数值设定参数：(a) 设定P0010 = 30；(b) 设定P0970 = 1。按下P键，便开始参数的复位。变频器将自动地把它的所有参数都复位为它们各自的缺省设置值。复位为工厂缺省设置值的时间大约要60秒。

【例5-3】 模拟电压信号可从变频器内部DC 10V获得。

解：按图5-12(MM420变频器方框图)的接线，用一个4.7 kΩ电位器连接内部电源+10 V端和0 V端，中间抽头与AIN+端相连。连接主电路后接通电源，使DIN1端子的开关短接，即可启动和停止变频器，旋动电位器即可改变频率实现电动机速度连续调整。

电动机速度调整范围取决于参数P1080(最低频率)和P2000(基准频率)。电动机的加、减速时间参数设定取决于参数P1120和P1121。

【例5-4】 模拟电压信号由外部给定，电动机可正反转。

解：参数P0700和P1000为缺省设置。从AIN+和AIN−输入来自外部的0～10 V的直流电压(例如从PLC的D/A模块获得)，即可连续调节输出频率的大小。

用数字输入端口DIN1和DIN2控制电机正反转方向时，可以通过设定参数P0701和P0702来实现。例如，使P0701 = 1(DIN1的ON接通正转，OFF停止)，P0702=2(DIN2的ON接通反转，OFF停止)。

【例5-5】 要求电动机能实现高、中、低三种转速的调整，高速时运行频率为40 Hz，中速时运行频率为25 Hz，低速时运行频率为15 Hz。

解：当P0700 = 2和P1000 = 3时，设定DIN1、DIN2、DIN3的相应功能后，就可以通过其开关的通断组合进行电动机速度的有级调整(即多段速调速)。

P0701的缺省参数 = 1，P0702的缺省参数 = 12，P0703的缺省参数 = 9。若要实现多段速调速应改变这些参数。参数P0701、P0702、P0703均属于“命令、二进制I/O”参数组，可能的设定值如表5-10所示。

表5-10　参数P0701、P0702、P0703可能的设定值

设定值	原指定参数值意义	设定值	原指定参数值意义
0	禁止数字输入	13	MOP(电动电位计)升速(增加频率)
1	接通正转/停车命令1	14	MOP降速(减小频率)
2	接通反转/停车命令1	15	固定频率设定值(直接选择)
3	接惯性自由停车	16	固定频率设定值(直接选择+ON命令)
4	按斜坡函数曲线快速降速停车	17	固定频率设定值(二进制编码的十进制数(BCD码)选择+ON命令)
9	故障确认	21	机旁/远程控制
10	正向点动	25	直流注入制动
11	反向点动	29	由外部信号触发跳闸
12	反转	33	禁止附加频率设定值
		99	使能BICO参数化

由表 5-10 可见，当参数 P0701、P0702、P0703 的设定值取值为 15、16、17 时，可以采用选择固定频率的方式确定输出频率(FF 方式)。

为实现多段速控制的参数设置步骤如下：

(1) 设置 P0004 = 7，选择“外部 I/O”参数组，然后设定 P0700 = 2，指定命令源为“由端子排输入”。

(2) 设定 P0701、P0702、P0703 为 15、16、17，确定数字输入 DIN1、DIN2、DIN3 的功能。

(3) 设置 P0004 = 10，选择“设定值通道”参数组，然后设定 P1000 = 3，指定频率设定值信号源为固定频率。

(4) 设定相应的固定频率值，即设定参数 P1001～P1007 有关对应项，对应关系如表 5-11 所示。

表 5-11　固定频率数值选择

变频器参数	选择频率设定值	DIN3	DIN2	DIN1
—	OFF	不激活	不激活	不激活
P1001	FF1	不激活	不激活	激活
P1002	FF2	不激活	激活	不激活
P1003	FF3	不激活	激活	激活
P1004	FF4	激活	不激活	不激活
P1005	FF5	激活	不激活	激活
P1006	FF6	激活	激活	不激活
P1007	FF7	激活	激活	激活

变频器参数调整的步骤如表 5-12 所示。

表 5-12　3 段固定频率控制参数调整表

步骤号	参数号	出厂值	设定值	说　明
1	P0003	1	1	设用户访问级为标准级
2	P0004	0	7	命令组为命令和数字 I/O
3	P0700	2	2	命令源选择由端子排输入
4	P0003	1	2	设用户访问级为扩展级
5	P0701	1	16	DIN1 功能设定为固定频率设定值(直接选择+ON)
6	P0702	12	16	DIN2 功能设定为固定频率设定值(直接选择+ON)
7	P0703	9	12	DIN3 功能设定为接通时反转
8	P0004	0	10	命令组为设定值通道和斜坡函数发生器
9	P1000	2	3	频率给定输入方式设定为固定频率设定值
10	P1001	0	25	固定频率 1
11	P1002	5	15	固定频率 2

5. 变频器的 PLC 控制方法

1) PLC 与变频器的组合

在工业自动化控制系统中，最为常见的是 PLC 与变频器的组合应用(如图 5-8 所示)，并且产生了多种多样的PLC控制变频器的方法。

通过PLC与变频器的组合对机械产品进行控制，其优点是拥有较强的抗干扰能力、传输速率高、传输距离远且节省部件经费，从而减少资金消耗。另外，PLC控制变频器这个组合能更有效地反应故障信息，动作响应更迅速，测量更精确，控制更简单、方便。

2) 变频器的PLC控制方法

(1) 利用PLC的开关量输出控制变频器。PLC的输出端子、COM端子直接与变频器的正转、反转、高速、中速、低速、输入端等端口分别相连。PLC可以通过程序设计输出端子的闭合和断开，控制变频器的启动、停止、复位；也可以通过控制变频器高速、中速、低速端子的不同组合实现多段速度运行。但是，因为这种方式是采用开关量来实施控制的，其调速曲线不是一条连续平滑的曲线，也无法实现精细的速度调节。这种控制方式的优点是方案实现快速，编程简单，易维护；缺点是抗干扰能力差、线路多、控制不精确。

(2) 利用PLC模拟量输出模块控制变频器。通过PLC外部扩展一个D/A模块，将PLC数字信号转换成电压(或电流，视变频器设置而定)信号。将PLC的模拟量输出模块输出的0 V～10 V/5 V电压信号或4 mA～20 mA电流信号作为变频器的模拟量输入信号来控制变频器的输出频率，即通过控制D/A模块的输出电压即可改变电机的转速。这种控制方式的优点是PLC程序编制简单方便，调速曲线平滑连续、工作稳定；缺点是在大规模生产线中，控制电缆较长，尤其是D/A模块采用电压信号输出时，线路有较大的电压降，影响了系统的稳定性和可靠性。输入PLC的模拟信号不能直接输出给控制变频器，它要和给定信号进行比较，经过PID运算后输出信号控制变频器，使变频器按一定的运算模式控制输出频率改变电动机的转速。输入变频器的模拟信号也不能直接控制变频器的输出频率，它也要和给定信号进行比较，并经过PID运算才能控制电动机转速。

(3) PLC通过通信口控制变频器。变频器一般都自带RS485口或可通过PLC扩展通信卡。PLC可采用RS485无协议通信方法、Modbus-RTU通信方法、现场总线方式实现变频器和PLC之间的通信控制。这种方案的控制功能强大，功能可以任意编程，连线少(2根线)，但程序相对较复杂，比较适合复杂的系统。这种控制方式的优点是速度变换平滑，速度控制精确，适应能力好；缺点是程序复杂。PLC控制变频器如图5-16所示。

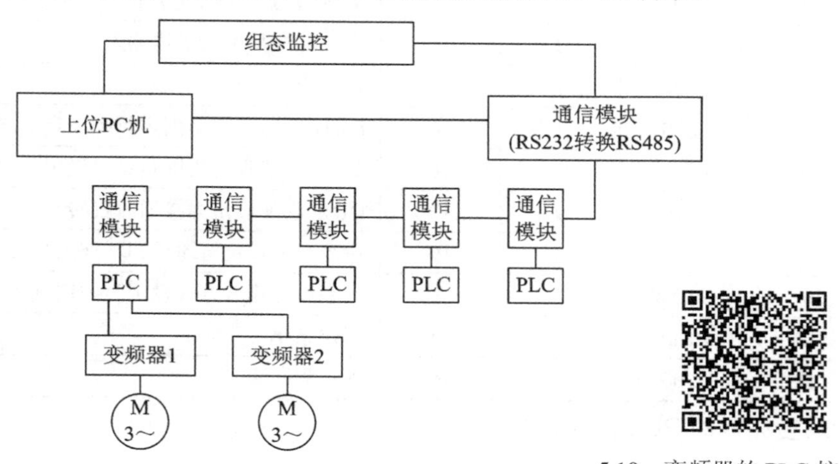

图5-16 PLC控制变频器

5.10 变频器的PLC控制方法

(二) 人机界面 TPC7062K 和 MCGS 嵌入式组态软件

1. TPC7062K 和 MCGS 组态软件概述

TPC7062K 是昆仑通态研发的人机界面，可在实时多任务嵌入式操作系统 Windows CE 环境中运行，并采用 MCGS 嵌入式组态软件组态。

TPC7062K 在设计中采用了高亮度 TFT 液晶显示屏(分辨率为 800 × 480)，四线电阻式触摸屏(分辨率为 4096 × 4096)，色彩达到 64 K。其 CPU 主板是以 ARM 结构嵌入式低功耗 CPU 为核心，主频 400 MHz，内存 64 MB。

1) TPC7062K 触摸屏与组态计算机的连接

TPC7062K 触摸屏的前、后视图如图 5-17 所示，接口和说明如图 5-18 所示，其下载线及通信线如图 5-19 所示。

(a) 前视图

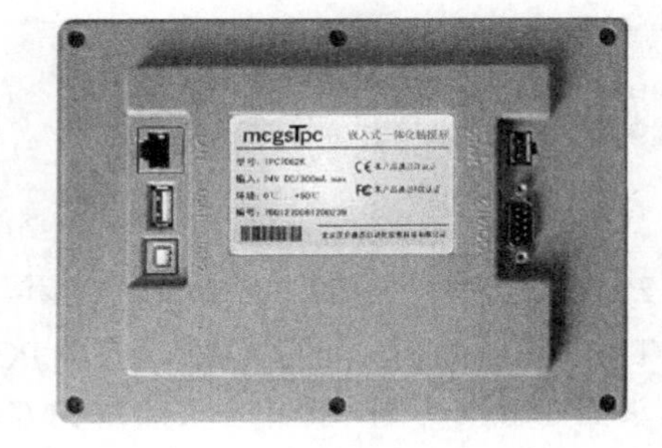

(b) 后视图

图 5-17　TPC7062K 触摸屏前、后视图

5.11　MCGS 嵌入版组态软件

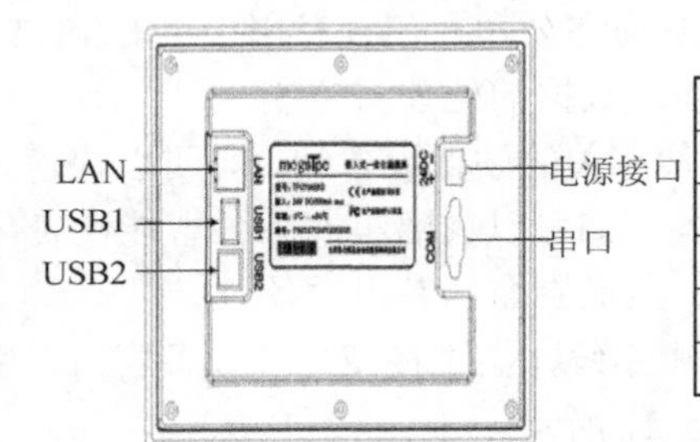

项目	TPC7062K
LAN(RJ45)	以太网接口
串口(DB9)	1×RS232，1×RS485
USB1	主口，USB1.1兼容
USB2	从口，用于下载工程
电源接口	24 V DC±20%

图 5-18　TPC7062K 接口及说明

5.12　TPC7062K 触摸屏

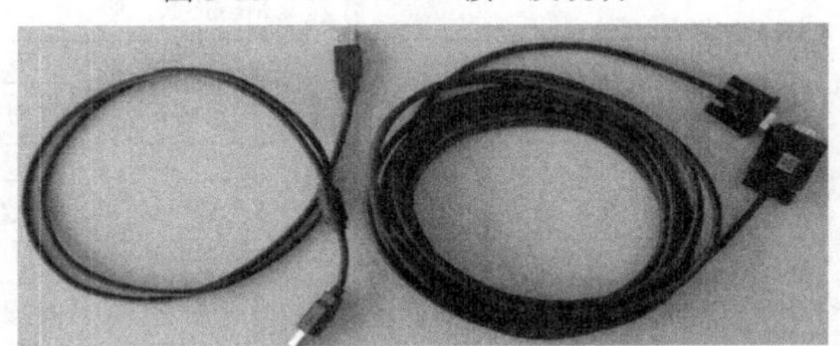

下载线　　S7-200 PLC 通信线

图 5-19　TPC7062K 下载线及 S7-200 PLC 通信线

TPC7062K 通过 USB2 或 RJ45 与装有 MCGS 组态软件的电脑相连。当需要在 MCGS 组态软件上把资料下载到 HMI 时，单击“工程下载”，即可进行工程下载，如图 5-20 所示。

如果工程项目要在电脑模拟测试，则选择“模拟运行”，然后下载工程。

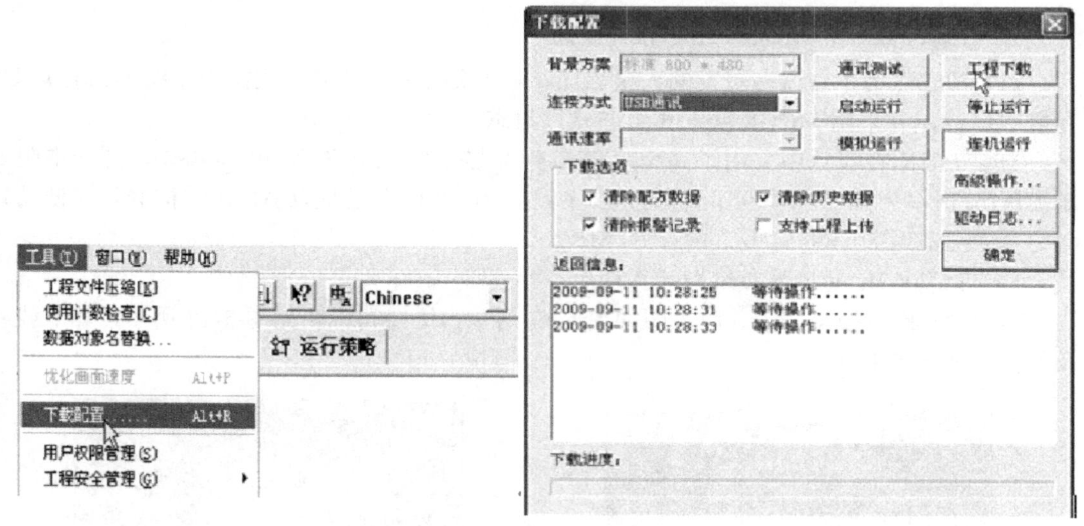

图5-20 工程下载方法

2) TPC7062K与S7-200 PLC的连接

TPC7062K触摸屏的COM口通过PC-PPI电缆与S7-200 PLC连接。PC-PPI电缆的9针母头插在触摸屏侧，9针公头插在PLC侧。正常通信除了硬件连接正确外，还需对触摸屏的串口0属性进行设置，设置方法在设备窗口组态中再详细说明。

3) TPC7062K的设备组态

MCGS嵌入版组态软件是昆仑通态公司专门开发用于MCGS TPC的组态软件，主要为完成现场数据的采集与监测、前端数据的处理与控制。

MCGS嵌入版组态软件与其他相关的硬件设备结合，可以快速、方便地开发各种用于现场采集、数据处理和控制的设备。如可以灵活组态各种智能仪表、数据采集模块、无纸记录仪、无人值守的现场采集站、人机界面等专用设备。

MCGS嵌入版生成的用户应用系统，由主控窗口、设备窗口、用户窗口、实时数据库和运行策略五个部分构成，如图5-21所示。

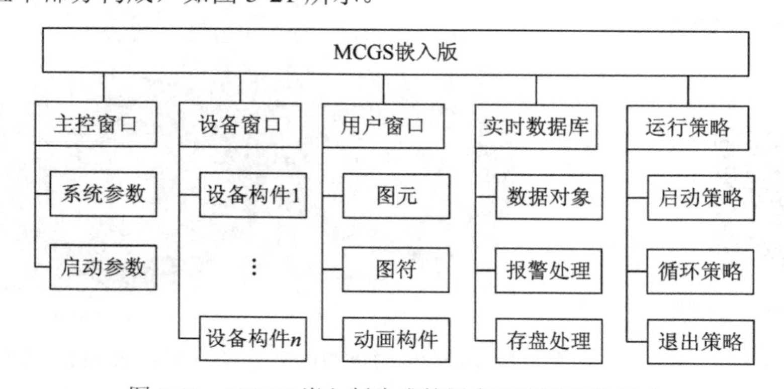

图5-21 MCGS嵌入版生成的用户应用系统的组成

主控窗口确定了工业控制中工程作业的总体轮廓，以及运行流程、特性参数和启动特性等项内容，是应用系统的主框架。

设备窗口专门用来放置不同类型和功能的设备构件，实现对外部设备的操作和控制。设备窗口通过设备构件把外部设备的数据采集进来，送入实时数据库，或把实时数据库中的数据输出到外部设备。

用户窗口中可以放置三种不同类型的图形对象：图元、图符和动画构件。通过在用户窗口内放置不同的图形对象，用户可以构造各种复杂的图形界面，用不同的方式实现数据和流程的“可视化”。

实时数据库相当于一个数据处理中心，同时也起到公共数据交换区的作用。从外部设备采集来的实时数据送入实时数据库，系统其他部分操作的数据也来自于实时数据库。

运行策略本身是系统提供的一个框架，里面放置由策略条件构件和策略构件组成的“策略行”，通过对运行策略的定义，使系统能够按照设定的顺序和条件操作任务，实现对外部设备工作过程的精确控制。

嵌入式组态软件的组态环境和模拟运行环境相当于一套完整的工具软件，可以在 PC 上运行。

嵌入式组态软件的运行环境是一个独立的运行系统，它按照组态工程中用户指定的方式进行各种处理，完成用户组态设计的目标和功能。运行环境本身没有任何意义，必须与组态工程一起作为一个整体，才能构成用户应用系统。一旦组态工作完成，并且将组态好的工程通过 USB 口下载到嵌入式一体化触摸屏的运行环境中，组态工程即可离开组态环境而独立运行在 TPC 上，从而实现了控制系统的可靠性、实时性、确定性和安全性。

2. MCGS 组态软件的工作方式

(1) MCGS 可与设备进行通信。MCGS 通过设备驱动程序与外部设备进行数据交换，包括数据采集和发送设备指令。设备驱动程序是由 VB、VC 程序设计语言编写的 DLL(动态连接库)文件，其中包含了符合各种设备通信协议的处理程序，可采集或发送设备运行状态的特征数据。MCGS 负责在运行环境中调用相应的设备驱动程序，将数据传送到工程中的各个部分，完成整个系统的通信过程。每个驱动程序独占一个线程，达到互不干扰的目的。

(2) MCGS 可产生动画效果。MCGS 为每一种基本图形元素定义了不同的动画属性，如：一个长方形的动画属性有可见度、大小变化、水平移动等。每一种动画属性都会产生一定的动画效果。所谓动画属性，实际上是反映图形大小、颜色、位置、可见度、闪烁性等状态的特征参数。然而，我们在组态环境中生成的画面都是静止的，如何在工程运行中产生动画效果呢？方法是：图形的每一种动画属性中都有一个“表达式”设定栏，在该栏中设定一个与图形状态相联系的数据变量，连接到实时数据库中，以此建立相应的对应关系，MCGS 称之为动画连接。

(3) MCGS 可实施远程多机监控。MCGS 提供了一套完善的网络机制，可通过 TCP/IP 网、Modem 网和串口网将多台计算机连接在一起，构成分布式网络监控系统，实现网络间的实时数据同步、历史数据同步和网络事件的快速传递。同时，可利用 MCGS 提供的网络功能，在工作站上直接对服务器中的数据库进行读写操作。分布式网络监控系统的每一台计算机都要安装一套 MCGS 工控组态软件。MCGS 把各种网络形式以父设备构件和子设备构件的形式，供用户调用，并进行工作状态、端口号、工作站地址等属性参数的设置。

(4) MCGS可对工程运行流程实施有效控制。MCGS开辟了专用的“运行策略”窗口，建立用户运行策略。MCGS提供了丰富的功能构件，供用户选用。通过构件配置和属性设置两项组态操作，生成各种功能模块(称为“用户策略”)，使系统能够按照设定的顺序和条件，操作实时数据库，实现对动画窗口的任意切换，控制系统的运行流程和设备的工作状态。所有的操作均采用面向对象的直观方式，避免了繁琐的编程工作。

3. MCGS组态软件组建一个工程的一般过程

MCGS组态软件组建一个新工程的一般过程为：工程项目系统分析、工程立项搭建框架、设计菜单基本体系、制作动画显示画面、编写控制流程程序、完善菜单按钮功能、编写程序调试工程、连接设备驱动程序。

(1) 工程项目系统分析：分析工程项目的系统构成、技术要求和工艺流程，弄清系统的控制流程和监控对象的特征，明确监控要求和动画显示方式，分析工程中的设备采集及输出通道与软件中实时数据库变量的对应关系，分清哪些变量是要求与设备连接的，哪些变量是软件内部用来传递数据及动画显示的。

(2) 工程立项搭建框架(MCGS称之为建立新工程)：定义工程名称、封面窗口名称和启动窗口(封面窗口退出后接着显示的窗口)名称，指定存盘数据库文件的名称以及存盘数据库，设定动画刷新的周期。经过此步操作，在MCGS组态环境中，建立了由五部分组成的工程结构框架。封面窗口和启动窗口也可在建立了用户窗口之后再行建立。

(3) 设计菜单基本体系：为了对系统运行的状态及工作流程进行有效的调度和控制，通常要在主控窗口内编制菜单。编制菜单分两步进行，第一步是搭建菜单的框架，第二步是对各级菜单命令进行功能组态。在组态过程中，可根据实际需要，随时对菜单的内容进行增加或删除，不断完善工程菜单。

(4) 制作动画显示画面：动画制作分为静态图形设计和动态属性设置两个过程。前一部分类似于“画画”，用户通过MCGS组态软件中提供的基本图形元素及动画构件库，在用户窗口内“组合”成各种复杂的画面。后一部分则设置图形的动画属性，与实时数据库中定义的变量建立相关性的连接关系，作为动画图形的驱动源。

(5) 编写控制流程程序：在运行策略窗口内，从策略构件箱中选择所需功能策略构件，构成各种功能模块(称为策略块)，由这些模块实现各种人机交互操作。MCGS还为用户提供了编程用的功能构件(称之为“脚本程序”功能构件)，可以使用简单的编程语言编写工程控制程序。

(6) 完善菜单按钮功能：包括对菜单命令、监控器件、操作按钮的功能组态；实现历史数据、实时数据、各种曲线、数据报表、报警信息输出等功能；建立工程安全机制等。

(7) 编写程序调试工程：利用调试程序产生的模拟数据，检查动画显示和控制流程是否正确。

(8) 连接设备驱动程序：选定与设备相匹配的设备构件，连接设备通道，确定数据变量的数据处理方式，完成设备属性的设置。此项操作在设备窗口内进行。

最后测试工程各部分的工作情况，完成整个工程的组态工作，实施工程交接。

4．组态举例

在安装了 MCGS 嵌入式组态软件的计算机上，用鼠标双击 Windows 操作系统的桌面上的组态环境快捷方式，打开嵌入式组态软件，然后按如下步骤建立通信工程。

1) 新建工程

单击文件菜单中“新建工程”选项，弹出“新建工程设置”对话框，如图 5-22 所示，TPC 类型选择为“TPC7062K”，点击“确定”按钮。

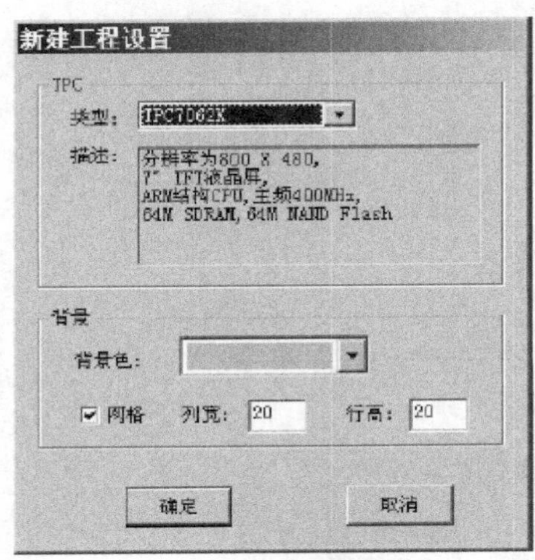

图 5-22　“新建工程设置”对话框

5.13　启保停组态控制举例

5.14　正反转组态控制举例

5.15　循环计数正反转组态控制举例

选择文件菜单中的“工程另存为”菜单项，弹出文件保存窗口。

在文件名一栏内输入“TPC 通讯控制工程”，点击“保存”按钮，工程创建完毕。

2) 工程组态

(1) 设备组态。在工作台中激活设备窗口，鼠标双击“设备窗口”图标进入设备组态画面，点击工具条中的“设备工具箱”，如图 5-23 所示。

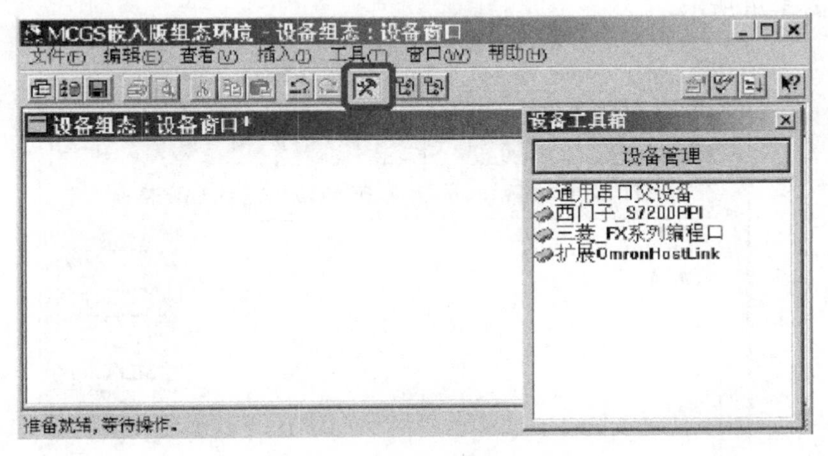

图 5-23　设备组态的设备窗口

在设备工具箱中，按顺序用鼠标先后双击“通用串口父设备”和“西门子_S7200PPI”，将其添加至组态画面窗口，如图 5-24 所示。将会提示是否使用西门子默认通信参数设置父设备，如图 5-25 所示，选择“是”按钮。

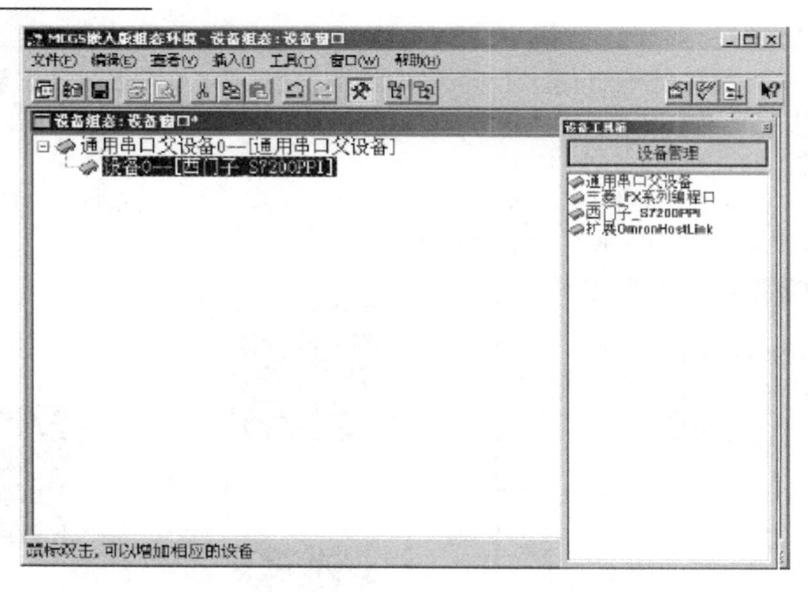

图 5-24 添加设备

图 5-25 选择设备参数

所有操作完成后关闭设备窗口，返回工作台。

(2) 窗口组态。在工作台中激活用户窗口，单击“新建窗口”按钮，建立新画面“窗口 0”，如图 5-26 所示。

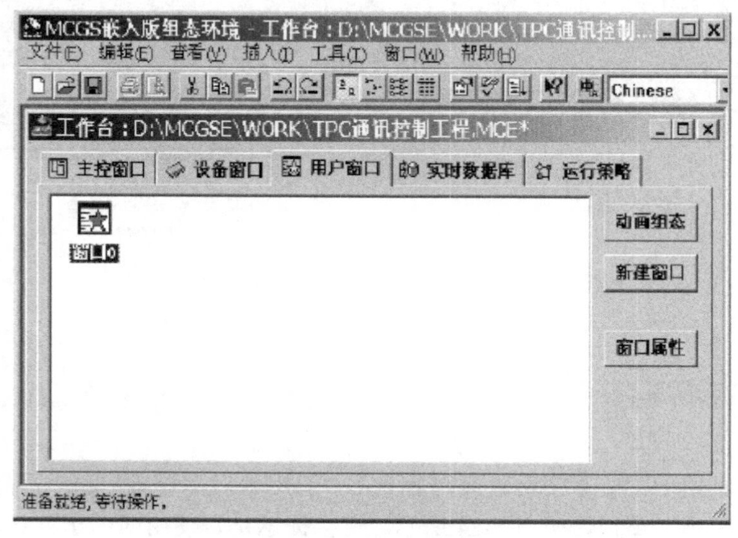

图 5-26 用户窗口

单击“窗口属性”按钮，弹出“用户窗口属性设置”对话框，在“基本属性”检签页，将“窗口名称”修改为“西门子 200 控制画面”，点击“确认”按钮进行保存，如图 5-27 所示。

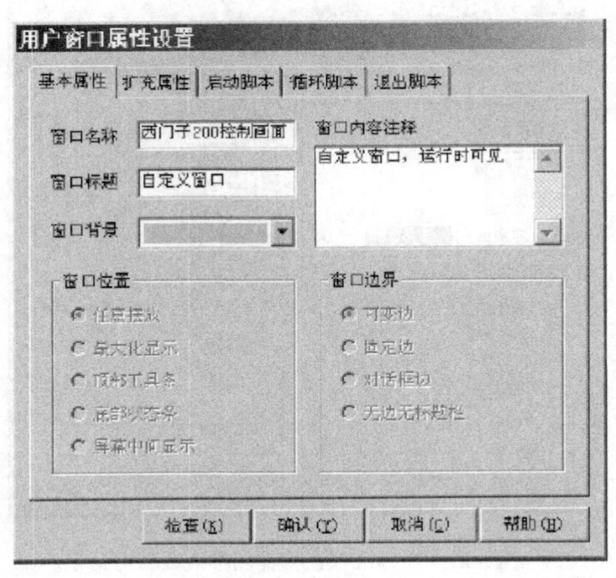

图 5-27　“用户窗口属性设置”对话框

在用户窗口双击进入“动画组态西门子 200 控制画面”，点击“工具箱”。

① 建立基本元件。

• 按钮：从工具箱中单击“标准按钮”构件，在窗口编辑位置按住鼠标左键拖放出一定大小后，松开鼠标左键，这样一个按钮构件就绘制在窗口中，如图 5-28 所示。

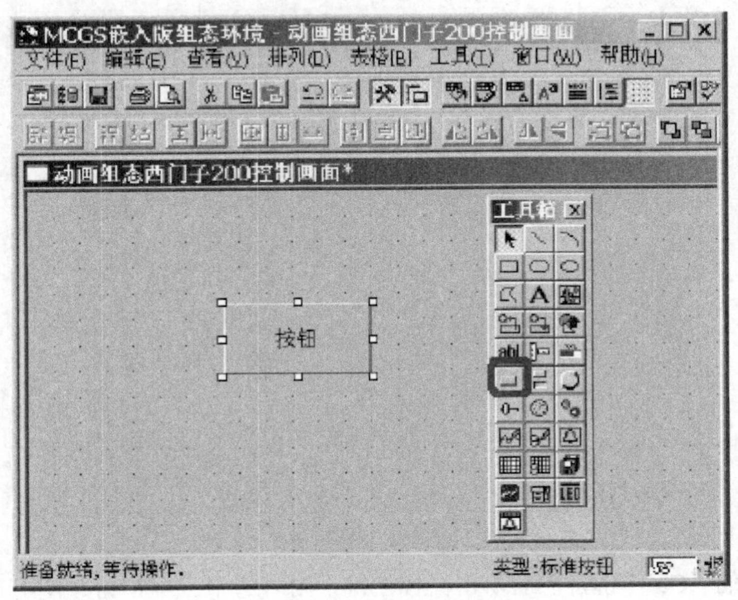

图 5-28　制作按钮

双击该按钮打开“标准按钮构件属性设置”对话框，在基本属性页中将“文本”修改为Q0.0，点击“确认”按钮保存，如图5-29所示。

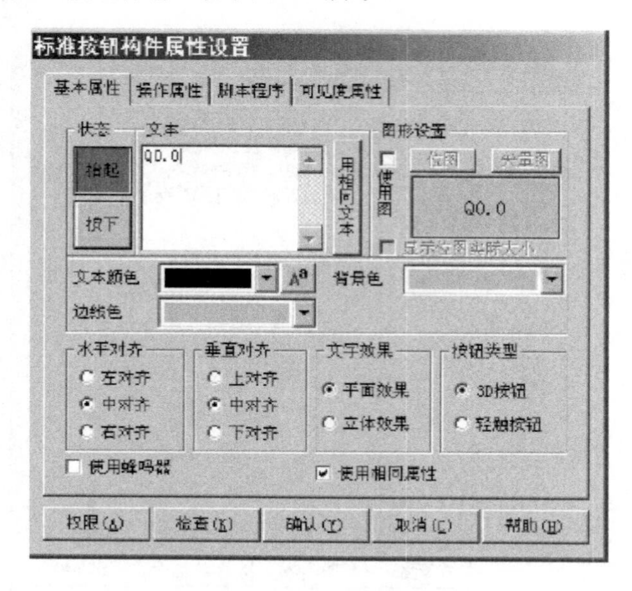

图5-29　“标准按钮构件属性设置”对话框

按照同样的操作分别绘制另外两个按钮，“文本”修改为Q0.1和Q0.2，完成后如图5-30所示。

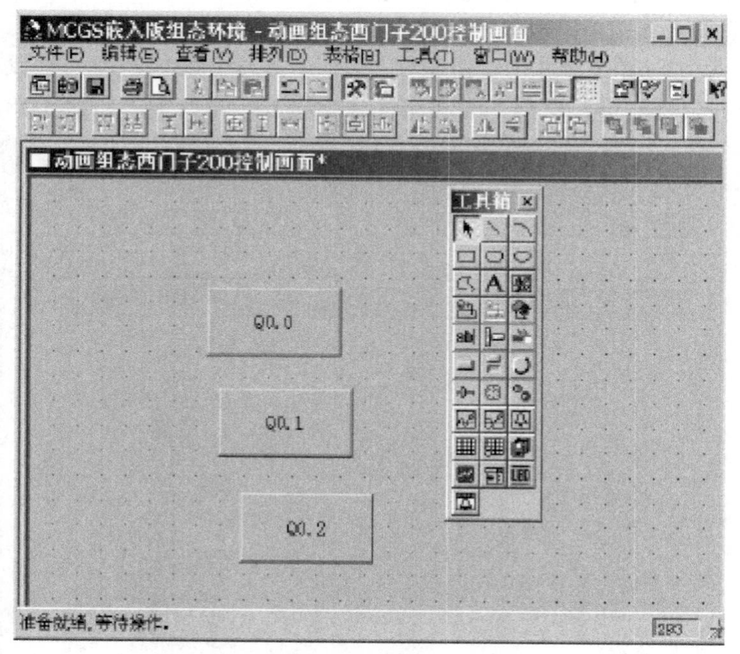

图5-30　复制按钮

按住键盘的“Ctrl”键，然后单击鼠标左键，同时选中三个按钮，使用工具栏中的等高宽、左(右)对齐和纵向等间距对三个按钮进行排列对齐，如图5-31所示。

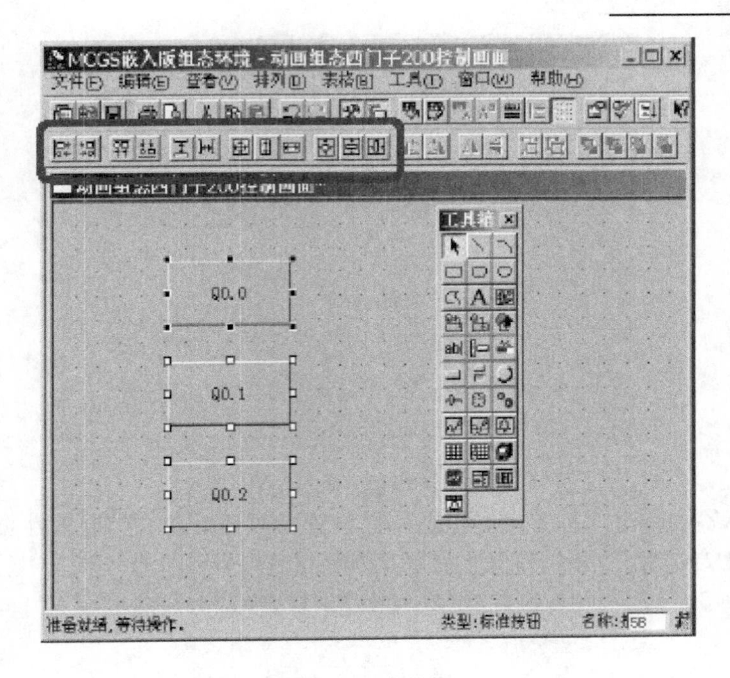

图 5-31 对齐按钮

• 指示灯：单击工具箱中的“插入元件”按钮，打开“对象元件库管理”对话框，选中图形对象库指示灯中的一款，点击“确认”按钮将其添加到窗口画面中，并调整到合适的大小。采用同样的方法再添加两个指示灯，摆放在窗口中按钮旁边的位置，如图 5-32 所示。

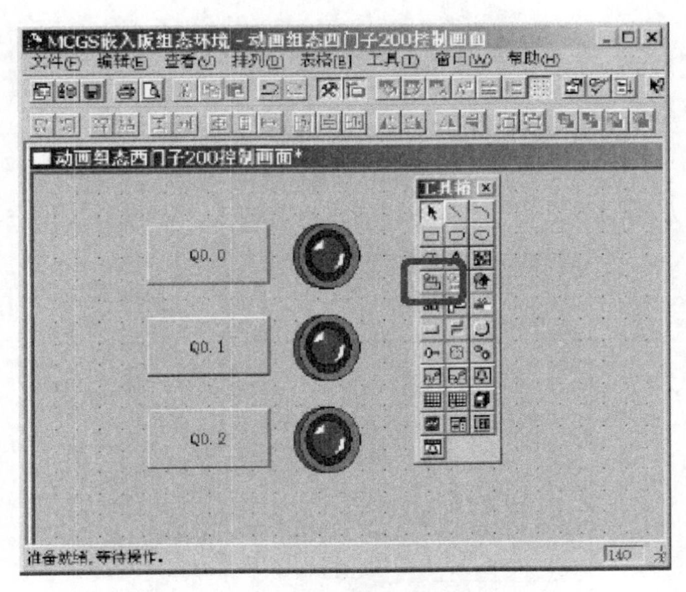

图 5-32 制作指示灯

• 标签：单击工具箱中的“标签”构件，在窗口按住鼠标左键，拖放出一定大小的“标签”，如图 5-33 所示。

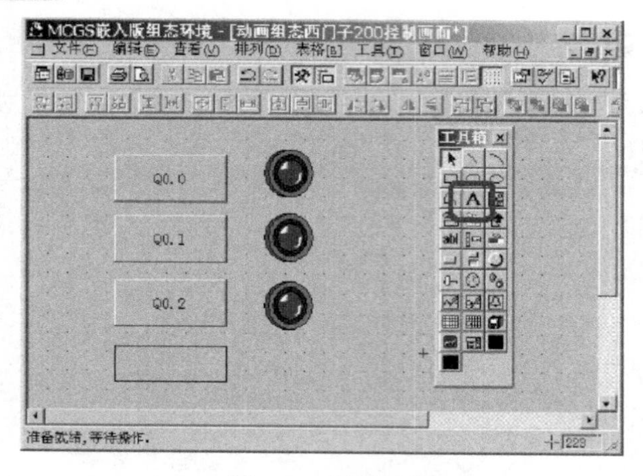

图 5-33　插入标签

双击该标签，弹出“标签动画组态属性设置”对话框，在扩展属性页的“文本内容输入”中输入“VW0”，点击“确认”按钮，如图 5-34 所示。

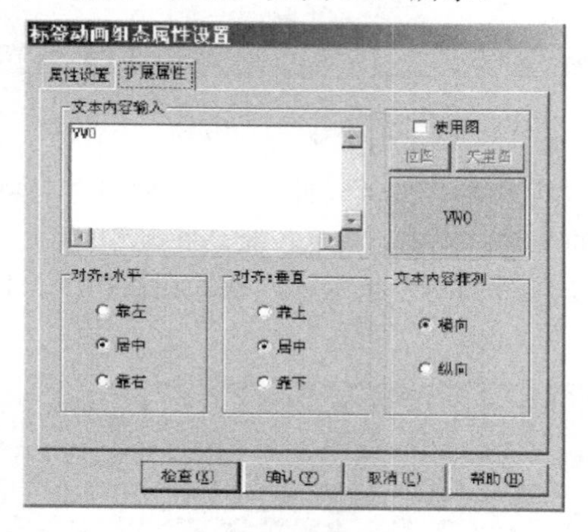

图 5-34　设置标签属性

采用同样的方法，添加另一个标签，文本内容输入“VW2”，如图 5-35 所示。

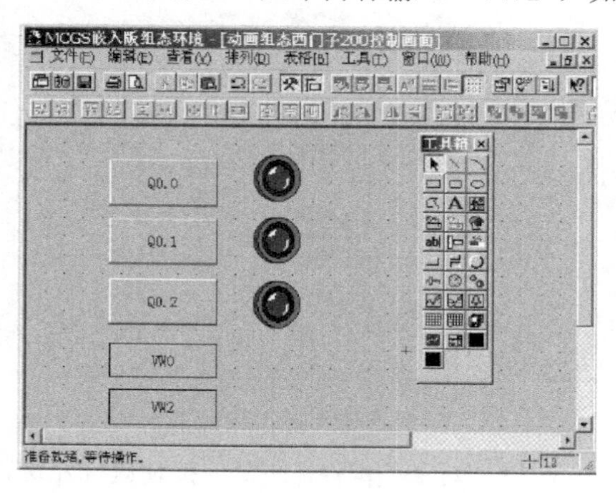

图 5-35　添加 VW2 标签

• 输入框：单击工具箱中的“输入框”构件，在窗口按住鼠标左键，拖放出两个一定大小的“输入框”，分别摆放在 VW0、VW2 标签的旁边位置，如图 5-36 所示。

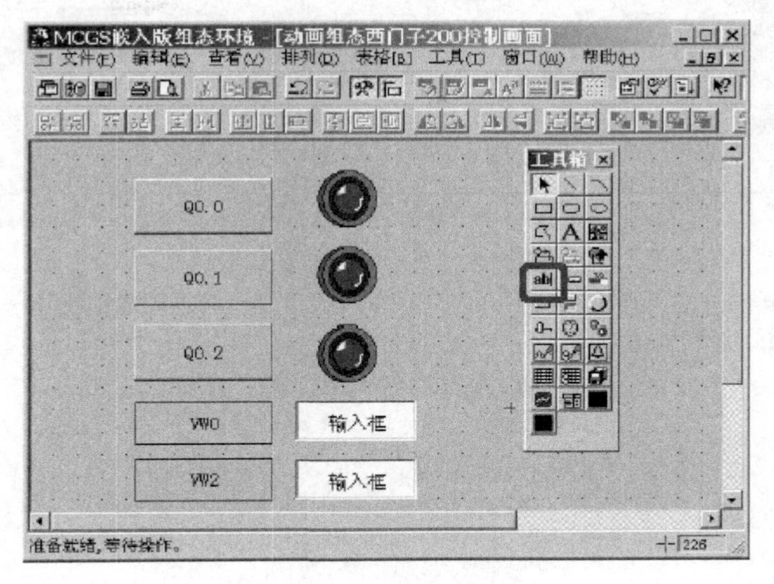

图 5-36　制作“输入框”

② 建立数据链接。

• 按钮：双击“Q0.0”按钮，弹出“标准按钮构件属性设置”对话框，如图 5-37 所示。在“操作属性”标签页，默认“抬起功能”按钮为按下状态，勾选“数据对象值操作”，选择“清 0”，如图 5-38 所示，点击“？”处，弹出“变量选择”对话框，如图 5-39 所示。勾选“根据采集信息生成”，通道类型选择“Q 寄存器”，通道地址为“0”，数据类型选择“通道的第 00 位”，读写类型选择“读写”。设置完成后点击“确认”按钮。即在 Q0.0 按钮抬起时，对西门子 S7-200 系列的 PLC 的 Q0.0 地址“清 0”，如图 5-39 所示。

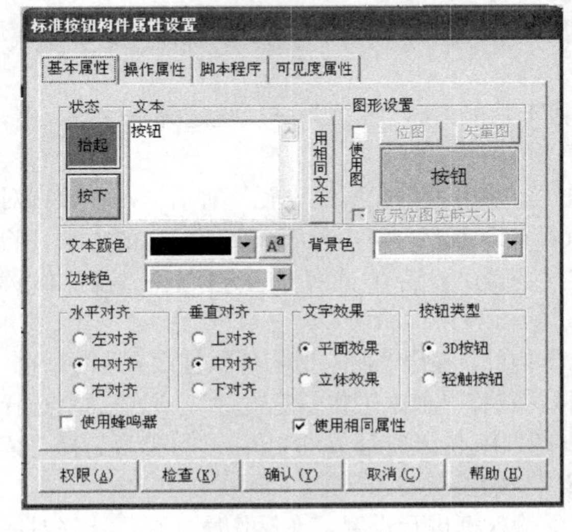

图 5-37　“标准按钮构件属性设置”对话框

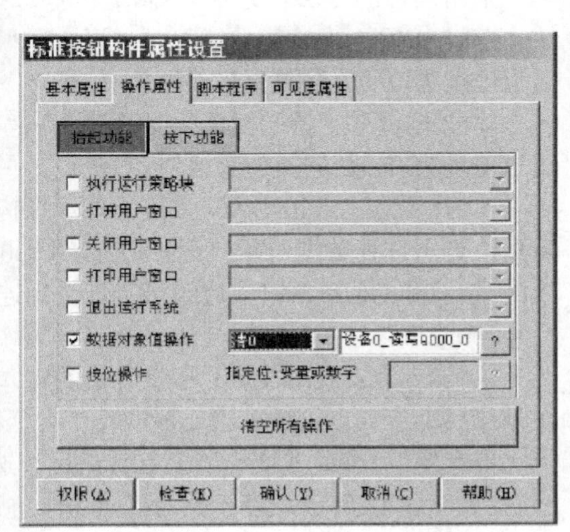

图 5-38　操作属性设置页

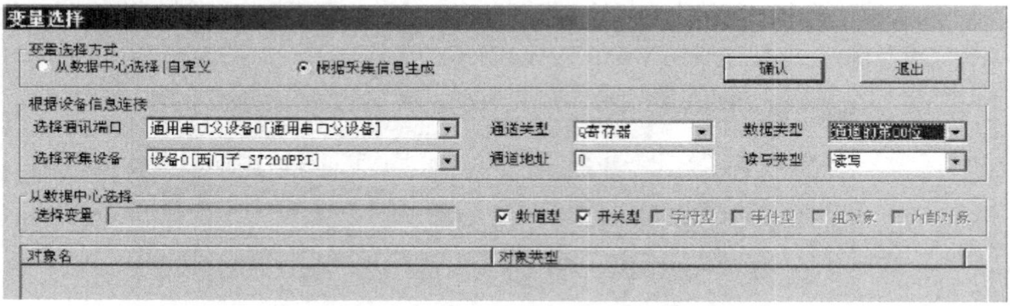

图 5-39 “变量选择”对话框

采用同样的方法，点击“按下功能”按钮进行设置，数据对象值操作→置 1→设备 0_读写 Q000_0，如图 5-40 所示。

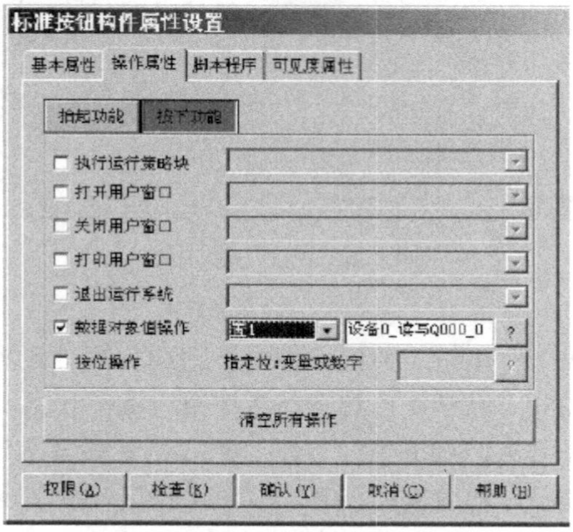

图 5-40 “按下功能”设置

采用同样的方法，分别对 Q0.1 和 Q0.2 的按钮进行设置。

Q0.1 按钮→“抬起功能”时“清 0”；“按下功能”时“置 1”→变量选择→Q 寄存器，通道地址为 0，数据类型为通道第 01 位。

Q0.2 按钮→“抬起功能”时“清 0”；“按下功能”时“置 1”→变量选择→Q 寄存器，通道地址为 0，数据类型为通道第 02 位。

• 指示灯：双击 Q0.0 旁边的指示灯构件，弹出“单元属性设置”对话框，在数据对象页，点击选择数据对象“设备 0_读写 Q000_0”，如图 5-41 所示。采用同样的方法，将 Q0.1 按钮和 Q0.2 按钮旁边的指示灯分别连接变量“设备 0_读写 Q000_1”和“设备 0_读写 Q000_2”。

• 输入框：双击 VW0 标签旁边的输入框构件，弹出“输入框构件属性设置”对话框，在操作属性页，点击进入“变量选择”对话框，选择“根据采集信息生成”，通道类型选择“V 寄存器”；通道地址为“0”；数据类型选择“16 位无符号二进制”；读写类型选择“读写”。如图 5-42 所示，设置完成后点击“确认”按钮。

采用同样的方法，双击 VW2 标签旁边的输入框进行设置，在操作属性页，选择对应的数据对象：通道类型选择“V 寄存器”；通道地址为“2”；数据类型选择“16 位无符号二进制”；读写类型选择“读写”。

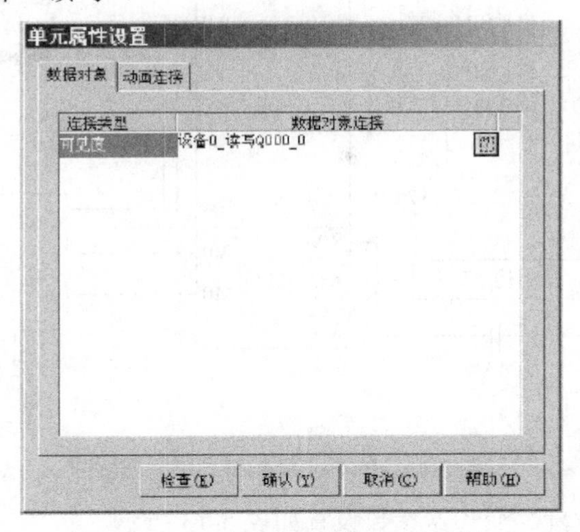

图 5-41　“单元属性设置”对话框

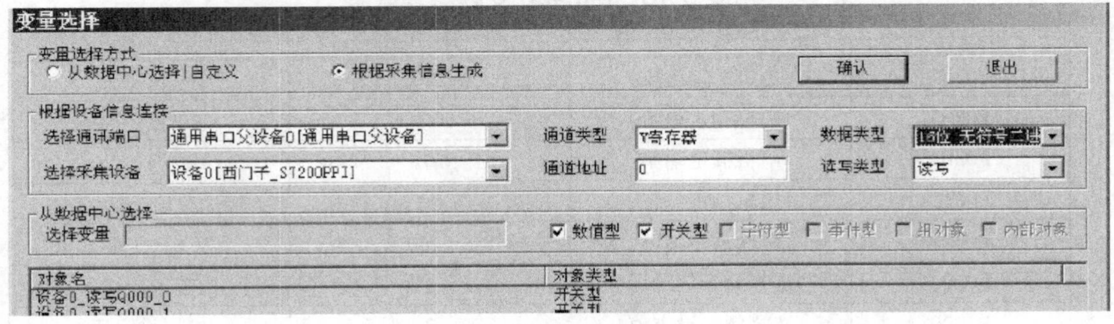

图 5-42　输入框“变量选择”对话框

组态完成后，下载到 TPC 进行运行环境的调试。

运行效果如图 5-43 所示。

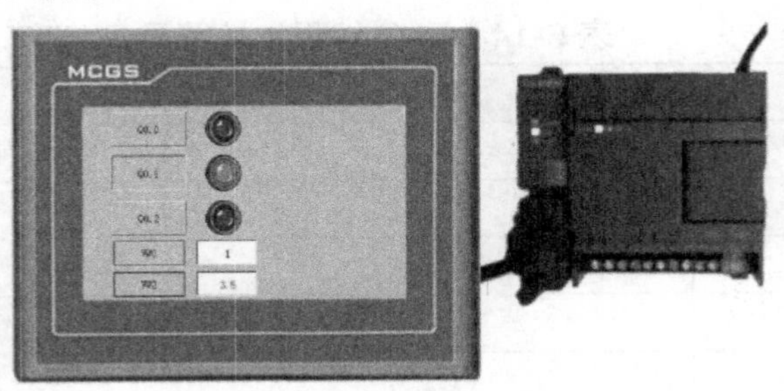

图 5-43　运行效果图

四、任务实施

1. PLC 的 I/O 分配、接线、编程

(1) PLC 的 I/O 分配。启动按钮：I0.0；停止按钮：I0.1；控制电机运行：Q0.0。

(2) PLC 与变频器的电路连接。PLC 与变频器的电路连接如图 5-44 所示。

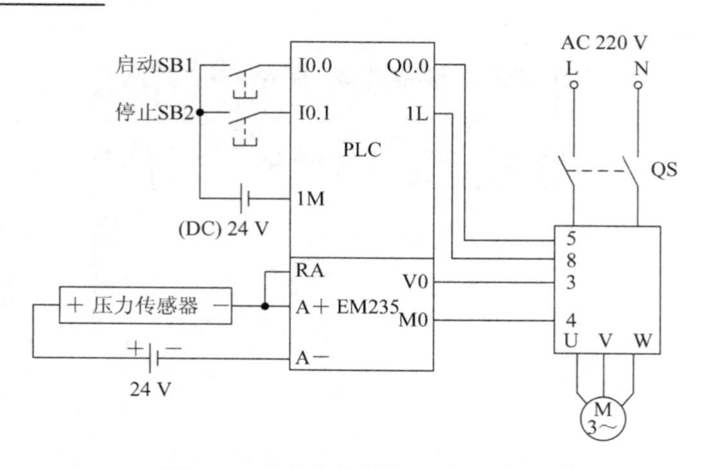

图 5-44 PLC与变频器的电路连接图

(3) 变频器参数设置。变频器参数设置如表5-13所示。

表 5-13 MM420 变频器参数表

参数号	参数名称	设定值	说　明
P0304	电机额定电压	220	单位：V
P0305	电机额定电流	0.5	单位：A
P0307	电机额定功率	0.75	单位：kW
P0310	电机额定频率	50	单位：Hz
P0311	电机额定转速	1460	单位：r/min
P0700	选择命令信号源	2	由端子排输入
P1000	选择频率设定值	2	模拟设定值
P1080	最小频率	5	单位：Hz

(4) PLC编程地址符号表。PLC编程地址符号如表5-14所示。

表 5-14 PLC 编程地址符号

符　号	地　址	注　释
设定值	VD204	范围为0～1的实数
回路增益	VD212	—
采样时间	VD216	—
积分时间	VD220	—
微分时间	VD224	—
控制量输出	VD208	范围为0～1的实数
检测值	VD200	范围为0～1的实数
启动	I0.0	—
停止	I0.1	—
触摸屏液位设定值	VD100	范围为0～200的实数
触摸屏显示液位值	VD110	范围为0～200的实数

(5) PLC 程序的编写。梯形图程序如图 5-45 所示。

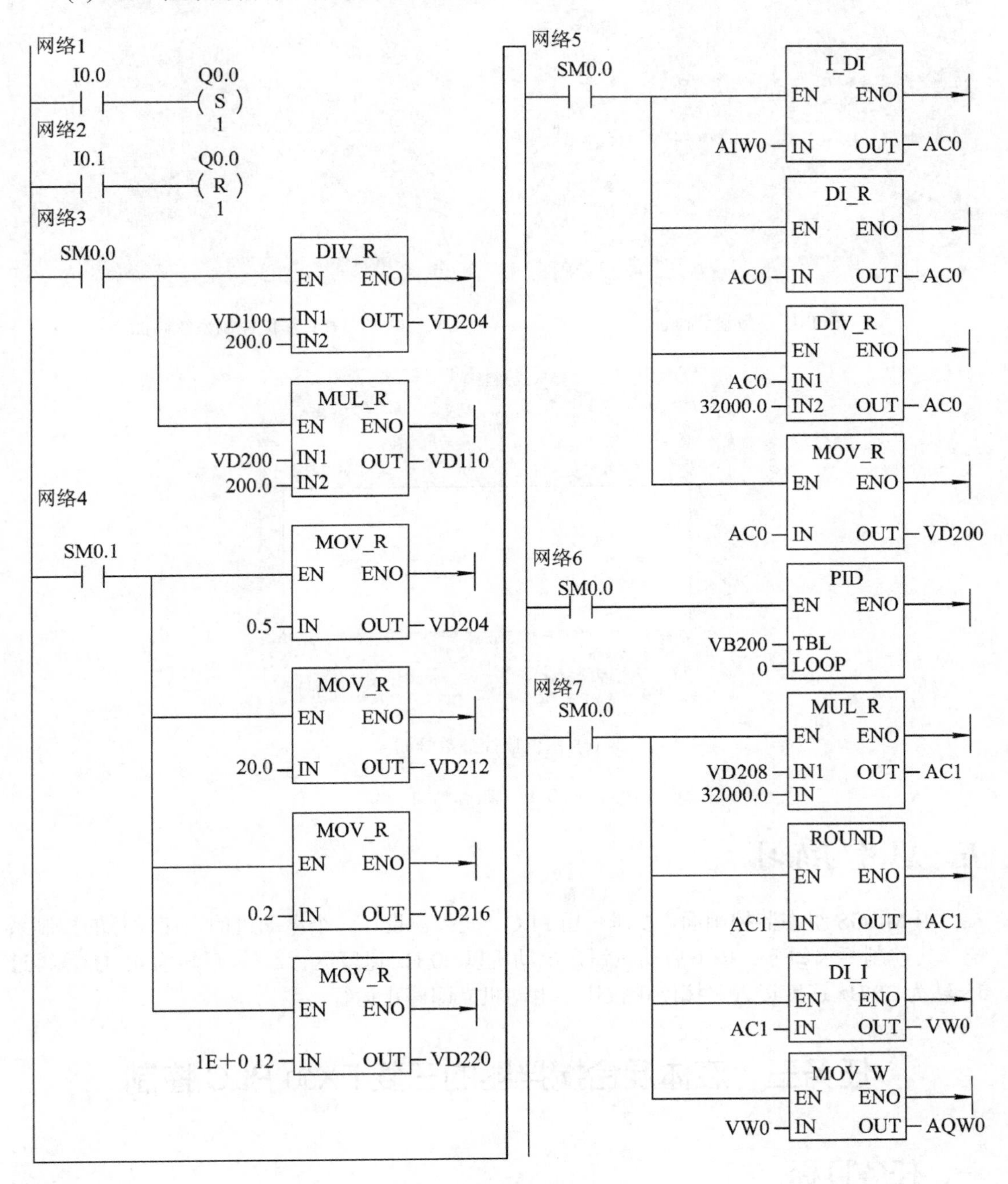

图 5-45 梯形图程序

2. 用 MCGS 组态画面

用 MCGS 组态画面如图 5-46 所示。

(a) PID 参数设置画面

(b) 水位控制系统画面

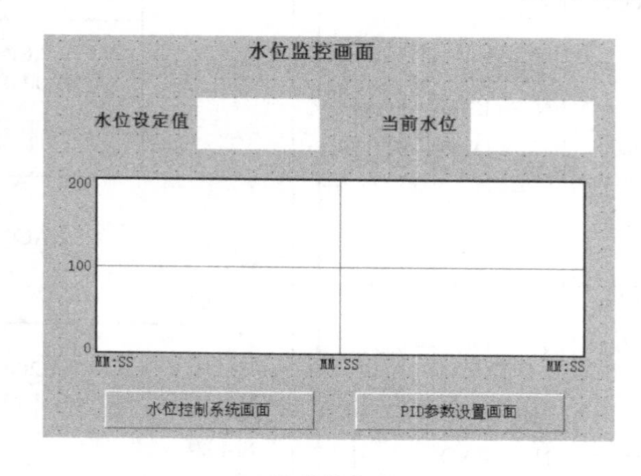

(c) 水位监控参数画面

图 5-46 组态画面

五、思考与练习

用 MCGS 组态监控画面，要求：用 PLC、变频器设计一个电动机的三速运行的控制系统。其控制要求如下：按下启动按钮，电动机以 30 Hz 速度运行，5 s 后转为 45 Hz，再过 5 s 转为 20 Hz 速度运行，按停止按钮，电动机立即停止运行。

任务三 液体混合搅拌器的三菱 FX_{3U} PLC 控制

一、任务目标

(1) 掌握三菱 FX_{3U} PLC 的硬件组成和编程元件。

(2) 掌握三菱 FX 的编程软件，并会使用基本的编程指令。

(3) 完成液体混合搅拌器控制系统的设计和调试。

二、任务分析

任务要求对液体混合搅拌器的控制系统采用三菱 FX_{3U} PLC 进行控制。在学习了西门子 S7-200 PLC 的基础上，需要对三菱 FX_{3U} PLC 的有关知识进行学习，主要掌握硬件组成、编程元件、基本逻辑指令、编程软件等内容，然后应用这些知识完成液体混合搅拌器控制系统的设计、编程和调试。

三、相关知识

5.16　三菱 FX_{3U} PLC 的硬件

(一) 硬件组成与编程元件

可编程控制器的结构多种多样，一般来讲，PLC 可分为整体式、模块式和混合式三种。但它们组成的一般原理基本相同，都是以微处理器为核心的结构。通常由中央处理器(CPU)、输入输出单元(I/O 模块)、存储器(RAM、ROM)、电源模块、底板或机架、外部设备和通信联网等几个部分组成。

1．FX_{3U} PLC 硬件的组成

1) 中央处理器(CPU)

PLC 中的 CPU 是 PLC 的核心，起神经中枢的作用，每台 PLC 至少有一个 CPU，它按 PLC 系统程序赋予的功能接收并存储用户程序和数据，用扫描的方式采集由现场输入装置送来的状态或数据，并存入规定的寄存器中。同时，CPU 诊断电源和 PLC 内部电路的工作状态和编程过程中的语法错误等。进入运行后，CPU 从用户程序存储器中逐条读取指令，经分析后再按指令规定的任务产生相应的控制信号，指挥有关的控制电路。

与通用计算机一样，中央处理器主要由运算器、控制器、寄存器及实现它们之间联系的数据、控制及状态总线构成，还有外围芯片、总线接口及有关电路。CPU 确定了进行控制的规模、工作速度、内存容量等。

CPU 的控制器控制 CPU 工作，由它读取指令、解释指令及执行指令，但其工作节奏是由振荡信号来控制。

CPU 的运算器用于进行数字或逻辑运算，在控制器的指挥下工作。

CPU 的寄存器参与运算，并存储运算的中间结果，它也是在控制器的指挥下工作。

CPU 虽然划分为以上几个部分，但 PLC 中的 CPU 芯片实际上就是微处理器，由于电路的高度集成，对 CPU 内部的详细分析已无必要，我们只要弄清它在 PLC 中的功能与性能，且能正确地使用它就可以了。

CPU 模块的外部表现就是它的工作状态显示、接口及设定或控制开关。CPU 模块有相应的状态指示灯，如电源显示、运行显示、故障显示等指示灯。整体式 PLC 的主箱体也有这些显示。它的总线接口用于接 I/O 模块或底板，有内存接口，用于安装内存；有外设口，用于接外部设备；有的还有通信口，用于进行通信。CPU 模块上还有许多设定开关，用以对 PLC 作设定，如设定起始工作方式、内存区等。

2) 输入/输出单元(I/O 模块)

输入/输出接口是 PLC 与外部信号相互联系的窗口。输入接口主要用来接收现场设备向

PLC 提供的开关量信号、高速脉冲信号，例如各种按钮、开关继电器触点、数字开关及脉冲发生器发出的信号等；而输出接口是 PLC 向外部设备发出的开关量信号，用以控制外部设备的通断等工作状况，也可向外部发出序列脉冲信号，用以控制步进电机、伺服电机等电机的运行。

3) 存储器(RAM、ROM)

存储器主要用于存放系统程序、用户程序及工作数据。存放系统软件的存储器称为系统程序存储器；存放应用软件的存储器称为用户程序存储器；存放工作数据的存储器称为数据存储器。常用的存储器有 RAM、EPROM 和 EEPROM。RAM 是一种可进行读写操作的随机存储器，用于存放用户程序，生成用户数据区，存放在 RAM 中的用户程序可方便地进行修改。RAM 存储器是一种高密度、低功耗、价格便宜的半导体存储器，可用锂电池做备用电源。掉电时，可有效地保持存储的信息。EPROM、EEPROM 都是只读存储器。使用这些类型的存储器可以固化系统管理程序和应用程序。

4) 电源模块

有些 PLC 中的电源，是与 CPU 模块合二为一的，有些是分开的，其主要用途是为 PLC 各模块的集成电路提供工作电源。同时，有的还为输入电路提供 24 V 的工作电源。电源以其输入类型可将电源模块分为交流电源(电源为交流 220 V 或 110 V)和直流电源(电源为直流电压，常用的为 24 V)。

5) 底板或机架

大多数模块式 PLC 使用底板或机架，其作用是：电气上，实现各模块间的联系，使 CPU 能访问底板上的所有模块；机械上，实现各模块间的连接，使各模块构成一个整体。

6) PLC 的外部设备

外部设备是 PLC 系统不可分割的一部分，它有以下四大类：

(1) 编程设备：有简易编程器和智能图形编程器，可用于编程、对系统作一些设定、监控 PLC 及 PLC 所控制的系统的工作状况。编程器是 PLC 开发应用、监测运行、检查维护不可缺少的器件，但它不直接参与现场控制。

(2) 监控设备：有数据监视器和图形监视器，可用于直接监视数据或通过画面监视数据。

(3) 存储设备：有存储卡、存储磁带、软磁盘或只读存储器，用于永久性地存储用户数据，使用户程序不丢失，如 EPROM、EEPROM 写入器等。

(4) 输入/输出设备：用于接收信号或输出信号，一般有条码读入器、输入模拟量的电位器、打印机等。

7) PLC 的通信联网

PLC 具有通信联网的功能，它使 PLC 与 PLC 之间、PLC 与上位计算机以及其他智能设备之间能够交换信息，形成一个统一的整体，实现分散集中控制。现在几乎所有的 PLC 新产品都有通信联网功能，它和计算机一样具有 RS-232 接口，通过双绞线、同轴电缆或光缆，可以在几公里甚至几十公里的范围内交换信息。

当然，PLC 之间的通信网络是各厂家专用的，PLC 与计算机之间的通信，由于一些生产厂家采用工业标准总线，并向标准通信协议靠拢，这将使不同机型的 PLC 之间、PLC 与计算机之间可以方便地进行通信与联网。

了解了 PLC 的基本结构，我们在购买程控器时即有了一个基本配置的概念，做到既经济又合理，尽可能发挥 PLC 所提供的最佳功能。

2．三菱 FX_{3U} PLC 编程软元件

三菱 FX 系列产品，其内部的编程软元件，也就是支持该机型编程语言的软元件，按通俗叫法可称为继电器、定时器、计数器等，但它们与真实元件有很大的差别，一般称它们为“软继电器”。这些编程用的继电器，它的工作线圈没有工作电压等级、功耗大小和电磁惯性等问题；触点没有数量限制，没有机械磨损和电蚀等问题。它在不同的指令操作下，其工作状态既可以无记忆，也可以有记忆，还可以作为脉冲数字元件使用。

三菱 FX 系列 PLC 的编程软元件可以分为位元件、字元件和其他三大类。位元件是只有两种状态的开关量元件；字元件是以字为单位进行数据处理的软元件；其他是指立即数(十进制数、十六进制数和实数)、字符串、嵌套层数 N 和指针 P/I。

位元件有 X、Y、M、S、C、T 和 D□.b，字元件有 T、C、D、R、ER、V、Z、U□/G□和组合位元件。其中，定时器 T 和计数器 C 比较特殊，它们的触点属于位元件，而它们的设定值却为字元件。其他编程元件有常数 K/H 和实数 E、字符串、嵌套 N 和指针 P/I。

每一种编程元件都有很多个，少则几十个，多则几千个，为了区别它们，对每个编程软元件都进行了编号，这称为编程软元件的地址，编号的方式叫做编址。在三菱 FX 系列 PLC 中，除 X、Y 为八进制编址外，其他都是十进制编址。某些特殊的编程元件则按其规定进行编址，编程软元件的编址规定从 0 开始。

1) 输入继电器(X)

输入继电器与 PLC 的输入端子连接，是 PLC 接收外部开关信号的窗口。输入继电器是一种采用光电隔离的电子继电器，内部有常开和常闭两种触点供编程时随时使用，且使用次数不限，线圈的吸合或释放只取决于 PLC 外部触点的状态。输入电路的时间常数一般小于 10 ms。输入继电器采用八进制地址编号，X0～X367，最多可达 284 点。

如图 5-47 所示为输入继电器电路图。编程时应注意，输入继电器只能由外部信号驱动，而不能在程序内部由指令来驱动，其接点也不能直接输出带动负载。

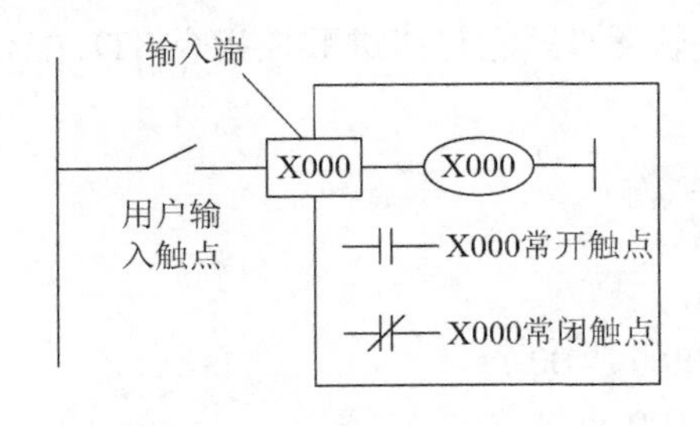

图 5-47 输入继电器电路

5.17 三菱 FX_{3U} PLC 的编程元件

2) 输出继电器(Y)

输出继电器的输出端是向外部负载输出信号的窗口。输出继电器的线圈由程序来控制，输出接点接到 PLC 的输出端子上，输出接点的通和断取决于输出线圈的通和断状态。如图 5-48 所示是输出继电器的等效电路。每个输出继电器有无数对常开/常闭触点供编程使用，使用次数不限。输出继电器采用八进制地址编号，Y0～Y367，最多可达 284 点。

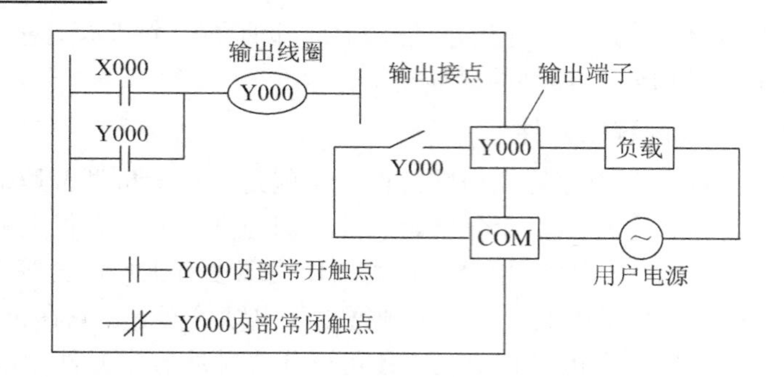

图 5-48　输出继电器等效电路

3) 辅助继电器(M)

PLC内有很多的辅助继电器，其线圈与输出继电器一样，由PLC内各软元件的触点来驱动。辅助继电器也称中间继电器，它没有向外的任何联系，只供内部编程使用。它的常开/常闭触点使用次数不受限制。但是，这些触点不能直接驱动外部负载，外部负载的驱动必须通过输出继电器来实现。如图5-49中的M000，它只起到一个自锁的功能。在FX_{3U}中普遍采用M0～M499，共500点辅助继电器，其地址号按十进制编号。辅助继电器除前面介绍的通用辅助继电器外，还有停电保持辅助继电器(M500～M1023，共524点)、固定停电保持用辅助继电器(M1024～M7679，共6656点)和特殊辅助继电器(M8000～M8511，共512点)。在此不再赘述。

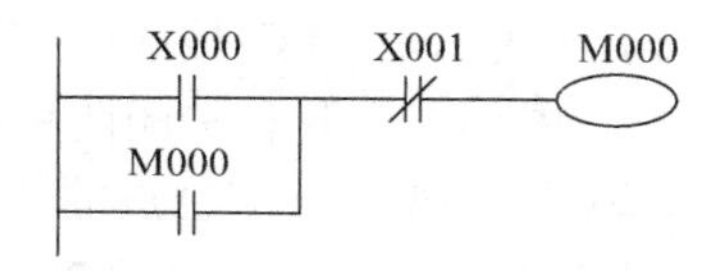

图 5-49　辅助继电器输出梯形图

4) 状态继电器(S)

状态继电器S是构成状态转移图的重要软元件，它与步进顺控指令STL配合使用。通常状态继电器软元件有以下6种类型。

(1) 初始状态继电器，S0～S9共10点。

(2) 回零状态继电器，S10～S19共10点。

(3) 通用状态继电器，S20～S499共480点。

(4) 停电保持用状态继电器，S500～S899共400点。

(5) 报警状态继电器，S900～S999，共100点。

(6) 固定停电保持用状态继电器，S1000～S4095共3096点。

状态继电器的常开和常闭触点在PLC内可以自由使用，使用次数不限。当不使用步进顺控指令时，状态继电器S可作为辅助继电器M在程序中使用。

5) 定时器(T)

定时器在PLC中的作用相当于一个时间继电器，它有一个设定值寄存器(一个字长)，一个当前值寄存器(一个字长)及无数个触点(一个位)。对于每一个定时器，这3个量使用同一名称，但使用场合不同，其所指也不同。FX_{3U} 系列 PLC 的定时器见表 5-15。

表 5-15　FX_{3N} 系列 PLC 的定时器

PLC		定时器数量及编号
通用型	100 ms 定时器	200(T0～T199，其中 T192～T199 中断用)
	10 ms 定时器	46(T200～T245)
	1 ms 定时器	256(T256～T511)
积算型	100 ms 定时器	6(T250～T255)
	1 ms 定时器	4(T246～T249)

在 PLC 内定时器是根据时钟脉冲累积计时的，时钟脉冲有 1 ms、10 ms、100 ms 三挡，当所计时间到达设定值时，输出触点动作。定时器可以用常数 K 作为设定值，也可以用后述的数据寄存器 D 的内容作为设定值，这里使用的数据寄存器应有断电保持功能。

(1) 通用型定时器。如图 5-50 所示为通用型定时器的编程指令，当定时器线圈 T200 的驱动输入 X000 接通时，T200 的当前值计数器对 10 ms 的时钟脉冲进行累积计数，当前值与设定值 K123 相等时，定时器的输出接点动作，即输出触点是在驱动线圈后的 1.23 s (123×10 ms = 1.23 s)时才动作，当 T200 触点吸合后，Y000 就有输出。当驱动输入 X000 断开或发生停电时，定时器就复位，输出触点也复位。

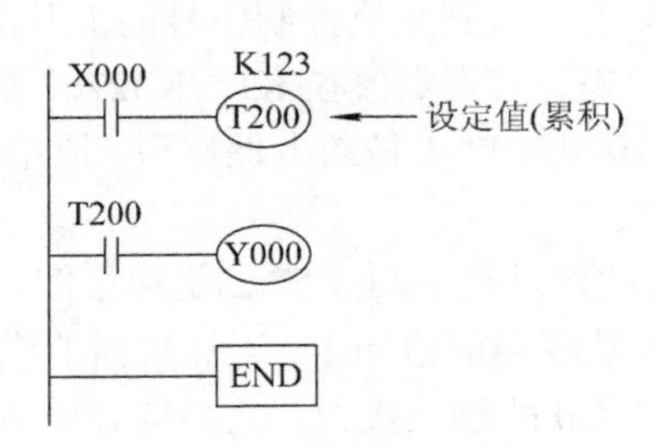

图 5-50　通用型定时器的指令

(2) 积算型定时器。如图 5-51 所示为积算型定时器的编程指令，当定时器线圈 T250 的驱动输入 X001 接通时，T250 的当前值计数器对 100 ms 的时钟脉冲进行累积计数，当该值与设定值 K345 相等时，定时器的输出接点动作。在计数过程中，即使输入 X001 在接通或复电时，计数仍继续进行，其累积时间为 34.5 s(345×100 ms =34.5 s)时触点动作。当复位输入 X002 接通时，定时器复位，输出触点也复位。

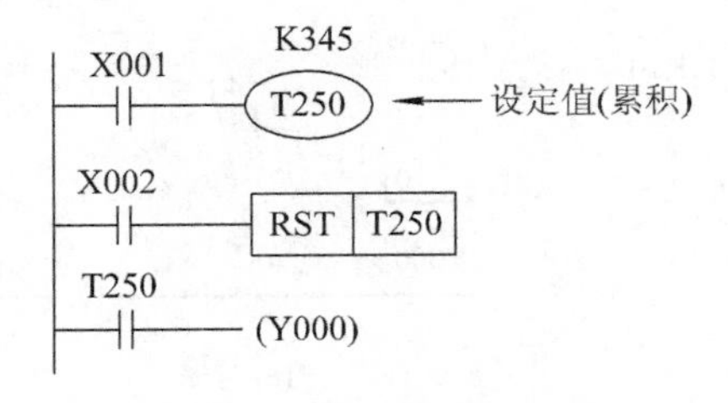

图 5-51　积算型定时器的指令

6) 计数器(C)

三菱 FX_{3U} 系列的计数器见表 5-16，它分内部信号计数器(简称内部计数器)和外部高速计数器(简称高速计数器)。

表 5-16　三菱 FX_{3U} 系列 PLC 的计数器

计数器类型	计数器数量及编号
16 位通用计数器	100(C0～C99)
16 位电池后备/锁存计数器	100(C100～C199)
32 位通用双向计数器	20(C200～C219)
32 位电池后备/锁存双向计数器	15(C220～C234)
高速计数器	21(C235～C255)

(1) 内部信号计数器。内部信号计数器是在执行扫描操作时对内部器件(如 X、Y、M、S、T、C)的信号进行计数的计数器，其接通时间和断开时间应比 PLC 的扫面周期稍长。

① 16 位递加计数器：FX_{3U} PLC 中的 16 位增计数器是 16 位二进制加法计数器，它是在计数信号的上升沿进行计数，它有两个输入，一个用于复位，一个用于计数。每一个计数脉冲上升沿使原来的数值加 1，当输入脉冲的个数使计数器当前值变化至等于预置计数值时，其触点动作，常开触点闭合。直到复位控制信号的上升沿输入时，闭合触点才断开，设定值又写入，再次进入计数状态。其设定值在 K1～K32767 范围内有效。其中，C0～C99 共 100 点是通用型，C100～C199 共 100 点是断电保持型。通用与断电保持用的计数器点数分配可通过参数设置而随意更改。

图 5-52 表示递增计数器的动作过程。图 5-52(a)是梯形图，(b)是时序图。X011 是计数输入，每当 X011 接通一次，计数器当前值加 1。当计数器的当前值为 10 时(也就是说，计数输入达到第 10 次时)，计数器 C0 的触点接通。之后即使输入 X011 再接通，计数器的当前值也保持不变。当复位输入 X010 接通时，执行 RST 复位指令，计数器当前值复位为 0，输出触点也断开。计数器的设定值，除了可用常数 K 设定外，还可间接通过指定数据寄存器来设定。

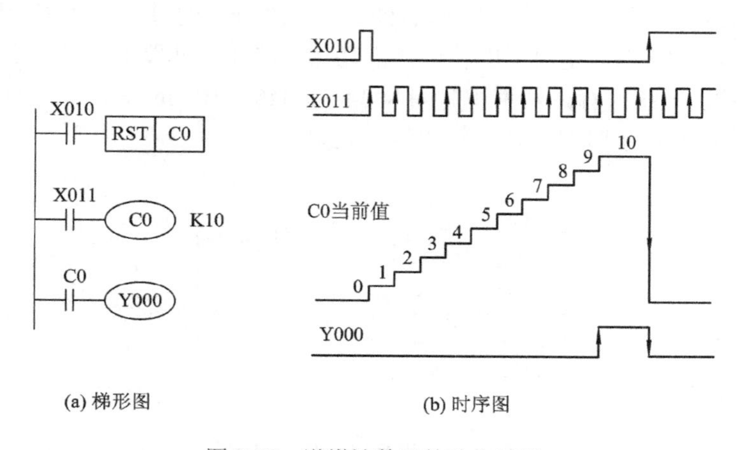

图 5-52　递增计数器的动作过程

应注意的是，计数器 C100～C199 即使发生停电，当前值与输出触点的动作状态或复位状态也能保持。

② 32 位增/减双向计数器：设定值为-2147483648～2147483647，其中 C200～C219 共 20 点是通用型，C220～C234 共 15 点为断电保持型计数器。32 位增/减双向计数器是递增型计数还是递减型计数将由特殊辅助继电器 M8200～M8234 来设定，特殊辅助继电器接通(置“1”)时，为递减型计数；特殊辅助继电器断开(置“0”)时，为递增型计数。

与 16 位计数器一样，可直接用常数 K 或间接用数据寄存器 D 的内容作为设定值。当间接设定时，要使用器件号紧连在一起的两个数据寄存器。如图 5-53 所示，用 X14 作为计数输入，驱动 C200 计数器线圈进行计数操作。

当计数器的当前值由－6～－5(增大)时，其接点接通(置“1”)；当计数器的当前值由－5～－6(减小)时，其接点断开(置“0”)。

当复位输入 X013 接通时，计数器的当前值为 0，输出触点也复位。

使用断电保持型计数器，其当前值和输出触点均能保持断电时的状态。

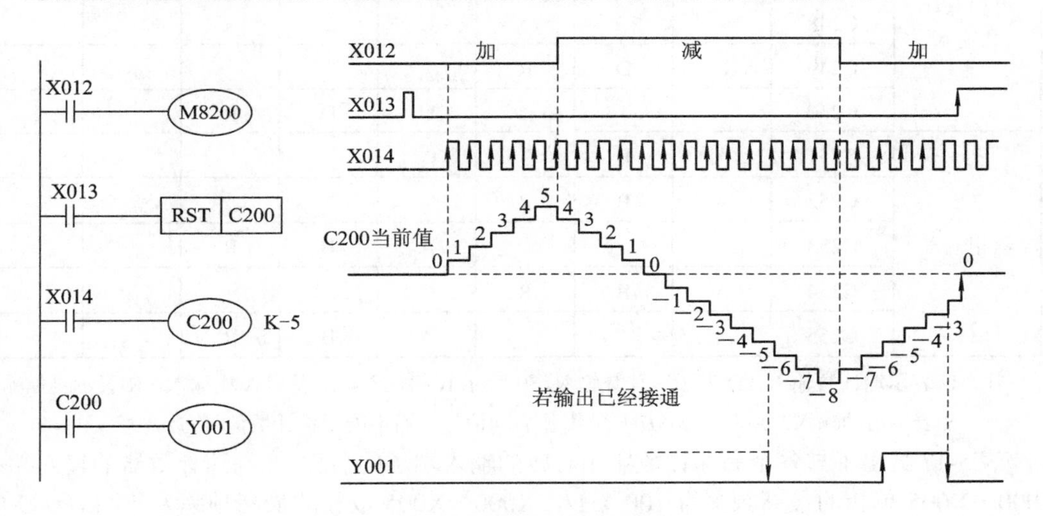

图 5-53　增/减计数器的动作过程

(2) 高速计数器。高速计数器 C235～C255 共 21 点，每点相对应着 PLC 的 8 个高速计数器输入端 X0～X7 中的 1 个或 4 个端子。这 21 个计数器均为 32 位增/减计数器。

高速计数器的选择不是任意的，它取决于所需计数器的类型及高速输入端子。高速计数器的类型如表 5-17 所示。

表 5-17　各个高速计数器的类型及相对应的输入端子

计数器＼输入		X000	X001	X002	X003	X004	X005	X006	X007
单相单计数输入	C235	U/D							
	C236		U/D						
	C237			U/D					
	C238				U/D				

续表

计数器 \ 输入		X000	X001	X002	X003	X004	X005	X006	X007
单相单计数输入	C239					U/D			
	C240						U/D		
	C241	U/D	R						
	C242			U/D	R				
	C243					U/D	R		
	C244	U/D	R					S	
	C245			U/D	R				S
单相双计数输入	C246	U	D						
	C247	U	D	R					
	C248				U	D	R		
	C249	U	D	R				S	
	C250				U	D	R		S
双相输入	C251	A	B						
	C252	A	B	R					
	C253				A	B	R		
	C254	A	B	R				S	
	C255				A	B	R		S

注：U 表示增计数输入，D 表示减计数输入，B 表示 B 相输入，A 表示 A 相输入，R 表示复位输入，S 表示启动输入；X006、X007 只能用作启动信号，而不能用作计数信号。

表 5-17 给出了与各个高速计数器相对应的输入端子的名称。在高速计数器的输入端中，X000～X005 单相的最高频率为 100 kHz，X000～X005 双相的最高频率为 50 kHz。X006 和 X007 也是高速输入，但只能用作启动信号而不能用于高速计数。不同类型的计数器可同时使用，但它们的输入不能共用。输入端 X000～X007 不能同时用于多个计数器。例如，若使用了 C251，下列计数器不能使用：C235、C236、C241、C244、C246、C247、C249、C252、C254 等，原因是这些高速计数器都要使用输入 X000 和 X001。

高速计数器是按中断原则运行的，因而它独立于扫描周期，选定计数器的线圈应以连续方式驱动，以表示该计数器及其有关输入连续有效，其他高速计数器不能再使用其输入端子。

特别注意，不要用计数器输入端触点作计数器线圈的驱动触点，下面分别对 4 类高速计数器加以说明。

① 1 相无启动/复位端子高速计数器 C235～C240：这类高速计数器的计数方式及触点动作与前述普通 32 位计数器相同。作递增计数时，当计数值达到设定值时，触点动作保持；作递减计数时，到达计数值则复位。1 相 1 输入计数方向取决于其对应标志 M8***(***为对应的计数器地址号)，C235～C240 高速计数器各有一个计数输入端。

② 1 相带启动/复位端子高速计数器 C241～C245：这类高速计数器的计数方式及触点

动作、计数方向与C235～C240相似。C241～C245高速计数器各有一个计数输入和一个复位输入，计数器C244和C245还有一个启动输入。当方向标志M8245置位时，C245计数器递减计数。

③ 单相双计数输入高速计数器(C246～C250)：这类高速计数器具有两个输入端，一个为增计数输入端，另一个为减计数输入端。利用M8246～M8250的ON/OFF动作可监控C246～C250的增/减计数动作。

④ 双相输入高速计数器(C251～C255)：A相和B相信号决定计数器是增计数还是减计数。当A相为ON时，B相由OFF到ON，则为增计数；当A相为ON时，若B相由ON到OFF，则为减计数。

注意：高速计数器的计数频率较高，能对高速脉冲信号计数，但速度也是有限制的。高速计数器只能与输入端口X0～X7配合使用，且只有6个高速计数器输入端口。高速计数器有停电保持功能，但其触点只有在计数脉冲输入时才能动作。作为高速计数器的高速输入信号，建议使用电子开关信号，而不要使用机械开关触点信号。

7) 数据寄存器(D)

数据寄存器是计算机必不可少的元件，用于存放各种数据。三菱FX_{3U}系列PLC中每一个数据寄存器都是16 bit(最高位为正、负符号位)，也可用两个数据寄存器合并起来存储32 bit数据(最高位为正、负符号位)。FX_{3U}系列PLC专门开发的针对数据寄存器D的二进制位进行直接操作的编程位元件，其表现形式如D□.b。□=0～8511，b=0～F，例如D0.3表示数据寄存器D0的b3位，即第4个二进制位，在应用上和辅助继电器M一样，有无数个常开、常闭触点，本身也可以作为线圈进行驱动。

(1) 通用数据寄存器D：通道分配为D0～D199，共200点。只要不写入其他数据，已写入的数据将不会变化。但是，由RUN→STOP时，全部数据均清零。注意：若特殊辅助继电器M8033已被驱动，则数据不被清零。

(2) 停电保持用寄存器：通道分配为D200～D7999，共7800点，其中D200～D511(共312点)有断电保持功能，可以利用外部设备的参数设定改变通用数据寄存器与有断电保持功能数据寄存器的分配；D490～D509供通讯用；D512～D7999的断电保持功能不能用软件改变，但可用指令清除它们的内容。

(3) 文件寄存器：通道分配为D1000～D7999，共7000点。文件寄存器是在用户程序存储器(RAM、EEPROM、EPROM)内的一个存储区，以500个D为一个块进行分配，最多可分为14块。当然，如果这些区域的数据寄存器D不用作文件寄存器，仍然可当作通用寄存器使用。由于程序存储器容量是一定的，所以文件存储区所占的容量越大，用户程序区的容量就越少。为此，FX_{3U}系列PLC专门设计了字软元件文件寄存器R和扩展文件寄存器ER(内置R0～R32767和存储器盒ER0～ER32767)。

(4) 特殊用寄存器：通道分配为D8000～D8511，共512点。特殊用寄存器是写入特定目的的数据或已经写入数据寄存器，其内容在电源接通时，写入初始化值(一般先清零，然后由系统ROM来写入)。

8) 变址寄存器(V/Z)

FX_{3U}系列PLC有V0～V7和Z0～Z7共16个变址寄存器，它们都是16位的寄存器。变址寄存器V/Z实际上是一种特殊用途的数据寄存器，其作用相当于微机中的变址寄存器，用于改变元件的编号(变址)。例如，V0=5，则执行D20V0时，被执行的编号为D25(D20+5)。变址寄存器可以像其他数据寄存器一样进行读写操作，当需要进行32位操作时，可将V、Z串联使用(Z为低位，V为高位)。

(二) 编程软件及其使用

三菱公司的GX Works2编程软件是三菱全系列PLC的编程软件，适用于FX系列、Q系列等系列PLC的编程与监控，该编程软件还可以进行FX系列PLC的仿真功能，能在脱机状态下对PLC程序进行调试。这对初学者学习PLC的编程帮助很大。

1. 编程软件的使用

1) 进入GX Works2的编程环境

安装好软件后，在桌面上将会自动生成GX Works2软件图标，双击该图标，选择可执行文件GD2.EXE，出现图5-54界面，选择“新建工程”并按图5-55进行设置，单击“确定”按钮即可进入编程。

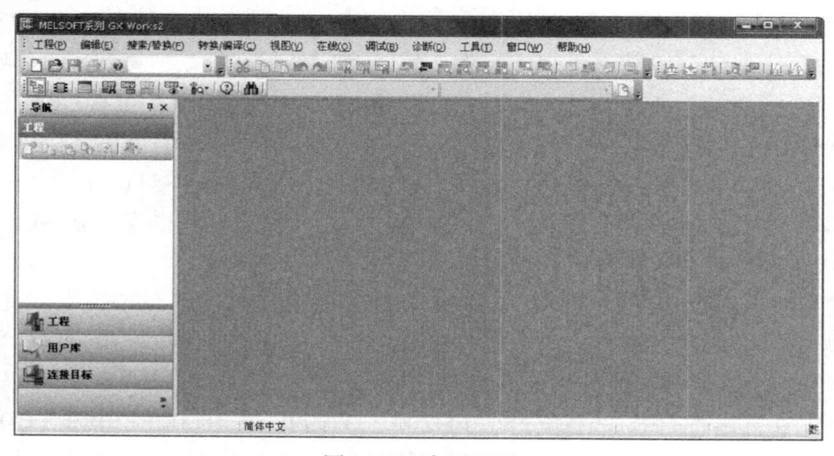

图5-54 编程界面

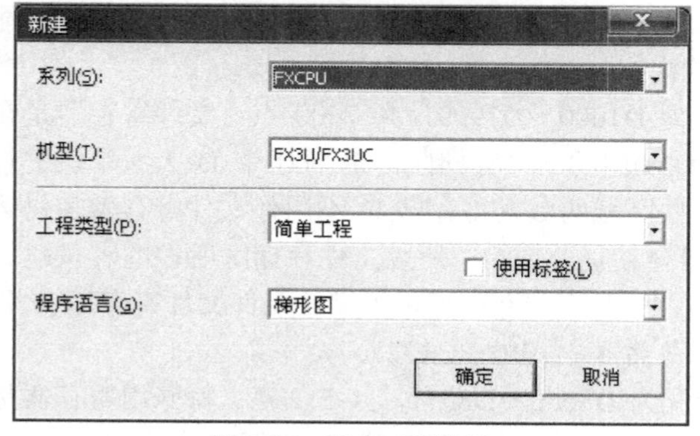

图5-55 新建工程设置

5.18 三菱编程软件

2) PLC程序的上载

(1) 使用编程通讯转换接口电缆SC-09连接好计算机的RS232C接口和PLC的RS422编程器接口，然后打开图5-56中的“在线”菜单，即为图5-56所示界面。

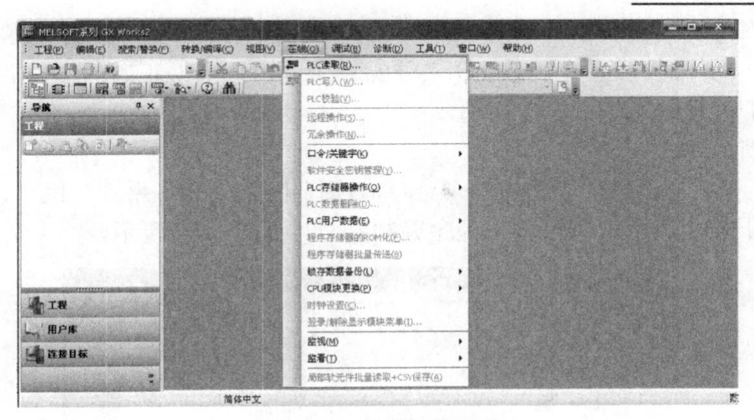

图 5-56　上载程序界面

(2) 打开“在线”菜单下的“PLC 读取”子菜单，如图 5-57 所示，选择正确的 PLC 系列，点击“确认”按钮，将会弹出如图 5-58 所示的“连接目标设置”对话框。

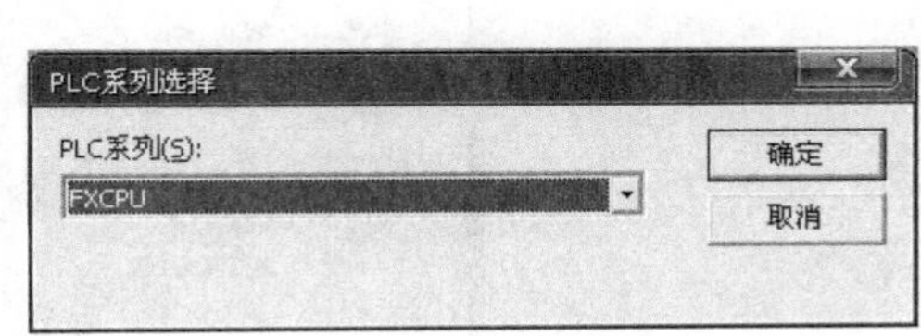

图 5-57　PLC 系列选择

(3) 在图 5-58 的“连接目标设置”对话框中选择正确的“串行口”及“传送速度”，点击“确定”按钮，即可进入编程的界面。

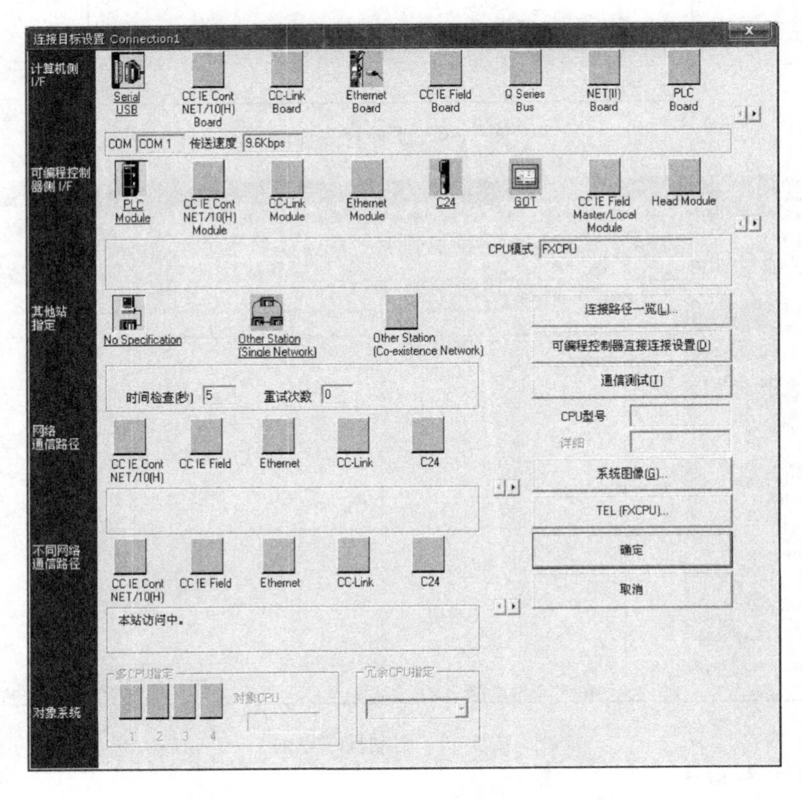

图 5-58　“连接目标设置”对话框

3) PLC 程序的打开

首先打开“工程”菜单下的“打开”子菜单界面，选择好正确的文件后，点击“打开”按钮，即可打开该文件。如图 5-59 所示。

4) 编制新的程序

打开“工程”菜单下的“新建”子菜单，选择正确的 PLC 系列、机型、工程类型和程序语言，如图 5-55 所示，即可进入程序编制界面，如图 5-60 所示。

图 5-59 文件打开界面

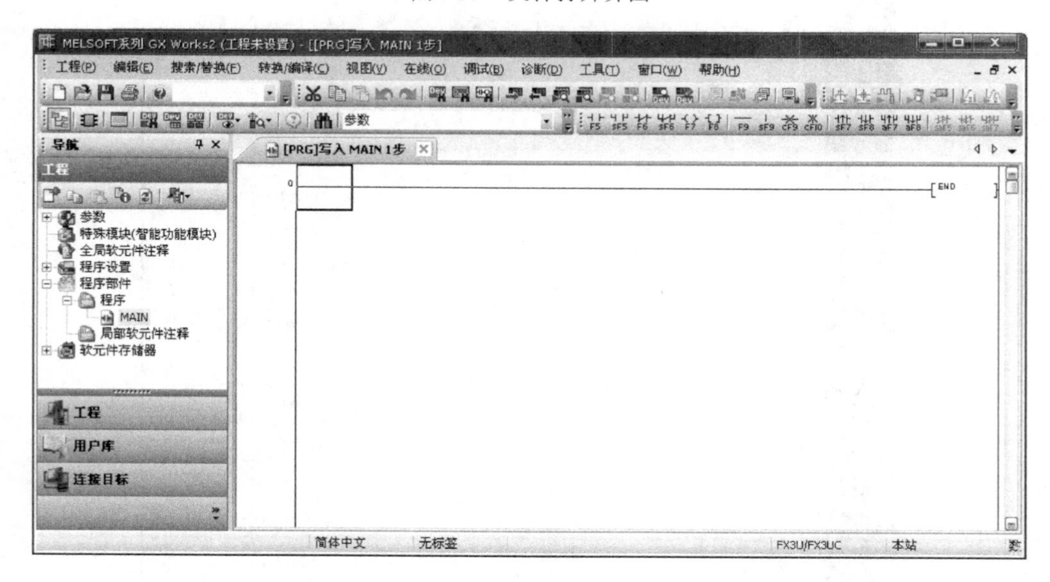

图 5-60 编制程序界面

5) 设置页面和打印

打开“工具”菜单下的“选项”子菜单即可进行编程页面的设置。打开“工程”菜单下的“打印设置”子菜单，即可进行打印设置。

6) 退出主程序

打开“工程”菜单下的“退出”子菜单或单击屏幕右上角的“×”按键，即可退出工程。

7) 帮助文件的使用

打开“帮助”菜单下的“GX Works2帮助”子菜单，寻找所需帮助的目录名，如图5-61所示，双击目录名即可进入帮助文件的内容。

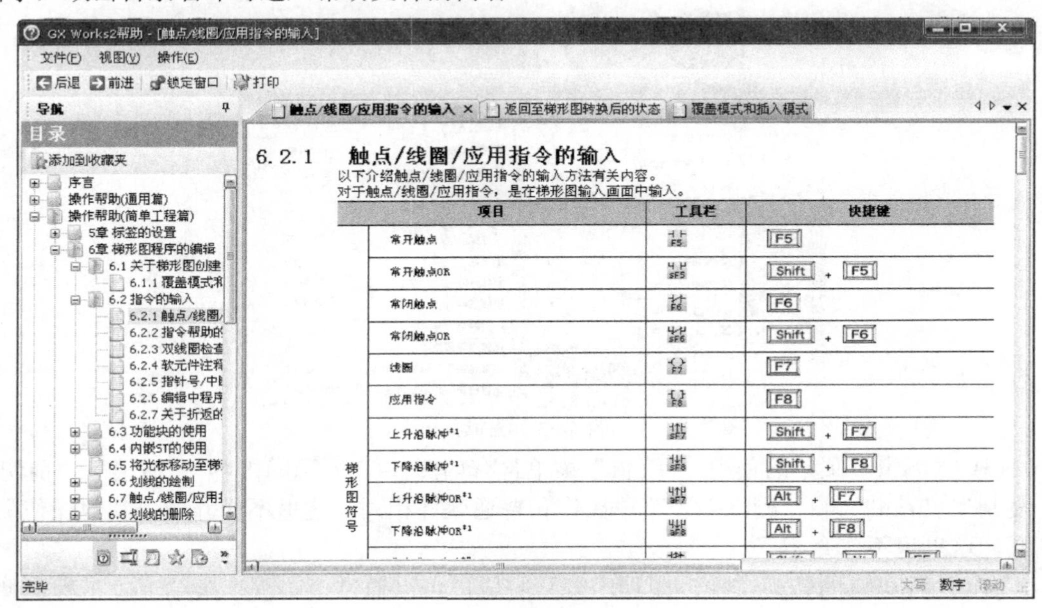

图5-61　帮助文件界面

2．三菱FX_{3U}系列PLC程序的编制

1) 编制语言的选择

GX Works2编程软件为FX系列PLC提供两种编程语言，分别是梯形图和顺序功能图(SFC)。新建“工程”时就应选择对应的编程语言，如图5-59所示。

2) 采用梯形图编写程序

(1) 按以上步骤选择梯形图编程语言。选择“视图”菜单下的“工具栏”(标准、程序通用、梯形图)、“状态栏”，如图5-62所示。

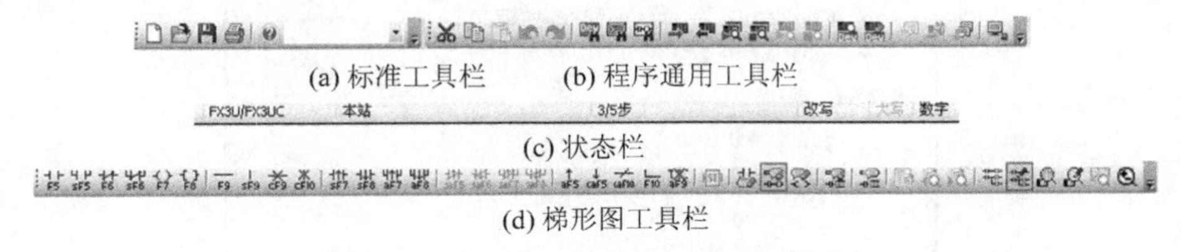

(a) 标准工具栏　　(b) 程序通用工具栏

(c) 状态栏

(d) 梯形图工具栏

图5-62　编制程序界面中呈现的界面要素

(2) 梯形图中对软元件的选择既可通过以上“梯形图”符号来完成，也可用“编辑”菜单“梯形图符号”来完成。“编辑”菜单如图5-63所示。

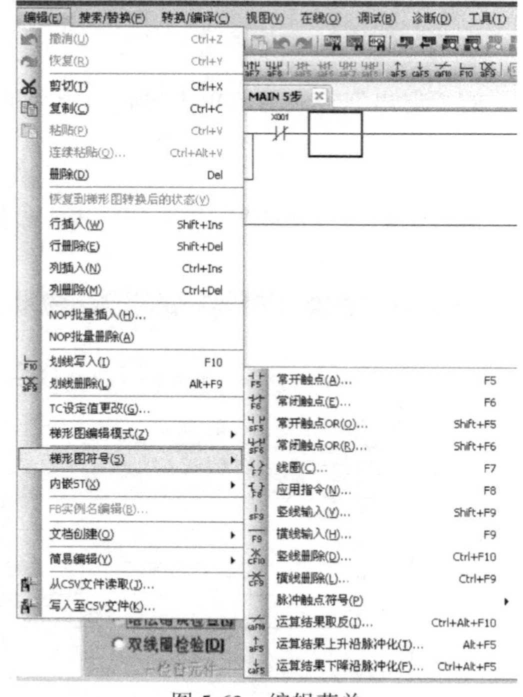

图5-63 编辑菜单

(3) “编辑”菜单的使用。“编辑”菜单含有如图5-63所示的内容。“撤消”、“剪切”、“复制”、“粘贴”和“删除”子菜单操作和普通软件相同，这里不作介绍，其他操作限于篇幅，这里也不作介绍了。

(4) 编程语言的转换。梯形图程序编写完成，可以通过“工程”菜单下“工程类型更改”子菜单来进行梯形图与SFC(顺序功能图)两种编程语言的转换。

3. 程序的检查

单击“工具”菜单下的“程序检查”子菜单，即进入了程序检查环境，如图5-64所示。检查内容有五个单选项，分别是“指令检查”、“双线圈检查”、“梯形图检查”、“软元件检查”和“一致性检查”等。可以通过输出窗口显示错误信息，如图5-65所示。

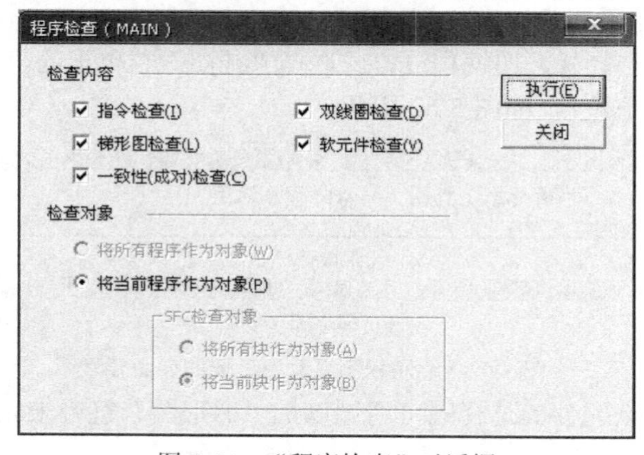

图5-64 “程序检查”对话框

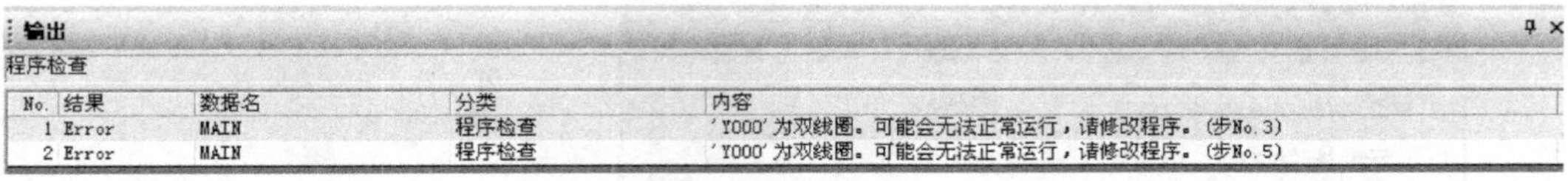

输出

程序检查

No.	结果	数据名	分类	内容
1	Error	MAIN	程序检查	'Y000' 为双线圈。可能会无法正常运行，请修改程序。(步No.3)
2	Error	MAIN	程序检查	'Y000' 为双线圈。可能会无法正常运行，请修改程序。(步No.5)

图 5-65　程序检查出错输出框

4．程序的传送

程序的传送操作是通过“在线”菜单的“PLC 写入”子菜单来进行的，如图 5-66 所示。

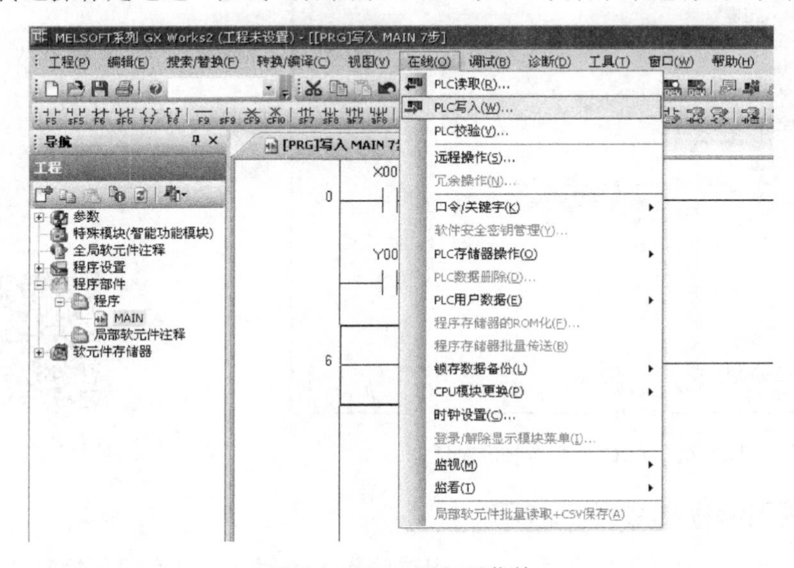

图 5-66　PLC 写入子菜单

5．软元件的监控和强制执行

在 GX Works2 编程软件操作环境中，可以监控各软元件的状态和强制执行输出等功能。这些功能主要在“在线/调试”菜单中完成，其界面如图 5-67、5-68 所示。

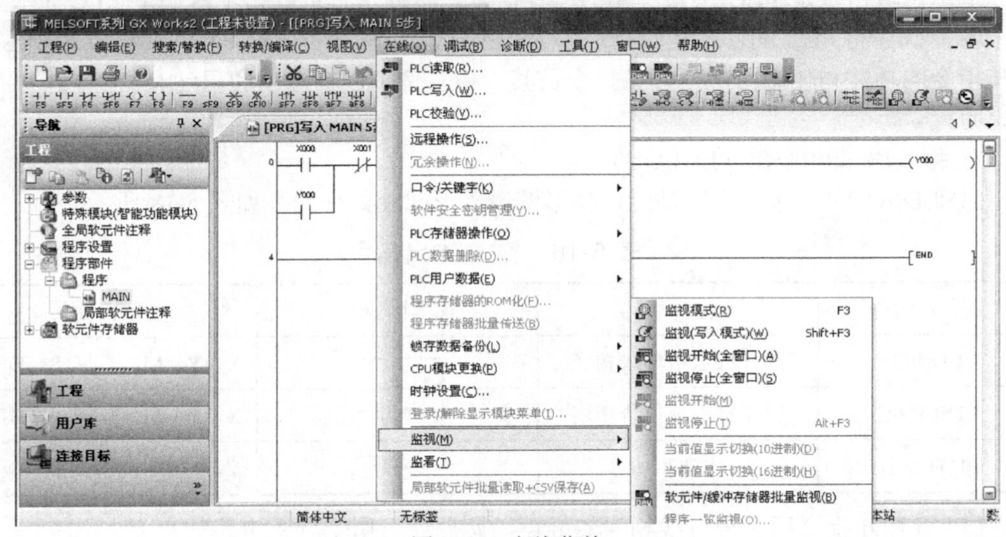

图 5-67　在线菜单

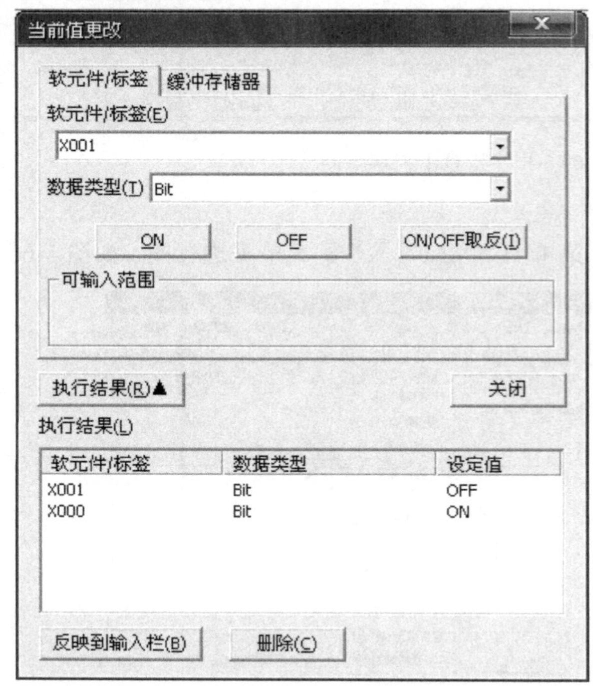

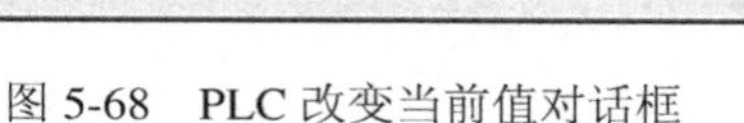
图5-68 PLC改变当前值对话框

5.19 三菱PLC常用编程指令

(三) 常用编程指令及其应用

现代PLC具有丰富的指令系统，利用这些指令编程，可以实现各种复杂的控制操作。PLC系统指令是最基础的编程语言，掌握常用指令的功能及其应用方法，对应用好PLC及其系统极其重要。由于指令数量较多，本节只对三菱FX_{3U}系列PLC的基本逻辑指令进行介绍，其他指令可参考三菱公司提供的编程手册或操作手册等资料。

基本逻辑指令是PLC中最基本的编程语言，掌握了它也就初步掌握了PLC的使用方法，各种型号的PLC的基本逻辑指令都大同小异，现在我们针对FX_{3U}系列PLC，逐条学习其指令的功能和使用方法。每条指令及其应用实例都以梯形图和语句表两种编程语言对照说明。

1) 输入/输出指令(LD/LDI/OUT)

LD/LDI/OUT三条指令的功能、梯形图表示形式和操作元件如表5-18所示。

表5-18 输入/输出指令

符号(名称)	功 能	梯形图表示	操作元件
LD(取)	常开触点与母线相连		X，Y，M，T，C,S，D□.b
LDI(取反)	常闭触点与母线相连		X，Y，M，T，C,S，D□.b
OUT(输出)	线圈驱动		Y，M，T，C，S,F，D□.b

LD与LDI指令用于与母线相连的触点，此外还可用于分支电路的起点。

OUT 指令是线圈的驱动指令，可用于输出继电器、辅助继电器、定时器、计数器、状态寄存器等，但不能用于输入继电器。输出指令用于并行输出，能连续使用多次。使用示例如图 5-69 所示。

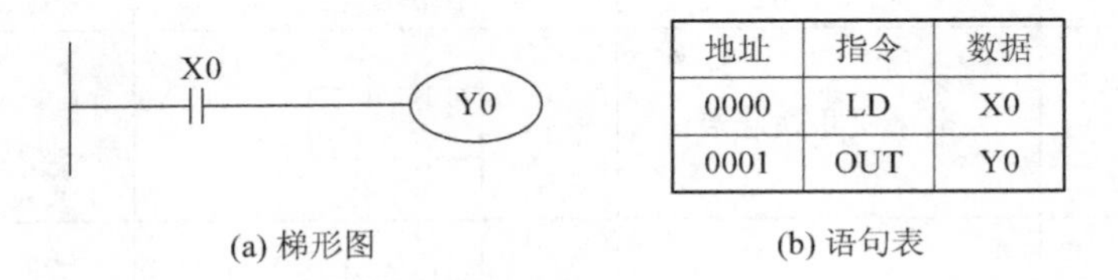

地址	指令	数据
0000	LD	X0
0001	OUT	Y0

(a) 梯形图　　(b) 语句表

图 5-69　LD、OUT 指令的使用说明

2) 触点串联指令(AND/ANI)、并联指令(OR/ORI)

表 5-19 是触点串联、并联指令功能说明，其使用示例如图 5-70 所示。

表 5-19　触点串联、并联指令

符号(名称)	功　能	梯形图表示	操作元件
AND(与)	常开触点串联连接		X，Y，M，T，C，S，D□.b
ANI(与非)	常闭触点串联连接		X，Y，M，T，C，S，D□.b
OR(或)	常开触点并联连接		X，Y，M，T，C，S，D□.b
ORI (或非)	常闭触点并联连接		X，Y，M，T，C，S，D□.b

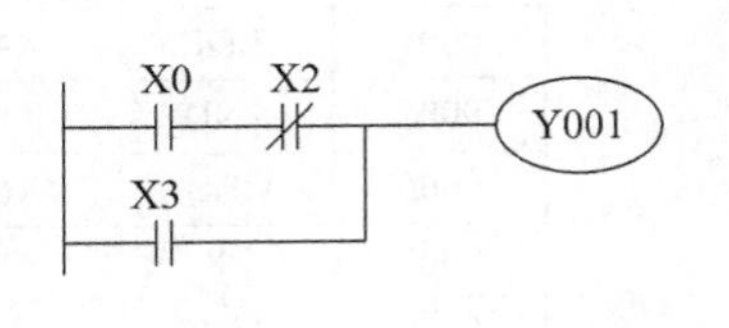

地址	指令	数据
0000	LD	X0
0001	ANI	X2
0002	OR	X3
0003	OUT	Y1

(a) 梯形图　　(b) 语句表

图 5-70　AND、OR 指令的使用说明

AND、ANI 指令用于一个触点的串联，但串联触点的数量不限，这两个指令可连续使用。

OR、ORI 是用于一个触点的并联连接指令。

3) 电路块的并联和串联指令(ORB、ANB)

表 5-20 是电路块并联和串联指令功能说明。

表 5-20 电路块并联、串联指令

符号(名称)	功 能	梯形图表示	操作元件
ANB(块与)	电路块并联连接		无
ORB(块或)	电路块串联连接		无

含有两个以上触点串联连接的电路称为串联连接块，串联电路块在并联连接时，支路的起点以 LD 或 LDI 指令开始，而支路的终点要使用 ORB 指令。ORB 指令是一种独立指令，其后不带操作元件号，因此，ORB 指令不表示触点，可以看成电路块之间的一段连接线。若需要将多个电路块并联连接，应在每个并联电路块之后使用一个 ORB 指令，用这种方法编程时并联电路块的个数没有限制；也可将所有要并联的电路块依次写出，然后在这些电路块的末尾集中写出 ORB 的指令，但这时 ORB 指令最多可以使用 7 次。

将分支电路(并联电路块)与前面的电路串联连接时使用 ANB 指令，各并联电路块的起点使用 LD 或 LDI 指令；与 ORB 指令一样，ANB 指令也不带操作元件，如需要将多个电路块串联连接，应在每个串联电路块之后使用一个 ANB 指令，使用这种方法编程时对串联电路块的个数没有限制，若集中使用 ANB 指令，最多可使用 7 次。

电路块并联、串联指令使用示例如图 5-71 所示。

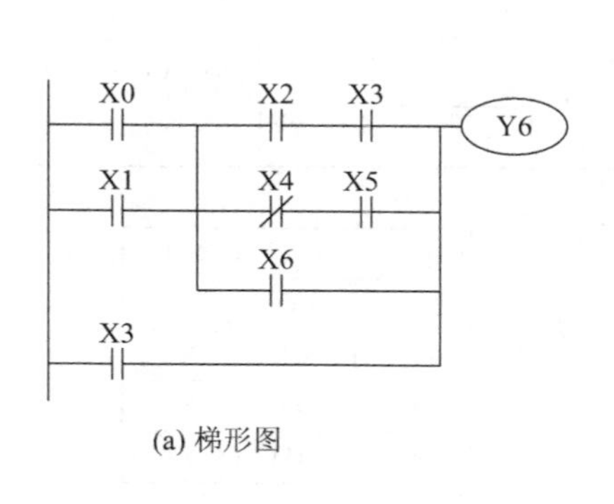

(a) 梯形图

地址	指令	数据
0000	LD	X0
0001	OR	X1
0002	LD	X2
0003	AND	X3
0004	LDI	X4
0005	AND	X5
0006	ORB	X6
0007	OR	
0008	ANB	
0009	OR	X3
0010	OUT	Y6

(b) 语句表

图 5-71 ANB、ORB 指令的使用说明

4) 程序结束指令(END)

如表 5-21 所示是程序结束指令功能说明。

表 5-21　程序结束指令

符号(名称)	功　能	梯形图表示	操作元件
END(结束)	程序结束	——[END]	无

在程序结束处写上 END 指令，PLC 只执行第一步至 END 之间的程序，并立即输出处理。若不写 END 指令，PLC 将以用户存储器的第一步执行到最后一步，因此，使用 END 指令可缩短扫描周期。

其他的一些指令，如置位复位、脉冲触点和输出、主控触点、空操作、堆栈指令等在此不再介绍了，基本指令可参考表 5-22 所示。

表 5-22　基本指令一览表

分类	助记符	名　称	功　能
母线相连触点指令	LD	取常开	与母线相连常开触点
	LDI	取常闭	与母线相连常闭触点
	LDP	取常开(脉冲上升沿)	与母线相连常开触点(上升沿)
	LDF	取常闭(脉冲下降沿)	与母线相连常闭触点(下降沿)
逻辑运算触点指令	AND	相与常开	相串联常开触点
	ANI	相与常闭	相串联常闭触点
	ANDP	相与常开(脉冲上升沿)	相串联常开触点(上升沿)
	ANDF	相与常闭(脉冲下降沿)	相串联常闭触点(下降沿)
	OR	相或常开	相并联常开触点
	ORI	相或常闭	相并联常闭触点
	ORP	相或常开(脉冲上升沿)	相并联常开触点(上升沿)
	ORF	相或常开(脉冲下降沿)	相并联常开触点(下降沿)
逻辑结果操作指令	INV	逻辑反转处理	将前面的逻辑运算结果取反
	MEP	逻辑上升沿处理	将前面的逻辑运算结果在上升沿处理
	MEF	逻辑下降沿处理	将前面的逻辑运算结果在下降沿处理
输出及功能操作指令	OUT	线圈驱动	对位元件、定时器、计数器线圈驱动
	END	程序结束	梯形图程序结束
	SET	置位	置位元件为 ON 输出
	RST	复位	置位元件，字元件为 OFF 输出
	PLS	脉冲上升沿输出	上升沿后操作元件输出一个扫描周期
	PLF	脉冲下降沿输出	下降沿后操作元件输出一个扫描周期
	MC	主控	驱动后，执行从 MC 到 MCR 之间的程序段
	MCR	主控复位	主控程序段结束
	NOP	空操作	无任何操作，占用一个程序步

续表

分类	助记符	名　称	功　能
指令表程序应用指令	ANB	电路块串联	串联电路块
	ORB	电路块并联	并联电路块
	MPS	压栈	压入堆栈
	MRD	读栈	读取堆栈
	MPP	出栈	弹出堆栈

四、任务实施

在工业生产现场控制中，有一些液体混合装置，如饮料的生产、酒的配液、农药的配制等，需要几种液体混合以后再进行搅拌，图5-72为液体A、B的混合装置示意图。SQ1、SQ2、SQ3 为液面传感器，当液面淹没时传感器接通。两种液体的输入和混合液体的流出阀门分别由YA1、YA2和YA3控制，M为搅拌电动机。

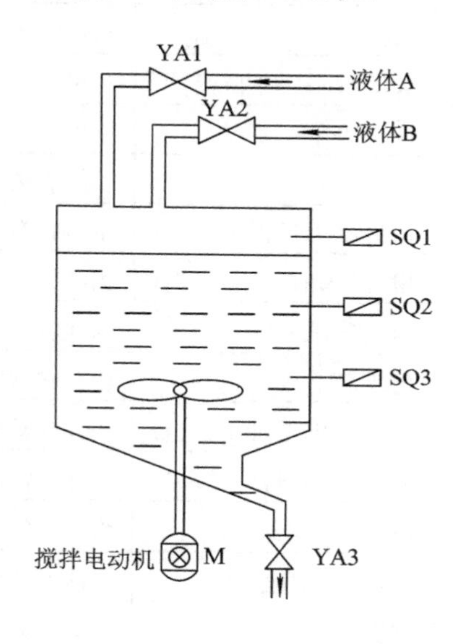

图5-72　液体混合控制图

控制要求：

(1) 初始状态。当投入运行时，控制液体A和B的阀门YA1和YA2关闭，放混合液体的阀门YA3打开20 s，将装置内的残余液体放空后关闭阀门。

(2) 启动操作。按下启动按钮SB1，控制液体A的阀门打开，液体A流入装置，当液面升高到SQ2位置时，关闭阀门YA1，打开控制液体B的阀门YA2。当液面升高到SQ1位置时，关闭阀门YA2，搅拌电动机开始转动，电机工作60s后，停止运转，阀门YA3打开，开始放出混合后的液体。当液面降到SQ3时，SQ3由接通变为断开，再经过20s后，混合液体放空，阀门YA3关闭，开始下一周期的操作。

(3) 停止操作。按下停止按钮SB2，当前的混合操作周期处理完毕后，才停止工作，回到初始状态。

1. I/O 分配

根据控制要求，根据计算出的输入/输出点数，选择 FX_{3U}-16MR 型可编程控制器，可以满足控制系统的要求。输入/输出地址分配如表 5-23 所示。

表 5-23　输入/输出地址分配

输入信号	I/O 地址	功能	输出信号	I/O 地址	功能
SB1	X0	启动按钮	YA1	Y0	阀门
SB2	X1	停止按钮	YA2	Y1	阀门
SQ1	X2	液面传感器	YA3	Y2	阀门
SQ2	X3	液面传感器	M	Y3	搅拌电机
SQ3	X4	液面传感器			

阀门 YA1～YA3 一般采用直流电磁阀，考虑到可编程控制器的输出点的带负荷能力，用继电器 KM1～KM3 分别控制；搅拌电机用 KM4 控制。

在梯形图中，为防止液位开关在进液体和排液体时误动作，从而引起阀门误动作，程序输出中增加了互锁，液位开关在有液体时为导通状态，因此在 X4 断开时 T1 开始计时。

2. 硬件接线

按照图 5-73 所示进行外部接线。(电动机电路图略)

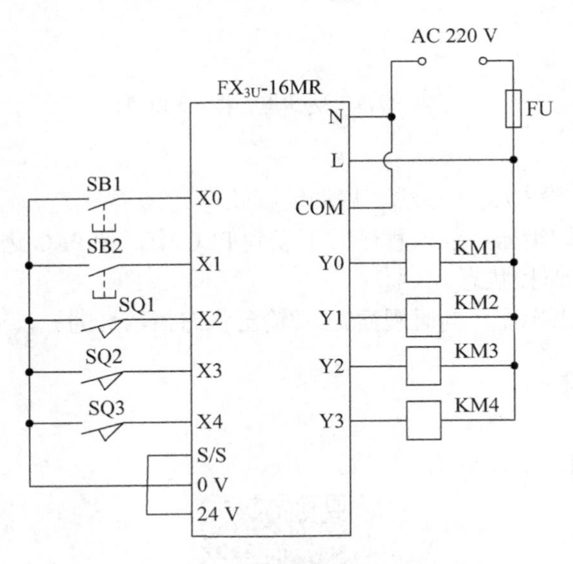

图 5-73　液体混合外部接线图

3. 设计程序

根据控制电路的要求，在计算机中编写梯形图程序，程序设计如图 5-74 所示。

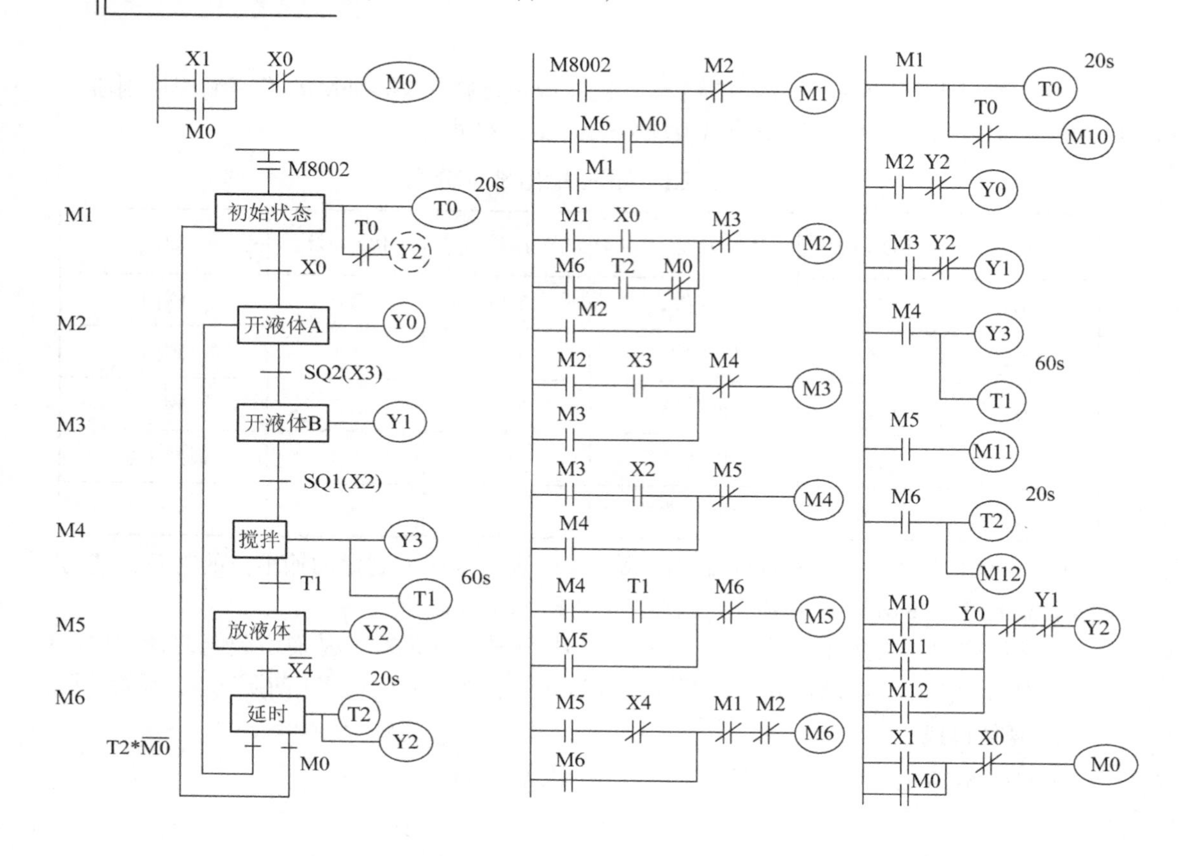

图 5-74　液体混合控制梯形图

4．调试

(1) 连接好 PLC 输入/输出接线，启动编程软件。

(2) 打开梯形图编辑器，录入程序并下载到 PLC 中，使 PLC 进入运行状态。

(3) 使 PLC 进入监控状态。

(4) 根据控制要求操作，同时观察输入/输出状态指示灯的亮、灭情况。

五、研讨与练习

题干为前面“四、任务实施”内容。

5.20　应用举例

1．当控制要求为：

初始状态为投入运行时，控制液体 A、B 和 C 的阀门 YA1、YA2 和 YA3 都关闭。启动和停止操作与前面相同，又该如何设计和编写程序呢？

2. 当控制要求为：

(1) 初始状态为投入运行时，控制液体A、B和C的阀门YA1、YA2和YA3均为关闭状态。

(2) 按下启动按钮定时器开始计时，同时阀门YA1打开，开始注入液体A，1 s后到达液面SQ3，传感器SQ3接通，3 s后液面到达SQ2，传感器SQ2接通，控制阀YA1关闭，阀门YA2打开，注入液体B，再经过3 s后，液面到达SQ1，传感器SQ1接通，同时控制阀YA2关闭，搅拌电机M开始工作，3 s后搅拌结束，阀门YA3打开，液面下降，7 s后液体放空阀YA3关闭，一周工作结束，阀门YA1打开继续工作。

根据控制要求，试着设计和编制程序。

六、思考与练习

1. 按以下要求设计一个十字路口的交通信号灯控制系统。

自动开关SB1合上后，南北红灯HL1维持25 s；同时东西绿灯HL2亮20 s后，闪亮3 s灭；东西黄灯HL3亮2 s；然后东西红灯HL4维持30 s；同时南北绿灯HL5亮25 s后，闪亮3 s灭；南北黄灯HL6亮2 s；如此循环。自动开关断开后，搬动南北手动开关SB2，南北绿灯亮，东西红灯亮，搬动东西手动开关SB3，东西绿灯亮，南北红灯亮。

2. 按以下要求设计一个运料小车的自动控制系统。

小车在甲、乙两地分别启动。在甲地启动时小车停车1 min等待装料，然后自动驶向乙地，到达乙地后停车1 min等待卸料，然后自动返回甲地。在乙地起动时小车停车1 min等待卸料，然后自动驶向甲地，到达甲地后停车1 min等待装料，然后返回乙地，如此循环往复。在运行过程中，小车可在任意位置手动停车，再次启动后，小车重复原来的运动。此外，小车在甲地驶向乙地和乙地驶向甲地的过程中，均有指示灯指示其方向。

5.21　参考答案

5.22　MCGS组态软件的使用

5.23　三菱软件的使用

5.24　三菱软件的编程与仿真

5.25　西门子和三菱例程程序

5.26　西门子S7-200PLC系统手册

附录 A　常用电气设备图形符号及文字符号

名　称	图形符号	文字符号
三级开关		QS
负荷开关		QL
隔离开关		QS
具有自动释放的负荷开关		QL
三相笼型异步电动机	3M	M
单相笼型异步电动机	M	M
三相绕线转子异步电动机	3M	M
带间隙铁芯的双绕组变压器		TC
接触器	线圈：	KM
	主触点：	
	辅助触点：	
过电流继电器	线圈： I>	KA
欠电压继电器	线圈： U<	KV
中间继电器	线圈：	KA
继电器触点	触点:	K、KA
熔断器		FU

名　称	图形符号	文字符号
时间继电器	通电延时型： 断电延时型：	KT
	延时闭合的动合触点： 延时断开的动合触点： 延时闭合的动断触点： 延时断开的动断触点：	
速度继电器触点	n	KS
动合按钮(不闭锁)		SB
动断按钮(不闭锁)		SB
旋钮开关、旋转开关(闭锁)		SA
行程开关、接近开关	动合触点：	SQ
	动断触点：	SQ
	对两个独立电路作双向机械操作的位置或限制开关：	SQ
断路器		QF
热继电器的热元件		FR
热继电器的动断触点		FR

附录B　S7-200系列PLC部分特殊存储器(SM)标志位

附表B1　状态位(SMB0)

SM位	描　述
SM0.0	该位始终为1
SM0.1	该位在首次扫描时为1
SM0.2	若保持数据丢失，则该位在一个扫描周期中为1
SM0.3	开机后进入RUN方式，该位将接通一个扫描周期
SM0.4	该位提供周期为1 min，占空比为50%的时钟脉冲
SM0.5	该位提供周期为1 s，占空比为50%的时钟脉冲
SM0.6	该位为扫描时钟，本次扫描时置1，下次扫描时置0
SM0.7	该位指示CPU工作方式开关的位置(0为TERM位置，1为RUN位置)。在RUN位置时该位可使自由端口通信方式有效，在TERM位置时可与编程设备正常通信

附录B2　状态位(SMB1)

SM位	描　述
SM1.0	指令执行的结果为0时该位置1
SM1.1	执行指令的结果溢出或检测到非法数值时该位置1
SM1.2	执行数学运算的结果为负数时该位置1
SM1.3	除数为零时该位置1
SM1.4	试图超出表的范围执行ATT(Add to Table)指令时该位置1
SM1.5	执行LIFO、FIFO指令，试图从空表中读数该位置1
SM1.6	试图把非BCD数转换为二进制数时该位置1
SM1.7	ASCII码不能转换为有效的十六进制数时该位置1

附表B3　自由端口接收字符缓冲区(SMB2)

SM位	描　述
SMB2	在自由端口通信方式下，该区存储从端口0或端口1接收到的每个字符

附表B4　自由端口奇偶校验错(SMB3)

SM位	描　述
SM3.0	接收到的字符有奇偶校验错时SM3.0置1
SM3.1～SM3.7	保留

附表B5　中断允许、队列溢出、发送空闲标志位(SMB4)

SM位	描　述	SM位	描　述
SM4.0	通信中断队列溢出时该位置1	SM4.4	全局中断允许位，允许中断时该位置1
SM4.1	I/O中断队列溢出时该位置1	SM4.5	端口0发送空闲时该位置1
SM4.2	定时中断队列溢出时该位置1	SM4.6	端口1发送空闲时该位置1
SM4.3	运行时刻发现编程问题时该位置1	SM4.7	发生强置时该位置1

附表 B6　I/O 错误状态位(SMB6)

SM 位	描　述
SM5.0	有 I/O 错误时该位置 1
SM5.1	I/O 总线上连接了过多的数字量 I/O 点时该位置 1
SM5.2	I/O 总线上连接了过多的模拟量 I/O 点时该位置 1
SM5.3	I/O 总线上连接了过多的智能 I/O 点时该位置 1
SM5.4～SM5.6	保留
SM5.7	当 DP 标准总线出现错误时该位置 1

附表 B7　CPU 识别(ID)寄存器(SMB6)

SM 位	描　述
格式	MSB 7　　LSB 0 | × | × | × | × | | | | |
SM6.4～SM6.7	××××： CPU 212/CPU 222　0000 CPU 214/CPU 224　0010 CPU 221　0110 CPU 215　1000 CPU 216/CPU 226　1001
SM6.0～SM6.3	保留

附表 B8　I/O 模块识别和错误寄存器(SMB8～SMB21)

SM 位	描　述
格式	偶数字节：模块识别(ID)寄存器 MSB 7　　LSB 0 | M | t | t | A | i | i | Q | Q | M：模块存在　0：有模块；1：无模块； tt：00：非智能I/O模块；01：智能模块； 10：保留；11：保留 A：I/O类型　0：开关量；1：模拟量； ii：00：无输入；　10：4AI或16DI； 01：2AI或8DI；　I1:8AI或32DI； QQ：00：无输出；10：4AI或16DI； 01：2AI或8DI；11：8AI或32DI； 奇数字节：模块错误寄存器 MSB 7　　LSB 0 | C | o | o | b | r | p | f | t | C：配置错误 b：总钱错误或校验错误 r：超范围错误 p：无用户电源错误 f：熔断器错误 t：端子块松动错误 （以上）0：无错误　1：有错误
SMB8、SMB9	模块 0 识别(ID)寄存器、模块 0 错误寄存器
SMB10、SMB11	模块 1 识别(ID)寄存器、模块 1 错误寄存器
SMB12、SMB13	模块 2 识别(ID)寄存器、模块 2 错误寄存器
SMB14、SMB15	模块 3 识别(ID)寄存器、模块 3 错误寄存器
SMB16、SMB17	模块 4 识别(ID)寄存器、模块 4 错误寄存器
SMB18、SMB19	模块 5 识别(ID)寄存器、模块 5 错误寄存器
SMB20、SMB21	模块 6 识别(ID)寄存器、模块 6 错误寄存器

附表 B9　扫描时间寄存器(SMW22～SMW26)

SM 位	描　述(只读)
SMW22	上次扫描时间
SMW24	进入 RUN 方式后所记录的最短扫描时间
SMW26	进入 RUN 方式后所记录的最长扫描时间

附表 B10　模拟电位器寄存器(SMB28～SMB29)

SM 位	描　述(只读)
SMB28、SMB29	存储对应模拟调节器 0、1 触点位置的数字值，在 STOP/RUN 方式下，每次扫描时更新该值

附表 B11　永久存储器写控制寄存器(SMB31、SMB32)

SM 位	描　述
格式	SMB31 中存写入命令 MSB 7 … LSB 0：C 0 0 0 0 0 s s SMW32中存入V存储器地址 MSB 7 … LSB 0：V存储器地址
SM31.0、SM31.1	ss：被存数据类型 00　字节，10 字 01　字节，11 双字
SMW31.7	c：存入永久存储器(EEPROM)命令 0：无存储操作的请求 1：用户程序申请向永久存储器存储数据，每次存储操作完成后，CPU 复位该位
SMW32	SMW32 提供 V 存储器中被存数据相对于 V0 的偏移地址，当执行存储命令时，把该数据存到永久存储器(EEPROM)中相应的位置

附表 B12　定时中断的时间间隔寄存器(SMB34、SMB35)

SM 位	描　述
SMB34	定义定时中断 0 的时间间隔(从 1～255 ms，以 1 ms 为增量)
SMB35	定义定时中断 1 的时间间隔(从 1～255 ms，以 1 ms 为增量)

附表 B13　扩展总线校验错(SMW98)

SM 位	描　述
SMW98	扩展总线出现校验错时 SMW98 加 1，系统上电或用户程序清 0 时 SM W98 为 0

附录C S7-200系列PLC错误代码

附表C1 致命错误代码及其含义

错误代码	含 义	错误代码	含 义
0000	无致命错误	000B	存储器卡上用户程序检查错误
0001	用户程序编译错误	000C	存储器卡配置参数检查错误
0002	编译后的梯形图程序错误	000D	存储器卡强制数据检查错误
0003	扫描看门狗超时错误	000E	存储器卡默认输出表值检查错误
0004	内部EEPROM错误	000F	存储器卡用户数据、DBI检查错误
0005	内部EEPROM用户程序检查错误	0010	内部软件错误
0006	内部EEPROM配置参数检查错误	0011	比较接点间接寻址错误
0007	内部EEPROM强制数据检查错误	0012	比较接点非法值错误
0008	内部EEPROM默认输出表值检查错误	0013	存储器卡空或者CPU不识别该卡
0009	内部EEPROM用户数据、DBI检查错误	0014	比较接口范围错误
000A	存储器卡失灵		

注：比较接点错误既能产生致命错误又能产生非致命错误，产生致命错误是由于程序地址错误导致的。

附表C2 编译规则错误(非致命)代码及其含义

错误代码	含 义
0080	程序太大无法编译，须缩短程序
0081	堆栈溢出，须把一个网络分成多个网络
0082	非法指令：检查指令助记符
0083	无MEND或主程序中有不允许的指令：加条MEND或删去不正确的指令
0084	保留
0085	无FOR指令：加上FOR指令或删除NEXT指令
0086	无NEXT：加上NEXT指令或删除FOR指令
0087	无标号(LBL，INT，SBR)：加上合适标号
0088	无RET或子程序中有不允许的指令：加条RET或删去不正确指令
0089	无RET1或中断程序中有不允许的指令：加条RET1或删去不正确指令
008A	保留
008B	从/向一个SCR段的非法跳转
008C	标号重复(LBI，INT，SBR)：重新命名标号
008D	非法标记(LBL，INT，SBR)：确保标号数在允许范围内
0090	非法参数：确认指令所允许的参数
0091	范围错误(带地址信息)：检查操作数范围
0092	指令计数域错误(带计数信息)：确认最大计数范围
0093	FOR/NEXT嵌套层数超出范围

续表

错误代码	含　义
0095	无LSCR指令(装载SCR)
0096	无SCRE指令(SCR结束)或SCRE前面有不允许的指令
0097	用户程序包含非数字编码和数字编码的EV/ED指令
0098	在运行模式进行非法编辑(试图编辑非数字编码的EV/ED指令)
0099	隐含网络段太多(HIDE指令)
009B	非法指针(字符串操作中起始位置指定为0)
009C	超出指令最大长度

附表C3　程序运行错误代码及其含义

错误代码	含　义
0000	无错误
0001	执行HDEF之前，HSC禁止
0002	输入中断分配冲突并分配给HSC
0003	到HSC的输入分配冲突，已分配的输入中断
0004	在中断程序中企图执行ENI、DLSI或HDEF指令
0005	第一个HSC/PLS未执行完之前，又企图执行同编号的第二个HSC/PLS(中断程序中的HSC同主程序中的HSC/PLS冲突)
0006	间接寻址错误
0007	TODW(写实时时钟)或TODR(读实时时钟)数据错误
0008	用户子程序嵌套层数超过规定
0009	在程序执行XMT或RCV时，通信口0又执行另一条SMT/RCV指令
000A	HSC执行时，又企图用HDEF指令再定义该HSC
000B	在通信口1上同时执行XMT/RCV指令
000C	时钟存储卡不存在
000D	重新定义已经使用的脉冲输出
000E	PTO个数设为0
0091	范围错误(带地址信息)：检查操作数范围
0092	某条指令的计数域错误(带计数信息)：检查最大计数范围
0094	范围错误(带地址信息)：写无效存储器
009A	用户中断程序试图转换成自由口模式
009B	非法指令(字符串操作中起始位置值指定为0)

附录 D S7-200 系列 PLC 指令集

附表 D1 布尔指令

指令	操作数	说明
LD	N	装载
LDI	N	立即装载
LDN	N	取反后装载
LDNI	N	取反后立即装载
A	N	与
AI	N	立即与
AN	N	取反后与
ANI	N	取反后立即与
O	N	或
OI	N	立即或
ON	N	取反后或
ONI	N	取反后立即或
LDBx	IN1,IN2	装载字节比较的结果 IN1(x: <, <=, =, >=, >, <>)IN2
ABx	IN1,IN2	与字节比较的结果 N1(x: <, <=, =, >=, >, <>)N2
OBx	IN1,IN2	或字节比较的结果 N1(x: <, <=, =, >=, >, <>)N2
LDWx	IN1,IN2	装载字比较的结果 N1(x: <, <=, =, >=, >, <>)N2
AWx	IN1,IN2	与字比较的结果 N1(x: <, <=, =, >=, >, <>)N2
OWx	IN1,IN2	或字比较的结果 N1(x: <, <=, =, >=, >, <>)N2
LDDx	IN1,IN2	装载双字比较的结果 N1(x: <, <=, =, >=, >, <>)N2
ADx	IN1,IN2	与双字比较的结果 N1(x: <, <=, =, >=, >, <>)N2
ODx	IN1,IN2	或双字比较的结果 N1(x: <, <=, =, >=, >, <>)N2
LDRx	IN1,IN2	装载实数比较的结果 N1(x: <, <=, =, >=, >, <>)N2
ARx	IN1,IN2	与实数比较的结果 N1(x: <, <=, =, >=, >, <>)N2
ORx	IN1,IN2	或实数比较的结果 N1(x: <, <=, =, >=, >, <>)N2
NOT		堆栈取反
EU		检测上升沿
ED		检测下降沿
=	N	赋值
=1	N	立即赋值
S	S_BIT,N	置位一个区域
R	S_BIT,N	复位一个区域
SI	S_BIT,N	立即置位一个区域
RI	S_BIT,N	立即复位一个区域

附表 D2 数学、增减指令

指令	操作数	说明
+I +R +D	IN1,OUT IN1,OUT IN1,OUT	整数、双整数、实数加法 IN1+OUT=OUT
−I −D −R	IN2,OUT IN2,OUT IN2,OUT	整数、双整数、实数减法 OUT−IN2=OUT
MUL *I *D *R	IN1,OUT IN1,OUT IN1,OUT IN1,OUT	整数完全乘法 整数、双整数、实数乘法 IN1*OUT=OUT
DIV /I /D /R	IN2,OUT IN2,OUT IN2,OUT IN2,OUT	整数完全除法 整数、双整数、实数除法 OUT/IN2=OUT
SQRT	IN,OUT	平方根
LN	IN,OUT	自然对数
EXP	IN,OUT	自然指数
SIN	IN,OUT	正弦
COS	IN,OUT	余弦
TAN	IN,OUT	正切
INCB INCW INCD	OUT OUT OUT	字节、字和双字增 1
DECB DECW DECD	OUT OUT OUT	字节、字和双字减 1
PID	Table,Loop	PID 回路
定时器和计数器指令		
TON	Txxx,PT	接通延时定时器
TOF	Txxx,PT	断开延时定时器
TONR	Txxx,PT	有记忆接通延时定时器
CTU	Cxxx,PV	增计数
CTD	Cxxx,PV	减计数
CTUD	Cxxx,PV	增/减计数
实时时钟指令		
TODR	T	读实时时钟
TODW	T	写实时时钟
程序控制指令		
END		程序的条件结束
STOP		切换到 STOP 模式
WDR		定时器监视(看门狗)复位(300 ms)
JMP	N	跳到定义的标号
LBL	N	定义一个跳转的标号
CALL	N[N1，…]	调用子程序[N1，…]
CRET		从子程序条件返回
FOR NEXT	INDX， INIT， FINAL	For/Next 循环
LSCR SCRT SCRE	N N	顺控继电器段的启动、转换和结束

附表D3　传送、移位、循环和填充指令

MOVB	IN,OUT	字节、字、双字和实数传送
MOVW	IN,OUT	
MOVD	IN,OUT	
MOVR	IN,OUT	
BIR	IN,OUT	立即读取物理输入点字节
BIW	IN,OUT	立即写物理输出点字节
BMB	IN,OUT,N	字节、字和双字块传送
BMW	IN,OUT,N	
BMD	IN,OUT,N	
SWAP	IN	交换字节
SHRB DATA,S_BIT,N		移位寄存器
SRB	OUT,N	字节、字和双字右移N位
SRW	OUT,N	
SRD	OUT,N	
SLB	OUT,N	字节、字和双字左移N位
SLW	OUT,N	
SLD	OUT,N	
RRB	OUT,N	字节、字和双字循环右移N位
RRW	OUT,N	
RRD	OUT,N	
RLB	OUT,N	字节、字和双字循环左移N位
RLW	OUT,N	
RLD	OUT,N	
FILL	IN,OUT,N	用指定的元素填充存储器空间
逻辑操作		
ALD		触点组串联
OLD		触点组并联
LPS		堆入堆栈
LRD		读栈
LPP		出栈
LDS		装入堆栈
AENO		对ENO进行与操作
ANDB	IN1,OUT	
ANDW	IN1,OUT	字节、字、双字逻辑与
ANDD	IN1,OUT	
ORB	IN1,OUT	
ORW	IN1,OUT	字节、字、双字逻辑或
ORD	IN1,OUT	
XORB	IN1,OUT	
XORW	IN1,OUT	字节、字、双字逻辑异或
XORD	IN1,OUT	
INVB	OUT	
INVW	OUT	字节、字、双字取反
INVD	OUT	

附表D4　表、查找和转换指令

ATT	TABLE,DATA	把数字加到表中
LIFO	TABLE,DATA	从表中取数据，后入先出
FIFO	TABLE,DATA	从表中取数据，先入先出
FND=	TBL,PATRN,INDX	根据比较条件在表中查找数据
FND<>	TBL,PATRN,INDX	
FND<	TBL,PATRN,INDX	
FND>	TBL,PATRN,INDX	
BCDI	OUT	BCD码转换成整数
IBCD	OUT	整数转换成BCD码
BTI	IN,OUT	字节转换成整数
ITB	IN,OUT	整数转换成字节
ITD	IN,OUT	整数转换成双整数
DTI	IN,OUT	双整数转换成整数
DTR	IN,OUT	双字转换成实数
TRUNC	IN,OUT	实数转换成双字(舍去小数)
ROUND	IN,OUT	实数转换成双整数(保留小数)
ATH	IN,OUT,LEN	ASCII码转换成十六进制数
HTA	IN,OUT,LEN	十六进制数转换成ASCII码
ITA	IN,OUT,FMT	整数转换成ASCII码
DTA	IN,OUT,FM	双整数转换成ASCII码
RTA	IN,OUT,FM	实数转换成ASCII码
OECO	IN,OUT	译码
ENCO	IN,OUT	编码
SEG	IN,OUT	段码
中　断		
CRETI		从中断条件返回
ENI		允许中断
DISI		禁止中断
ATCH	INT,EVENT	建立中断事件与中断程序的连接
DTCH	EVENT	解除中断事件与中断程序的连接
通　信		
XMT	TABLE,PORT	自由端口发送信息
RCV	TABLE,PORT	自由端口接收信息
NETR	TABLE,PORT	网络读
NETW	TABLE,PORT	网络写
GPA	ADDR,PORT	获取口地址
SPA	ADDR,PORT	设置口地址
高速指令		
HDEF	HSC,Mode	定义高速计数器模式
HSC	N	激活高速计数器
PLS	Q	脉冲输出

参 考 文 献

[1] 廖常初. S7-200 PLC 基础教程. 北京：机械工业出版社， 2007.
[2] 武红军，张万忠. 可编程控制器入门与应用实例. 2 版. 北京：中国电力出版社，2010.
[3] 高南，周乐挺. PLC 控制系统编程与实现任务解析. 北京：北京邮电大学出版社，2008.
[4] 陈丽. PLC 控制系统编程与实现. 北京：中国铁道出版社，2010.
[5] 崔维群. 可编程控制器应用技术项目教程. 北京：北京大学出版社，2011.
[6] 姜新桥，石建华. PLC 应用技术项目教程. 北京：电子工业出版社，2010.
[7] 肖宝兴. 西门子 S7-200 PLC 的使用经验与技巧. 2 版. 北京：机械工业出版社 2011.